Arduino编程

实现梦想的工具和技术

U0280480

[法] 詹姆斯 A.兰布里奇（James A. Langbridge） 著

黄峰达　王小兵　陈福　译

机械工业出版社

CHINA MACHINE PRESS

本书涵盖了学习 Arduino 所需的各方面知识。介绍了目前市场上常见的 Arduino 开发板，解释了如何下载并运行软件以及如何编程；最关键的是，本书解析了 Arduino 的编程语言，以及在根据设计需要添加程序库之后我们可以获得哪些额外的功能。同时贯穿整本书的大量实例对电子电路方面的知识也进行了入门级的讲解。

通过阅读本书，Arduino 可以变成你的"画布"，而你所编写的程序可以成就你的数字杰作。本书主要适用对象为创客，他们知道能够如何创造出令人惊讶的应用程序，如何是日常任务智能化。当然本书也同样适用于对 Arduino 编程感兴趣的开发者。

原书前言

　　Arduino 为我们开辟了一个新世界，无论是业余爱好者还是专业人员都能够利用 Arduino 系统创造出一些精彩复杂的设备来帮助他们完成一个个引人入胜的小玩意。按下按钮点亮一盏灯，这样的简单设备可以驱动 3D 打印，你可以把 Arduino 应用于很多设备中。

　　要开启这一切，Arduino 需要使用一款编程软件来进行设计以帮助你完成程序。它们在与外界通信时会注意项目本身的逻辑性。为了提供更多的帮助，Arduino 自带程序库，可以根据需求安装软件，也根据应用程序以及硬件需要添加程序。本书用实例对每个程序进行了详解。

　　本书介绍了 Arduino 的编程环境，你可能会用到的软件程序，以及在遇到各种不同的 Arduino 开发板时应该选用哪种程序库。Arduino 可以变成你的"画布"，而你所编写的程序可以成就你的数字杰作。

关于本书以及相关技术的概述

　　本书涵盖了学习 Arduino 所需的各方面知识。介绍了目前市场上常见的 Arduino 开发板，解释了如何下载并运行软件以及如何编程；最关键的是，本书解析了 Arduino 的编程语言，以及在根据设计需要添加程序库之后我们可以获得哪些额外的功能。同时贯穿整本书的大量实例对电子电路方面的知识也进行了入门级的讲解。

本书的结构框架

　　本书为帮助想要学习 Arduino 编程的人提供了尽可能多的信息，本书分成四个部分。

　　第 1 部分，"Arduino 的基本知识"（第 1~3 章）对 Arduino 进行了概述，包括它们的来源以及为什么需要去学习。介绍了 Arduino 的编程语言、C 语言的入门知识以及电子方面的基本知识，也对编程中常用的组件部分进行了讲解。

　　第 2 部分，"标准程序库"（第 4~17 章）详细阐述了每种 Arduino 开发板可能用到的程序库，也就是说你可以根据不同的功能需要以及硬件支持选用不同的软件组件。每个程序库按章呈现，其使用方法会结合具体的实例进行解释，有助于理解其用途。

　　第 3 部分，"特殊设备程序库"（第 18~23 章）主要介绍特殊类型的 Arduino 开发板所用的程序库，可以将其加载到新的软件中与硬件设备连接或者完成指定任务。此外，每一个库中程序的使用都提供了相应的示例。

　　第 4 部分，"用户程序库和扩展板"（第 24~26 章），这一部分是关于 Arduino 的进一步研究，说明了如何导入用户的程序库以及如何设计、分享自己的程序。介绍了如何将一个电路板加到你的板子中以增加一些功能，并形成自己的扩展板。

谁应该读本书

本书主要适用对象为创客，他们知道如何能够创造出令人惊讶的应用程序，如何使日常任务智能化。当然本书也同样适用于对 Arduino 编程感兴趣的开发者。

需要的工具

每一章都有示例，每一章的开头部分都准确地列出了学习该章所需要的工具。根据本书中的示例介绍，我们需要以下的硬件：

- 计算机
- USB 数据线以及微型 USB 数据线
- 5V 电源
- 面包板和与其相适应的导线
- 几种 Arduino 开发板：两个 Arduino Uno，Arduino Due、Arduino Mega 2560、Arduino Esplora、Arduino Robot、Arduino 各一个
- SainSmart LCD 扩展板
- SainSmart 以太网扩展板
- LM35 温度传感器
- SD 存储卡
- Adafruit ST7735 TFT 接口板
- Adafruit MAX31855 接口板
- K 型热电偶丝
- Adafruit 的 SI1145 UV 传感器板
- SainSmart 的 Wi-Fi 无线扩展板
- DHT11 湿度传感器
- HC-SR04 超声波测距传感器
- HYX-S0009 或者伺服电动机
- L293D
- 5V 双极步进电动机
- 红绿蓝 LED 灯
- 10kΩ 电阻
- 4.7kΩ 电阻

关于网站

书中的案例的源代码都可以从 www.wiley.com/go/arduinosketches 网站下载。

总结

Arduino 开发是一个有趣的话题，它为人们打开一个拥有无数可能的新世界。Arduino 不仅非常适合嵌入式开发的学习，也适用于将日常生活智能化，或者是用它做出一些夺人眼球的小玩意。在本书中你会看到许多关于如何制作一个简单设备的示例讲解，详细地从硬件原理图开始直到你能够组装设备并运行程序。

对每个程序的介绍以及对不同功能的解释能够帮助你获得最想要的运行效果。每个程序库中都提供了相应的示例，逐行显示的代码帮助你理解整个程序在做什么。希望在你启动新项目的时候，本书能够为你提供一些参考，帮助你玩得开心！

目 录

原书前言

第 2 部分　标准程序库

第 4 部分　用户程序库和扩展板

第1部分

Arduino的基本知识

第1章

Arduino的简介

电子发烧友存在已经很久了。几十年来，他们一直在创造有趣的设备和产品。业余无线电爱好者通过模仿杂志或自己设计简单的电路图来制作自己的收音机。我们中有多少人也是通过构建一个无线电系统来探索电子学，直到上瘾？只需要很少钱的元器件，你就可以创建自己的收音机，并且通过一个小的低品质扬声器来收听长波信号，它可能比在商店中买的要更好一些，因为它是自制的。如果你想要有更棒的声音，你可以买一个更好的扬声器。如果想要更大的音量，工具包中也有为这些准备的材料。发烧友按自己的需要制作自己的放大器和配件。也有为各个层级提供的相应书籍，从初学者到专家。工具包也能用于从最小元件到整个计算机系统。可以毫不夸张地说，你可以走进一家电子商店，购买 DIY 计算机，花费几个小时焊接内存、芯片到印制电路板上。我就是这样开始的。

在 20 世纪 90 年代，情况稍微有些变化。大多数爱好者的办公桌上都有自己的计算机，而且可以用它们来创建电路图，模拟系统的一部分，甚至用透明布局来印制电路板，让整个过程更加容易。然而，某些东西缺失了。几乎所有能制作出来的设备都是不可编程的。虽然可以使用微处理器，但是它们要么太昂贵，要么太复杂。处理器本身是无用的，它必须连接外部存储器。为了在每次启动的时候都能运行一个程序，它也必须有一个只读存储器。如果你想要中断，你也需要在设计中添加相应的芯片。最终它的复杂度超出一些爱好者的能力范围。为了做到这些但是又不这么复杂，爱好者倾向于使用已经在他们办公桌上的编程设备：一台个人计算机（PC）。

大多数 PC 在当时使用的是 ISA 总线，如图 1-1 所示。ISA 是一个简单的总线，允许组件添加到处理器和通用计算机系统中。这是个允许用户往他们的计算机中插入扩展卡的简单系统，要使用它也很容易。创建一个可以插入到 ISA 插槽的电路板不是很难，并且已经存在完成的原型板，爱好者和工程师可以在印制他们的电路板之前测试解决方案。其中的一些电路板甚至包含试验板，一个简单的系统不需要焊接就可以让用户把他们的部件和导线放进去。这引起了一场小革命，众多发烧友用这种类型的电路板来做以前不能做的事情：创建可编程系统。一个 ISA 板可以有数字输入和输出、模拟输入和输出、无线电、通信设备——什么都是有可能的。所有的这些可以用计算机来控制，使用简单的编程语言，如 C 或者 Pascal。我的 ISA 卡一直在通过读取温度计中的数据，开启电加热器，像一个恒温器一样保持着我的学生公寓的温暖；它还能充当闹钟，而这取决于我第二天的课程安排。虽然有时我不想上一些一大早的课，平心而论这通常来说是我的错；ISA 卡在预算紧张的时候，是很完美的选择。

图 1-1　ISA 原型板

计算机变得越来越快，系统也一直在演变。行业变了，所以有了扩展端口。当爱好者成为 ISA 总线专家的时候，业界发明了一种新的系统：VESA 局部总线（VLB）。VLB 是一种扩展 ISA，只需要为内存映射 I/O 和直接存储器存储（DMA）添加第二个连接器，但是它宣告了一个变化。计算机确实越来越快，而且有些计算机总线系统无法跟上。即使是 VLB 也无法跟上，仅仅过了一年，PCI 就变成了参考。PCI 总线是一种先进的总线，但是需要组件和逻辑来识别自己。它突然让创建自制板变得越来越困难。一些爱好者决定使用其他工业标准接口，诸如并行端口或者 RS-232，但大部分人都停止了创建这样的系统。这些人继续使用模拟系统或不可编程的数字系统。取代可编程序微控制器的系统是使用逻辑门设计的。例如，如果 A、B 输入都为真或者 C 输入为假时，灯就打开。但是当输入量增加时，这些事情就变得越来越复杂。

模拟系统，如收音机和放大器，都没有编程的形式。它们在"脑子"里已经被设计成一个特定的任务。配置是模拟的，用小螺丝刀（规范术语为螺钉旋具，本书采用习惯用语），设计者可以"微调"电位器值、可变电阻值。这是不可能通过一个特定的值乘以一个输入信号来为设备编程的。相反，在组件中加入电位器以对抗元器件公差的影响。因此，设计需要一个额外的阶段——校准。特定的输入信号输入到装置中，同时期望一个特定的输出值。

处理器是存在的，而且能被使用，有一些项目中会使用它们，但是在设计中集成一个处理器，通常意味着需要使用几个组件。存储器芯片、I/O 控制器，或者不得不使用的总线控制器，经过十年间的技术进步，电路也变得越来越复杂。即使当这些设计工作时，对它们进行编程也是一种挑战。大多数的编程是通过 EEPROM 器件（电可擦编程只读存储器）来完成的。它们可以存储一个计算机程序以及可以通过附加在计算机上的外部编程器进行编程。它们被称为可擦写只读存储器是因为它们存储的内容确实可以擦除和更换，但是要擦除上面的内容，需要从电路中移除并且用紫外光照射 20min。程序中的一个小错误可能经常需要 30min 或者更长时间来纠正。

1.1　Atmel AVR

Atmel 公司是一家成立于 1984 年的美国半导体公司，Atmel 是先进的存储器和逻辑技术

（Advanced Technology for Memory and Logic）的英文缩写。从一开始，Atmel 公司就设计了比同类产品更低功耗的内存芯片，但它很快就决定创建可编程器件。1994 年，Atmel 公司进入微处理器市场，创造了一个非常快的基于 8051 的微控制器。1995 年，Atmel 公司是第一批 ARM 架构授权公司之一，这让它获得先进的处理器技术。

Atmel 公司并不只是使用 ARM 技术，在 1996 年它也创造了自己的处理器——AVR （见图 1-2）。AVR 代表了什么？这也是 Atmel 公司的众多谜团之一。由 Alf-Egil Bogen 和 Vegard Wollan 设计，也有人说它代表 Alf 和 Vegard 的 RISC 处理器。我们将永远不知道，而且在当时，人们并没有兴趣去了解名字，人们更感兴趣的是开始接触这个先进的技术。

在这之前，为只读存储器设备编程需要一些繁琐的步骤，如使该芯片暴露于紫外线下，或者其他复杂的擦除方法。随着 Atmel 8 位

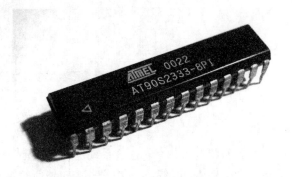

图 1-2　Atmel AVR 微处理器

AVR 的出现，这一切都改变了。AVR 是第一个采用片上闪存用于程序存储的微控制器系列。它也直接在芯片上包含了随机存取存储器（RAM），基本上包含了在一个芯片上运行微控制器所需要的一切。突然间，所有的复杂设计可以替换成单个部件。更妙的是，为芯片编程可以在几分钟内使用最小的硬件来完成。Atmel 公司设计的一些微控制器可以直接允许用户将其插入 USB 端口，并且采用 Atmel 公司的软件进行编程。从编译程序到执行可以在一分钟内完成。

有一些学习平台已经存在了，Parallax's BASIC Stamp 和 PIC 设备都在使用，但是 Atmel AVR 的出现为电子爱好者提供了另一个选择。此前，在数字系统中，逻辑是在印制电路板之前定义的。输入和输出分别连接至逻辑门，且功能已经被设计到产品中。现在，随着 AVR 系列的出现，爱好者和工程师们有一个新的可能性。取代了电子设计的功能，系统可以用计算机编程与外界交互。这简化了电子产品；替换了多个逻辑门的使用，一切都直接连接到了微控制器，这样就可能对与外界发生的事件做出反应进行编程。程序可以被编写以及再次编写，设备可以被编程以及重新编程，这为电子世界打开了一个新的大门。从理论上来说，一个设备可以应对每一种可能发生的情况。该技术已经存在；唯一剩下的事情就是有人来创建设备。

1.2　Arduino 项目

Arduino 项目开始于 2005 年，项目是为了位于意大利 Ivrea 的 Interaction Design Institute Ivrea 学院的学生而设计的。学生被告知要使用一个 BASIC Stamp，它是一个小的 PBASIC （BASIC 编程语言的一个分支）可编程序微控制器，但是这个设备的价格（大概 75 美元），对于学生来说过于昂贵，不仅仅是购买价格偏贵，而且替换损坏的单元也很昂贵。

Arduino 一开始就是为学生而设计的项目，有针对性地去替换 BASIC Stamp。因为 Atmel

8 位 AVR 简单而且价格低，而且还有一个优点是需要的外部元器件少，所以便选择了这个芯片。它还有大量的输入和输出，这让它成为未来设计的完美选择。

学生和老师一起为这个新的设计而工作，其中一个是让 Atmel AVR 可以很容易地接受扩展卡。当完成原始版本时，研究人员尽力使它更轻、更便宜，更易于学生、爱好者和工程师们使用。第一个 Arduino 板诞生了。改进了 Arduino 的原始设计，如用 USB 代替 DB-9 串口连接器，这有助于扩大平台的吸引力。

每一个 Arduino 都有两方面。当然硬件只是 Arduino 项目的一部分。每个 Arduino 使用的 Atmel 微控制器都有特定的固件，每个设备都嵌有一个小程序来查找运行的程序，或者帮助使用串口来安装程序。

最后的设计以开源的形式发布，并且由 Arduino 设计和销售。Arduino 作为一个开源硬件项目发布是一个有趣的举动。因为它是开源的，它吸引了越来越多的用户寻找到这个项目。因为 Arduino 已经有不错的输入和输出设计，用户开始创造能添加到原始 Arduino 上的电路板。当 Arduino 设计了一个新的开发板时，它保留了原来的输入和输出设计，这样可以实现现有的插件可以在新的设计中使用。

刚开始的时候 Arduino 是为教育用途而设计的，随着在电子爱好者中名声的上涨，越来越多的经销商开始出售 Arduino 电路板。

Arduino 不仅创造了硬件——一个嵌入式硬件如果没有相应的软件也是很难使用的，而且也花费了很多时间在开发自己的语言和集成开发环境（IDE）。最终的结果是一个很好的 IDE，可以运行在 Windows、Mac OS 和 Linux 操作系统上，并且可以转换 Arduino 语言（C/C++ 的高级变体）到 AVR 代码。

Arduino 开发环境隐藏了所有的链接到嵌入式系统和混合软件——如建立环境、连接器、讨厌的命令行的难题，并允许开发者在 Arduino 编程语言中使用简单的 C 语言函数来编程。

1.3　ATmega

Atmel 已经根据多种因素将它的 AVR 设计成不同的群体。它们有很多 AVR 微控制器，并知道对于项目来说哪些是必不可少的。有些 ATmega 设备有更多的内存，或者更多的数字与模拟的输入和输出，或者特定的封装尺寸。

1.3.1　ATmega 系列

Atmel megaAVR 是 AVR 系列中最强劲的部分。它们是为那些需要写大量代码的应用程序而设计的，并有着从 4KB 一直到 512KB 的闪存，这足以让最苛刻的方案运行。Atmel megaAVR 设备有多种尺寸，从 28 引脚封装到 100 引脚封装。这些设备具有的嵌入式系统数量惊人，仅举几例，模-数转换器、多个串行模式和看门狗定时器。它们也有大量的数字输入和输出线，使它们的设备非常适合与多种组件通信。

Atmel 有接近 100 个 ATmega 设备，包括不同的闪存尺寸和封装尺寸，而且部分型号有先进的功能，如内置 LCD 控制器、CAN 控制器、USB 控制器和光控制器。ATmega 芯片几乎存在于每个 Arduino 开发板中。

在 Atmel 网站上的 ATmega 系列网页中，你可以获得更多的信息：http：//www. atmel. com/products/microcontrollers/avr/megaavr. aspx。

1.3.2   ATtiny 系列

Atmel tinyAVR 系统有小封装设备专为那些需要高性能和高能效的应用而设计。这些设备不辜负它们的名字"tiny"；最小的 tinyAVR 大小仅为 1.5mm×1.4mm。这个"tiny"说的仅仅是尺寸的大小。它们的能力足以媲美较大的 AVR 芯片；它们有多个可以方便地进行配置的 I/O 口，而且有一个通用串行接口可以配置为 SPI、UART、TWI。它们可以用小至 0.7V 的电压供电，使它们可以有更高的能源效率。它们可以使用单芯片解决方案或者胶合逻辑，或者在更大系统中的分布智能。

Atmel 有超过 30 个 ATtiny 设备，它们的闪存大小范围为 0.5~16KB，以及从 6 个引脚封装到 32 个引脚封装。你可以在 Atmel 官网的 ATtiny 系列了解到更多的信息：http：//www. atmel. com/products/microcontrollers/avr/tinyavr. aspx。

虽然 ATtiny 系列在这样的尺寸里很强大，但是 Arduino 没有使用它作为微控制器。

1.3.3   其他系列

Atmel 也有其他的 AVR 系列：XMEGA 系列提供实时性能，带有 AES 和 DES 模块提供加密功能，而且包含了一个有趣的技术——XMEGA 自定义逻辑，可以用于减少对外部电子设备的需求。

Atmel 还生产了 32 位版本的 AVR 微控制器——UC3，支持定点 DSP、DMA 控制器、Atmel 著名的外设事件系统（Peripheral Event System）和高级电源管理，UC3 是一个优秀的微控制器。你可以在 Ateml AVR 网站上的网站上了解到更多的信息：http：//www. atmel. com/products/microcontrollers/avr/default. aspx。

1.4   不同的 Arduino

最初的 Arduino 是为特定的任务而设计的，并且它在这项工作上做得很好。由于原有的 Arduino 很成功，公司便决定开创更多的设计，一些是针对具体的任务的。此外，由于原有的 Arduino 的设计是开源的，一些公司和个人开发了他们自己的 Arduino 兼容板，或者按照开源的传统，向 Arduino 提出了自己的修改。Arduino 已经有一个认证流程来保证不同处理器的开发板之间的兼容性，Intel Galileo 是第一个收到这种认证的开发板。任何人都可以自由地去制作基于 Arduino 的衍生产品，但是 Arduino 这个名称和 Logo 是属于注册商标。因此，你会发现一些开发板的名字以"uino"结尾，暗示兼容性。

⚠️ **警告**　谨防假冒！有一些公司推出的 Arduino 板，比原来的 Arduino 系列开发板便宜，但是这些主板的硬件往往不是很可靠。Arduino 开发板很便宜，但是仍然使用优质的电子元器件，而假冒 Arduino 的开发板使用的组件不会持续使用很久。多花费几美元可以帮助 Arduino 资助更多的研究，以此来创造新的 Arduino 开发板和软件，并确保更好的用户体验。你可以在 Arduino 网站上了解到更多关于如何辨识假货的信息：http：//arduino.cc/en/Products/Counterfeit。

虽然 Arduino 是开源的电路板设计，但是仍然会自己生产开发板。这些开发板被称为官方开发板。其他公司也会做一些 Arduino 兼容板。

1.4.1　Arduino Uno

Arduino Uno 是"标准"的 Arduino 开发板，而且也是最容易买到的。它是基于 Ateml ATmega328 的，带有 32KB 闪存、2KB SRAM、1KB EEPROM，并且有 14 个数字输入/输出引脚和 6 个模拟输入引脚，是一个非常强大的设备，可以运行大部分程序。在开发板上的 ATmega16U2 芯片用于管理串口通信。它是最便宜且最常用的开发板。当开始一个新的项目时，如果你不知道使用哪个 Arduino，那就可以用 Arduino Uno，如图 1-3 所示。

图 1-3　The Arduino Uno

1.4.2　Arduino Leonardo

Arduino Leonardo 与 Uno 稍有不同。Leonardo 基于 ATmega32u4，这个微控制器支持 USB 功能，因此，不需要像 Uno 一样有专门的微芯片来做串口通信。其中的一个优势是费用低；少一个芯片就意味着这是更便宜的解决方案。这也意味着，开发人员可以使用微控制器作为一个本机的 USB 设备，增加了与计算机通信的灵活性。Leonardo 可以通过 USB HID 有效地模拟键盘和鼠标，如图 1-4 所示。

图 1-4　Arduino Leonardo

1.4.3　Arduino Ethernet

Arduino Ethernet 和 Uno 一样是基于 Atmega328 的，可以连接到以太网，这个功能在很多项目上都是需要的。物理上，Arduino Ethernet 同 Arduinon Uno 一样有 14 个数字输入/输出引脚，有所不同的是其中有 4 个用于控制 Ethernet 模块和板上的 micro-SD 卡读卡器，这限制了其可用的引脚数量。

值得注意的一点是，Arduino Ethernet 有可选的 POE 模块，即以太网连接供电（Power Over Ethernet）的英文简称。这个选项可以让 Arduino Ethernet 直接连接以太网来供电，而不需要提供额外的供电，因为在以太网网线的另外一端有一个 POE 提供电源。如果没有 POE，Arduino 必须要有一个外部电源来供电。

与其他 Arduino 开发板还有一个区别是，其没有 USB 连接器。因为大部分的空间都被以太网连接器占用了，该设备采用了 6 针串行编程插口，而且它兼容很多编程设备（包括 Arduino 设备和 USB 串行适配器）。Arduino Ethernet 如图 1-5 所示。

图 1-5　Arduino Ethernet

1.4.4　Arduino Mega 2560

Arduino Mega 2560 仅仅比 Arduino Uno 稍微大了一点，但是它有更多的输入和输出引脚。它共有 54 个数字输入/输出引脚和 16 个模拟输入引脚。它有一个很大的闪存：256KB，能够存储比 Uno 大的程序。它也有充足的 SRAM 和 EEPROM，分别是 8KB 和 4KB。它有 4 个硬件 UART 端口，使其成为与多个设备进行通信的理想平台。

当需要大量的输入和输出时 Arduino Mega 2560 是首选。Arduino Mega 2560 如图 1-6 所示。

图 1-6　Arduino Mega 2560

1. 4. 5　Arduino Mini

　　Arduino Mini 是一个很小的设备，对于需要将空间降低到足够小的应用来说是非常有用的（见图 1-7）。它有 14 个数字输入/输出引脚和 4 个模拟输入引脚。该设备从严格上来说是最小的：它并不具备一个 USB 接口；它也没有功能调节器；而且它也没有排针口。编程需要通过外部 USB或者 RS-232 转 TTL 串口适配器来完成。Arduino Mini 如图 1-7 所示。

图 1-7　Arduino Mini

1. 4. 6　Arduino Micro

　　Arduino Micro 不负其名；它是最小的 Arduino 开发板之一。尽管它的体积小，但是它仍然有大量的输入/输出引脚；它有 20 个数字输入/输出引脚，其中有 7 个可以作为 PWM 输出。它也有 12 个模拟输入引脚。

　　Micro 设计上并没有像 Uno 一样的扩展板，但是它有一个有趣的布局，如图 1-8 所示。它可以直接被嵌入到面包板中。

图 1-8　Arduino Micro

1. 4. 7　Arduino Due

　　Arduino Due 与其他 Arduino 有所不同，因为它不是基于 AVR，而是使用基于 ARM Cortex-M3 的 Atmel SAM3X8E 微处理器。这种先进的处理器的时钟频率是 84MHz，是一个完整的 32 位设备。它有大量的数字和模拟输入/输出引脚：54 个数字引脚（其中有 12 个可以作为 PWM）和 12 个模拟输入引脚。本开发板有 4 个 UART 端口、1 个 SPI 插口、1 个双线接口，甚至包含 JTAG 插口。

　　Arduino Due 对于电源的要求更加严格，并且微控制器本身需要用 3.3V 以下电源来供电。请注意不要使用 5V 的电源接到任何引脚，否则，你会损坏你的主板。在为 Due 选择扩展板的时候，确保扩展板支持 3.3V。

你可以通过确认扩展板是否符合 Ar-
duino R3 布局，来识别一个扩展板是
否是兼容 Due 的扩展板。

　　Arduino Due 是一个令人难以置
信的强大 Arduino。Arduino Due 有
512KB 的闪存和 96KB 的 SRAM。它
可以快速地处理最大的程序。如果你
需要进行大量的计算，这是你需要的
Arduino 开发板（见图 1-9）。

图 1-9　Arduino Due

1.4.8　LilyPad Arduino

　　LilyPad Arduino 是一个有趣的装置。它偏离
了典型的 Arduino 设计，因为它是圆形的，而不
是矩形的（见图 1-10）。其次，它不支持扩展
板。它是专门为可穿戴应用设计的，或者为电子
织物而设计的小型设备。圆形意味着连接器均匀
分布，它较小（直径为 2in，1in = 0.0254m），使
得它非常适合穿戴式设备。这个设备很容易隐
藏，并且已经有多个制造商为 LilyPad 专门设计
的设备：可穿戴的 LED、光传感器，即使是电
池电源盒也可以缝入织物中。

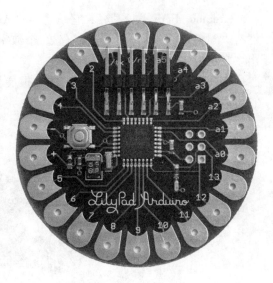

　　为了让 LilyPad 尽可能的小和轻，便牺牲了
一些东西。LilyPad 并没有电压调节器，所以提
供至少 2.7V 的电压是非常重要的，但是更重
要的是，不能超过 5.5V；否则，LilyPad 会
毁坏。

图 1-10　LilyPad Arduino

1.4.9　Arduino Pro

　　Arduino Pro 存在两个版本，基于 ATmega168 的和基于 ATmega328 的。168 版本工作在
3.3V 和 8MHz，而 328 版本工作在 5V 和 16MHz。这两个版本都有 14 个数字输入/输出引脚
和 6 个模拟输入引脚。它有一个 JST 电池电源接口，一个电源开关用于在电源模式间进行选
择，并为电源插孔预留空间（如果需要的话）。它没有 USB 接口，而是使用一个 FTDI 电缆
进行编程。

　　Arduino Pro 与其他 Arduino 最大的不同在于——它是专为嵌入式项目设计的原型板。它

没有附带接口——确实，它没有任何接口可言，如
图 1-11 所示。所有的数字和模拟输入/输出引脚都
放置在 Arduino 的表面，保留扩展布局，如果需要，
可以用于焊接线和连接器。Arduino Pro 的目标是对
于最终产品的半永久性安装，而不是原型板。Ar-
duino Pro 不是由 Arduino 设计的，而是由 SparkFun
Electronics 设计制造的。

1.4.10　Arduino Robot

Arduino Robot 简单地说就是在轮子上的 Ardui-
no。在 Robot 上有两个 Arduino 板，一个用于控制
板上的电动机，另一个包含传感器。控制板控制电
动机板并赋予它如何操作的说明。

控制板是由 ATmega32u4 驱动的，其含有 32KB
闪存、2.5KB SRAM，以及 1KB EEPROM。它有一
个指南针、一个扬声器、三个 LED、一个五键键盘
和液晶屏。它也有三个焊点用于连接外部 I^2C 设
备。它也具有 I/O 兼容性、包含五个数字输入/输
出引脚、六个 PWM 和四个模拟输入引脚。留有八
个模拟输入引脚（距离传感器、超声波传感器或者
其他传感器）以及六个数字 I/O 引脚（其他的四个
可以用于模拟输入）。

电动机板是完全独立的板子，搭载了 AT-
mega32u4，这是和控制板上相同的微控制器。电动
机板包含两个独立供电的轮子，五个 IR 传感器，
以及 I^2C 和 SPI 端口。它还包含电源，它由四个充
电 AA 电池供电，并且含有一个充电口来为板上的
电池充电。从结构上来说，该板也可以通过板载
USB 接口供电，但是出于安全考虑，这时电动机是不可用的（见图 1-12）。

图 1-11　Arduino Pro

图 1-12　Arduino Robot

1.4.11　Arduino Esplora

Arduino Esplora 是一个"奇怪"的设备。大部分的 Arduino 被设置在桌子上或者放置在
其他地方，但是 Esplora 是专门为放在你的手上而设计的。它基于 ATmega32u4，它不支持扩
展板，而且没有任何焊点用于输入和输出。相反地，它的外观和感觉更像一个游戏手柄；它
有四个常开按钮、一个模拟摇杆和一个线性电位器的拇指输入。为了获得更多的反馈，Es-

plora 有一个蜂鸣器和 RGB LED。此外，它还有更先进的设备；它有一个板载麦克风、一个温度传感器、LCD 屏连接器和一个三轴加速度计。

Eslpora 有 32KB 闪存；4KB 用于引导加载程序（bootloader）。它还有 2.5KB 的 SRAM 和 1KB 的 EEPROM。它是一个功能强大的设备，并且它用四个 TinkerKit 连接器弥补了缺乏连接器的问题：两个输入引脚和两个输出引脚，如图 1-13 所示。

图 1-13　Arduino Esplora

1.4.12　Arduino Yún

Arduino Yún 是基于 ATmega32u4 的，但是它在同样的板子上也有一个 Atheros AR9331。Atheros 处理器有一个完整的 Linux 发行版 OpenWRT（一个著名的基于 Linux 的无线路由器系统）。

Arduino Yún 内置了以太网和 Wi-Fi，它也有一个 micro-SD 插槽（见图 1-14）。Arduino Yún 与其他 Arduino、扩展板的不同在于具有先进的网络功能；Arduino 可以发送命令给 OpenWRT，并且继续由它的程序处理。两个处理器独立工作，桥接（Bridge）库十分有利于两个处理器之间的通信。

图 1-14　Arduino Yún

1.4.13　Arduino Tre

Arduino Tre 是一个未发布的惊人"野兽"。截至目前，最快的 Arduino 是 Arduino Due，基于 ARM 兼容的微控制器。Tre 由 Arduino 和 BeagleBoard 创建，结合了强大的完整的计算机及 Arduino 的弹性输入和输出。

Tre 有一个 Cortex-A8 级别的处理器——Sitara AM335X 处理器（1GHz）。该处理器有 512MB 的 RAM，并具有能够显示全高清（1920×1080）的 HDMI 端口。所有这些处理能力，都使用 Arduino 编程环境的 Atmel ATmega32u4 作为接口，以确保爱好者喜欢它。

1.4.14　Arduino Zero

Arduino Zero 是采用了 Atmel SAM D21 微处理器的全新 Arduino。它拥有 256KB 闪存和 32KB RAM，它运行在 48MHz 上。设计 Arduino Zero 的目的是通过创建一个强大、坚固、灵

活的设计来解决未来需求，如机器人和可穿戴设备，以及物联网。它也是第一个有先进调试
接口设计的 Arduino。

1.4.15　你自己的 Arduino

Arduino 总是创建开源的设计，并且直接在 Arduino 的网站上提供以前所有电路板的原
理图文件，在知识共享署名相同方式共享协议下发布。简单地说，这意味着你可以自由地从
Arduino 原理图中学习，并去创造你自己的开发板或者修改已有的。

除了 Arduino Due 外的所有 Arduino 板都基于 Atmel AVR。Arduino 固件预装的芯片都可
以从 Arduino 的电子分销商处购买，或者如果你有合适的工具，你可以购买元器件并且自己
来制作。

1.5　扩展板

Arduino 本身是一个功能设备，并且已经包含了多种输入和输出，但是它也只提供那些
功能。由于 Arduino 的设计是开源的，许多公司已经开发出很多扩展板（Shield），印制电路
板放置在 Arduino 的上面，同时连接到 Arduino 引脚上。这些扩展板通过使用不同的输入和
输出来增加功能——数字 I/O 或者串行通信两者之一。

1.5.1　什么是扩展板

扩展板是一个可以安装在 Arduino 板最顶部的印制电路板（在这里我们称为扩展板）。
它通过公共引脚接口连接到 Arduino 处理器。添加一个扩展板不是一定能够扩展 Arduino 的
可能性，但是大多数情况下来说是这样的。

对于大多数原型设计项目，你使用导线连接到 Arduino 接口，并将其连接到面包板上。
对于大多数的应用来说这是足够的，如输出数据到 2 ~ 3 个 LED。但是对于更复杂的应用来
说，一个面包板是不实际的，因为布线过于复杂，而且组件的大小也是个问题。micro-SD 卡
读卡器是极其微小的，不能放置在面包板中。焊接导线到 micro-SD 卡读卡器特别不容易，
所以你的选择是有限的。在很多情况下都需要写数据到 micro-SD 卡，幸运的是很多家公司
已经开发了包含 micro-SD 读卡器的扩展板。如果你的应用程序需要记录数据，你所需要做
的只是连接扩展板到 Arduino 板的顶部，只需要添加几行代码，然后你就可以开始使用。就
这么简单。

正如上文所说，并非所有的扩展板都增加功能。有些扩展板的存在是为了帮助构建原
型——允许你直接在扩展板上焊接部件——而不需要制作自己的印制电路板。在原型阶段，
在面包板上测试你的设计是否工作是一个很好的方法，但是在证实设计可以工作之后，就
是时候做出更好的面包板了。例如，如果你正在创建一个闹铃应用，隐藏振铃后面的电路板
是一件复杂的事。相反地，你可以焊接这些组件到原型板，不仅可以节省空间，而且可以让
你的设计更耐冲击或者干扰。这种类型的电路板的优点是，你不需要创建自己的印制电路板

或者做任何复杂的布线。

1.5.2　不同的扩展板

扩展板是为了各种各样的应用而存在的：存储在 SD 卡中、通过以太网的网络连接或者 WiFi 机器人控制，用 LCD 和 TFT 屏幕来实现显示，在这里仅举几例。

大多数的扩展板都是可以堆叠的，这样你就不会被限制于一次只使用一个。然而，一些扩展板需要的输入和输出可能会和其他的扩展板的设计冲突，所以当你选择扩展板的时候请注意。

1.5.3　Arduino 电动机扩展板

当使用电动机的时候需要特别注意。在关闭时，电动机可诱发电压尖脉冲，考虑到发生的可能性，在设计的时候需要添加相关的组件。另外，通常 USB 电源对于电动机来说是不够的。Arduino 电动机扩展板考虑了这种情况，并且允许开发人员独立控制两个 DC 电动机，或者一个步进电动机。该扩展板可以通过 Arduino 供电或者依靠外部电源。

1.5.4　Arduino 无线 SD 扩展板

无线 SD 扩展板是专为一个 Xbee 模块而设计的，但是可以在同样尺寸的无线调制解调器下工作。板上的 micro-SD 卡槽允许扩展板充当数据记录器。它也有一个小的原型区域用于添加别的组件。

1.5.5　Arduino 以太网扩展板

Arduino 以太网扩展板顾名思义：它通过 W5100 控制器来添加以太网连接，支持同时多达四个套接字（socket）连接。该模块也包含 micro-SD 卡槽用于记录数据。

Arduino 以太网扩展板有一个可选的 POE 模块。在 POE 网络中，模块（包括父 Arduino）都可以直接由以太网供电。

1.5.6　Arduino WiFi 扩展板

Arduino WiFi 扩展板包含一个 HDG104 无线局域网控制器，允许 Arduino 访问 802.11b/g 网络。它可以打开和加密网络。该模块也包含 micro-SD 卡槽用于记录数据。

1.5.7　Arduino GSM 扩展板

Arduino GSM 扩展板通过 GPRS 网络连接到互联网，最大的速率是 85.6kbit/s。它也具有语音功能；通过添加一个外部麦克风和扬声器电路，它可以拨打和接收语音呼叫。它也可以发送和接收短信。Quectel M10 调制解调器通过使用 AT 指令配置，这个通过 GSM 库在软件上来处理。

Arduino GSM 扩展板自带 Bluevia SIM 卡，可以让机器到机器（M2M）通信以 10MB 或者

20MB 的块进行漫游的数据连接。然而，GSM 扩展板也可以与不同供应商的 SIM 卡一起工作。

1.5.8 你自己的扩展板

在某些情况下，你会想创造自己的电子产品。对于原型，一个面包板就足够了，但是当你需要一些更强大和更专业的功能时，现在是时候制作你自己的扩展板了。有几个可选的软件可以帮助你，在这其中最好的就是 Fritzing。在 Fritzing 上，你可以创建原型板设计，把它们转换成电路图，并直接生成扩展板布局。Fritzing 也有扩展板定制服务；只需要上传你的原理图到它们的网站上，就可以获得专业定制的扩展板。

1.6 你能用 Arduino 做什么

这是一个最常见的问题，但是得到的答案既简单又复杂。简单地说，你可以做任何你能想到的东西。所有 Arduino 项目中最困难的部分就是确定需求。也许你家里有一个水族箱，你想用特别的方法来控制灯光；也许你想为你的车添加一个停车辅助装置。有些人只想为自己家里添加一些自动化设备，按下一个按钮来打开和关闭电动窗帘。有些人想出了更惊人、有趣的项目：一个遥控割草机，甚至下棋机器人。可能性几乎是无限的。有一些事可能是 Arduino 不能做的，但是随着新的 Arduino 兼容板的发布，这个列表在不断地缩短。

Arduino 是一个学习软件开发和电子学的很好的工具，因为它是一个成本低、功能强大、容易编程的设备。

有些人出于对电子的爱好使用 Arduino，从简单的项目到令人难以置信的项目。我知道有一个人整整用了 10 个 Arduino Mega 来完成他家的自动化，每间房间都会与其他房间通信，以更好地计算电力消耗、加热和令人感到舒适。

Arduino 也用于很专业的情况，因为组件是低成本、高度可靠的，而且还有开源带来的灵活性。当一个初始设计完成后，开发者可以创建非常小的开发板，包括玩具、小型嵌入式系统，甚至工业机器。几台基于 Arduino 的 3D 打印机十分便于使用和具有可靠性。

1.7 你需要为本书准备什么

每一章都有一个所需的组件列表。然而，当创建一个 Arduino 工程时，有几个项目是每次都需要的。如下所示：

- 供电电源——Arduino Uno 可以接受 6～20V 电压输入，而 7～12V 是推荐电压。所有的标准交流-直流电源适配器应该都是可以的，最好是能提供超过 1A 的电流。
- 万用表——几乎所有的型号。你不需要购买最昂贵的，但是它应该能测量直流电压、直流电流和导通性以及阻值，如果你打算将你的 Arduino 接到主电力线上，还需要能测量交流电压和电流。

- 面包板——大小取决于你的项目。一般可以考虑一个中等大小的面包板；如果太小了，可能没办法去适配你的所有组件（或者太紧凑、可能产生短路），同时大的电路板需要花更多的钱和需要更多的空间（在大多数例子和项目中，我使用 680 点的面包板）。
- 电阻——每一个项目的共同元件。有不同的电阻值，但是这里有一些是经常使用的。在市场上有电阻包，提供 10 的倍数的电阻，或者你可以直接购买最常见的。在这里，10 个 220Ω，10 个 1kΩ，以及 10 个 10kΩ 就足够了。
- LED——知道一个引脚输出的好方法。再加上一个电阻值，它可以即时显示项目的状态。
- 其他电子元器件——有时需要一个电容、一个开关或者二极管等。本书的每一个例子都有一个完整的所需组件的清单。

1.8　小结

本章简要地介绍了一个 Arduino 可以做什么，但是无法确切地知道每一个人将用 Arduino 来完成什么。正如我所说的，唯一限制你的是你的想象力，我很想听到你用你的 Arduino 做了些什么！你可以在我的网站 http：//packetfury. net 联系到我。我很期待听到你的项目！

在下一章中，你将学到更多关于如何用 Arduino 编程，如何安装 Arduino IDE，如何将 Arduino 连接到你的计算机，并且上传你的第一个程序。

第2章

Arduino编程

Arduino 是一个嵌入式系统，也就是说它用最少的硬件来完成工作。但这并不意味着它是很弱的系统；如果有一个 PCI 总线，但并不使用的话，这是没有意义的——它只会占用空间、能源并且增加设备的成本。Arduino 是轻量级的、便宜、优秀的嵌入式系统。就像所有的嵌入式系统，要完成编程需要一个主机，而不是在 Arduino 上完成。

在嵌入式系统上编程，以及实际上在任何种类的系统上编程，写出我们可以理解的文本都是一种艺术，而且还要能将其转换成机器可以理解的二进制文件。我们所写出来的数据被称为源代码，并且因为大多数的源代码都是文本格式，所以有时候只需要一个简单的文本编辑器。大多数人使用集成开发环境（IDE），对于开发人员来说，它是包含附加设计的增强版文本编辑器。这些附加组件可以实现从文本自动完成到调试，而且通过包含不同的工具来处理不同类型的源文件。有些项目可能只使用一个源文件，但是比较大的项目可以有成百上千个文件。写完源代码之后，必须要用到编译器，编译器可以读取源代码并创建一个或者多个二进制文件。这些二进制文件稍后将上传到 Arduino 上并且由微控制器来运行。

Arduino 开发了为完成工作所需要的工具。用其他的嵌入式系统，你可能要选择一个 IDE，安装一个编译器，有时甚至是烧录器，而且会花费大量的时间来设置系统。而 Arduino 就没有这些问题；一切都包含在一个简单的包中，并且包含了所有需要的东西，从你写你的第一个程序到烧录二进制文件。

一个 Arduino 程序被称为 sketch（简图）。"简图"有几个字面意思，如一个简单的文学作品或者一个简短的音乐作品。无论你喜爱怎样的，一个 Arduino 简图就像一个艺术品；你——艺术家，聚集和组装元素来创造你的杰作。谷歌 X 的工程师 Jeremy Blum——《Exploring Arduino》（Wiley，2013）一书的作者，在书中说："I believe that creative engineering is indistinguishable from fine artwork（我相信创意工程与艺术品是无法区分的）"。Arduino 将是你的画布；你用自己的方式使用简图和电子元件来创造一些惊人的事情。唯一限制你的将是你的想象力。

2.1 安装环境

你所需要做的第一件事就是安装 Arduino IDE。Arduino IDE 是一个用 Java 编写的完全集成软件。Java 可以在多个平台上运行，并且 IDE 可以在 Windows、Mac OS X、Linux 操作系统上运行。你可以在 Arduino 的网站上下载 Arduino IDE，网址 http：//arduino. cc/en/main/software。

　　在这个页面上，你将会有多种选择。首先，最新的稳定版本总会列出来。其次，其他的测试版也会被列出来。Beta 版和测试版可能无法达到最终版的质量，但是其中会一些新功能；你可以决定你想使用的版本。Beta 版有时会支持更多的硬件，但是如果你需要使用最新的 Arduino 板，你可能没有选择地余地。

　　网站会列出晚间构建版以及特定硬件构建版。晚间构建版是在每天晚上构建包含了最近更新的安装程序，但是在某些情况下可能也会有一些错误。特定硬件构建版是为单一开发板而构建的。在写本书的时候，已经有可用于 Intel Galileo 开发板的 IDE——一个由 Intel 设计和制造的兼容 Arduino 的开发板，但不是使用同样的编译器。

2.1.1　下载软件

　　工作的时候到了！你必须下载该软件，因此找到最新的版本并下载它。图 2-1 显示了 Arduino 网站的页面。

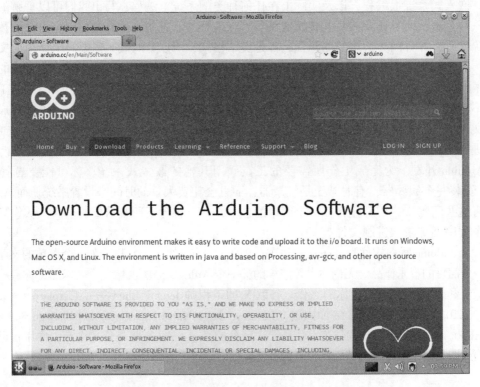

图 2-1　Arduino 下载页面

Windows 用户可以在安装程序和压缩包之间选择。对于安装程序，你只需要下载安装程序，双击它，然后按照指示安装就可以了。关于安装的更多信息，请参阅 Arduino 网站上的安装指引：http：//arduino. cc/en/Guide/HomePage。

　　Mac OS X 和 Linux 用户必须下载一个压缩文件。只需要用常规工具将压缩包解压，然后双击新建的文件夹内的 Arduino 图标，需要的东西都在这个文件夹里面。

　　如果你的操作系统没有被列出来，或者你对于源代码感到好奇，那也有源代码包可供使用。你可以自己编译源代码。

　　有一些 Linux 发行版可能会直接捆绑 Arduino IDE；其他的可能需要扩展软件源。请参考你的发行版的论坛或者查看 Arduino Playground 网站（一个社区编辑的百科）：http：//playground. arduino. cc。

2.1.2　运行软件

　　当你下载并安装完软件后，打开应用程序。如果一切顺利，你应该看到如图 2-2 所示的窗口。

图 2-2　Arduino 空程序

　　这是 Arduino IDE，在这里你可以设计你自己的程序。主窗口是程序编辑器，在这里你可以编写代码。在底部的状态栏中，你将会收到编译、上传或者代码的错误信息。屏幕的右下方是设备信息面板，它显示了你正在使用的设备，以及连接到的串口。

程序编辑器不只是一个简单的文本编辑器；编辑器的颜色和格式文本取决于你写的东西。注释是灰色的，数据类型都是彩色的，等等。它提供了一个很好的、便捷的方法阅读和编写源代码。

2.1.3　使用自己的 IDE

Arduino IDE 是一个不错的环境，但是有些人想用他们自己的 IDE，无论是喜好又或仅仅是因为他们习惯了别的环境。Arduino 社区上有一些人正在为将工具移植到其他环境而努力工作，你可以在 Arduino Playground 找到一个完整的列表。Eclipse、CodeBlocks、Kdevelop 和命令行只是一些推荐的环境。虽然本书只关注 Arduino IDE，但是也可以看看其他的 IDE。欲了解更多的信息，请访问：http：//playground. arduino. cc/Main/DevelopmentTools。

2.2　你的第一个程序

是时候深入了！默认情况下，Arduino 使用一个叫 Blink 的默认程序。这个程序可以使连接到开发板 13 脚的 LED 闪烁，在大多数 Arduino 上也是。只需要用 USB 连接线连接计算机和 Arduino，几秒钟后，你将会看到 LED 闪烁，这就告诉你一切都很顺利。现在最好的方法就是向你展示运行你的第一个程序是多么简单。你的第一个程序可以如清单 2-1 所示。

清单 2-1：你的第一个程序

```
/*
  Blink
  Turns on an LED on for one second, then off for one second, repeat

  This example code is in the public domain.
 */
// 在大多数Arduino板上13脚都连接LED
// 命名

int led = 13;

// 当按复位时，安装程序运行一次
void setup() {
// 初始化数字引脚作为输出
  pinMode(led, OUTPUT);
}

// 循环程序永远运行一遍又一遍
void loop() {
  digitalWrite(led, HIGH);    // 打开LED（高电平）
  delay(200);                 // 等待0.2s
  digitalWrite(led, LOW);     // 通过变为低电平关闭LED
  delay(200);                 // 等待0.2s
}
```

如果这段代码对于你来说没有太大的意义，不必担心；所有的这些将在稍后说明。经验丰富的 C 语言开发者可能会遇到这些问题，我们将会在下面解答。

上面的 Arduino 程序是一个完整的程序。你可以输入它，也可以直接在 Arduino IDE 中使用；这段代码实际上是 Arduino IDE 中的一个示例。要打开它，找到文件（File）⇨示例（Examples）⇨ 01. Basics ⇨ Blink，代码将在一个新的窗口中打开。程序中有注释，这是一个文本区，用户可以在上面写上他们打算做的事情，以//在该行的开头表示。快速阅读一下，并尝试看懂程序做了些什么。

当你准备好了，是时候上传你的第一个程序了！上传意味着将二进制代码下载到 Arduino 中。确保你的 Arduino 已经通过 USB 连接到计算机，如 Arduino Uno 或者 Arduino Mega。这个代码可以在所有的 Arduino 上运行，因此试着在你拥有的板子上运行。上传程序，只需要简单的几个步骤就可以完成了。IDE 需要知道你连接的板子的类型。首先，到菜单中选择工具（Tools）⇨ 板卡（Board），然后选择你的开发板。如你所见，那里有不同的开发板可供选择。选择对应于你的开发板的条目；在这个例子中，我有一个 Arduino Mega 2560，如图 2-3 所示。

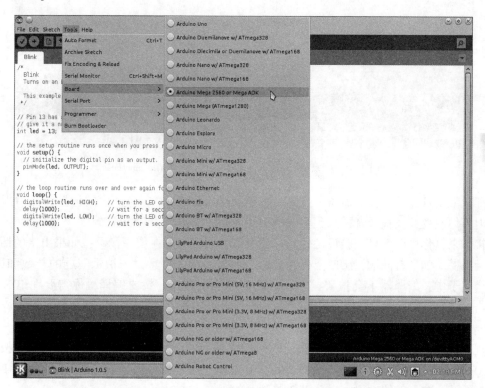

图 2-3　选择 Arduino Mega 2560 时的 Arduino IDE

接下来，IDE 需要知道开发板是如何连接到你的计算机的。找到工具（Tools）⇨ 串口（Serial Port）菜单，你可以选择合适的连接。在 Windows 机器上，开发板将作为一个 COM

口出现。在 Mac 上，Arduino 的连接将会以 "/dev/tty.usbmodem" 开始。我的开发机器是 Linux，而在这种情况下，Arduino 是连接到 /dev/ttyACM0。在其他一些系统中，可能会列出多个串口。我选择的端口如图 2-4 所示。

图 2-4   选择 Arduino Mega 2560 串口时的 Arduino IDE

配置就是这样的。你只需做一次这些步骤；Arduino IDE 会记住你的设置，然后保留下来。但当你改变开发板或者插入到不同的 USB 端口，你需要更改设置。

接下来，你可以选择去验证源代码。验证阶段实际上是在编译代码；如果出错的话，编译器会报警。如果有问题，IDE 会在屏幕的下面显示相关信息，来指示问题的行数和原因。在这个例子中，编译器不会报警，它会编译你的应用程序。想要编译，你需要在 IDE 左上方单击 Verify 按钮（复选标记），或者到菜单中选择程序（Sketch）⇨ Verify/Compile（校验/编译）。还有一个快捷键：Ctrl + R。

现在只剩下最后一步：你必须上传你的程序到你的 Arduino。只需要单击 Verify 按钮旁边的 Upload 按钮，或者进入菜单项 File ⇨ Upload。此外，可用键盘快捷键：Ctrl + U，如图 2-5 所示。在上传的过程中也会重新校验源代码。

现在 Arduino IDE 会试图去接触 Arduino 板，并且将传输程序到微控制器闪存中。在底层将很快显示一个消息提示 "完成上传（Done Uploading）"。现在看看你的 Arduino 板。在 USB 端口旁边，一个小的 LED 将会闪烁；同本章开始一样，这个可以验证你的 Arduino 可以工作。这个时候，它应该会每秒闪烁 2 ~ 3 次。恭喜！现在，你已经成功上传了你的第一个 Arduino 程序。

图 2-5　成功上传应用

　　程序被写到闪存中，这意味着什么？像计算机上的程序，它已被"安装"到非易失性存储器并且每次打开 Arduino 的时候将会被运行，所以马上试试。从 USB 端口拔掉你的 Arduino，等待几秒钟，然后重新连接上。Arduino 将再次由 USB 端口供电，几秒钟后，LED 指示灯将开始闪烁。你的程序正在运行。

　　虽然看上去好像 Arduino 在简单地运行你的程序，但是它做的不止这些。Arduino 包含了一个叫引导程序（bootloader）的东西，这个程序可以在每次设备启动的时候运行。这是 Arduino 强大的优势之一；引导程序总能允许程序员更新程序。即使你不小心刷入了一个程序，导致崩溃，只要引导程序存在，你就能更新 Arduino 的程序。

 警告　如果你需要更多的程序存储空间，你可以删除这个引导程序，并且将自己的应用放在处理器指令序列的开始。这样做的好处是，可以释放引导程序的空间，并将这部分空间让自己的程序使用。引导程序是一个小程序，大小大概 2KB。如果删除引导程序，你仍然可以更新你的 Arduino 的程序，但是这需要更专业的设备。

2.3　理解你的程序

现在你的程序正常工作而且你看到了结果，是时候仔细看看源代码了。这里需要分步进行。第一部分给了一些有趣的信息：

```
/*
 Blink
 Turns on an LED on for one second, then off for one second repeatedly

 This example code is in the public domain.
*/
```

放在符号 /* 和 */ 之间的文本都被认为是注释，编译器会忽略源代码的这部分。这些标记间的所有内容将被忽略，所以最好在这里写上自然语言文本来说明程序是什么、打算做什么。在源代码文件用注释开头是很常见的，解释应用程序做什么。只需要看看这几行，你就会对于程序在做什么有了概念。

```
// 在大多数Arduino板上13脚都连接LED
// 命名
int led = 13;
```

这个注释又再次说明了会发生什么。就像 /* 和 */ 标记，当编译器遇到标记//，这会忽略这一行该标记后面的所有内容。在第一行，编译器遇到第一个注释标记并且忽略文本。然后它尝试读取第二行，但是又遇到了一个注释标记并且也忽略了这行文本。在第三行，没有注释标记，这是一个代码行。

它以关键字 int 开头，int 是 integer 的缩写。这是一个变量声明；它告诉编译器为这个变量预留空间，一个已被命名的空间可以改变它的内容。因为变量声明为一个整数，它可以容纳的数是 −32768 ~ 32767。这个变量被命名为 led。编译器将关联 13 到这个变量。最后，该行以一个分号结束。在 C 语言中，分号标志着指令结束。

现在看看下一部分：

```
// 当按复位时，安装程序运行一次
void setup() {
  // 初始化数字引脚作为输出
  pinMode(led, OUTPUT);
}
```

第一行是注释。它解释了代码的下一部分要做的事。

下一行就比较有趣了。关键字 void 表示一个空的数据类型。第二个单词 setup，声明了函数的名称。由于括号和大括号，你知道这是一个函数而不是一个变量。函数是一个程序中可以调用的代码块；而不是重复相同的代码许多次，只需要写一次，在需要的地方调用这个函数。它也是为特殊的需要分离代码的一个方法。

在括号内，你将列出你的函数的所有参数：这些参数可以传递给函数。因为在 setup( )

的括号内没有内容，所以这里是没有参数的。因此不需要任何数据来运行函数。因为函数声明为 void，所以也不会返回任何数据。当这个函数被调用的时候，它会做自己的工作，然后不返回数据。但是，它究竟做了些什么？

在大括号里面的内容都是函数的一部分——在这个示例中，只有一行代码。当 setup 函数被调用的时候，它将执行一个指令，pinMode( )。该指令前没有数据类型，表明它不是一个变量声明，而且也不是函数声明。因为它有一个括号，所以它是一个函数，而且不像 set-up 一样，它需要两个参数：led 和 OUTPUT。所有的标准函数将在第 4 章具体介绍，这里只是给你一个概念，pinMode( ) 是一个函数，它告诉微控制器应该如何使用哪个特定的引脚。在使用引脚之前，微控制器可以设置一个引脚为 HIGH（高电平）或 LOW（低电平），而且不会试着读取引脚的状态。关于引脚的问题，标识为 led，在前面的代码中已经定义；它是引脚 13。

现在看看代码的最后一部分。

```
// 循环程序永远运行
void loop() {
  digitalWrite(led, HIGH);    // 打开LED（高电平）
  delay(200);                 // 等待1s
  digitalWrite(led, LOW);     // 关闭LED（低电平）
  delay(1000);                // 等待1s
}
```

同样的，该代码以注释开头，向你展示了这部分代码将要做什么。这是函数 loop( ) 的函数声明，它不需要任何参数来运行。

在 loop 函数内，你将会看到 digitalWrite( )。你可能已经从函数名猜出它是做什么的，它将向一个引脚以数字格式做写入操作。它设置引脚状态为逻辑 1（HIGH）和逻辑 0（LOW）。第一次在程序中调用它的时候，它将引脚设置为逻辑 1。

然后的代码是带有参数 1000 的 delay( ) 函数。delay 函数告诉微控制器：在下一个指令执行前，需要等到指定的毫秒数。在这个示例中，它告诉微控制器等待 1s，然后再继续。因此，程序打开一个引脚然后等待 1s。剩下的代码是类似的；执行 digitalWrite，这次是设置引脚为逻辑 0（LOW），然后等待 1s。

相比于那些你用 C 语言开发的应用程序，你可能已经注意到，Arduino 代码中没有 main( ) 函数。在 C 语言中，main( ) 函数作为程序的入口；也就是说，当程序启动时将调用这个函数。对于系统编程来说是这样的，操作系统负责初始化程序需要的一切，但是对于嵌入式系统来说不是这样的。

Arduino 需要两个函数：setup( ) 和 loop( ) 函数。即使它们是空的，这两个函数也必须存在，但通常很少为空。

当程序开始时将调用 setup( ) 函数，这个函数用于初始化变量、引脚模式和程序中的其他组件。让初始化代码远离工作代码是一个很好的做法，它可以让代码更清晰。虽然也可以在你执行动作之前设置引脚，但是最好是在你开始程序之前完成设置。在 setup( ) 函数里，如果你设置了引脚，可以立即告诉你，而不是藏在很长的工作代码里。在这个例子中，set-up（）包含一个改变引脚状态的命令，将其设置为输出。

loop（）函数做的事情就和它的名字一样：不断地循环，只要还为 Arduino 供电。在这个例子中，loop（）将一个输出引脚设为高电平，等待 1s，设置相同的输出引脚为低电平，然后再等待 1s。完成后，函数就再次运行。这也就是为什么配置不应该放在 loop（）函数中，因为同样的代码将会不断地运行。如果你将所有的配置放在 loop（）中，变量可能会被覆写，而且设置引脚配置可能会拉慢应用程序。

这两个函数在任何的应用中都是需要的，然而你仍然可以自由地根据自己的需要添加函数。

2.4　编程基础

如先前所述，编程是写出人可以理解的文本的艺术，而且要能将其转换成机器可以理解的二进制文件。问题是计算机，虽说有人试图说服你，但是它一点儿也不聪明。它们需要知道它们要做什么，而且需要精确的说明。源代码必须要以正确的方式来布局。

2.4.1　变量和数据类型

在你的程序中，大部分的时候你需要存储你的数据，并且执行一些类型的计算。计算按钮按下的次数，存储模拟引脚的电压，或者执行一个复杂的数学矢量计算，这些都需要计算和存储数据。这些数据存储在一个变量中，可以根据需要来改变其在存储器的位置。通过声明一个变量，你将需要依据数据类型向编译器要求分配具体的内存数量。

下面是不同的数据类型，而且你必须告诉编译器要存储怎样的数据。如果你定义了一个变量是有限的整数型，你就不能使用同样的变量来存储浮点数据，或者是字符串。不同的数据类型见表 2-1。

表 2-1　不同数据类型

数 据 类 型	内　　　容
void	没有数据类型
boolean	true 或者 false
char	字符，存储一个 ASCII 码（'A''B''C'…）
unsigned char	十进制数，0～255
byte	十进制数，0～255
int	十进制数，-32768～32767（Arduino Due，-2147483648～2147483647）
unsigned int	十进制数，0～65535（Arduino Due，从 0～4294967295）
word	十进制数，0～65535
long	十进制数，-2147483648～2147483647
unsigned long	十进制数，0～4294967295
short	十进制数，-32768～32767

（续）

数 据 类 型	内　　容
float	浮点数，$-3.4028235 \times 10^{38} \sim 3.4028235 \times 10^{38}$
double	浮点数
string	字符串
String	高级字符串
array	变量的合集

还需要注意的是，Arduino Due 是一个相对比较新的使用 32 位微控制器的设备，而不是像在其他 Arduino 一样中使用 8 位 AVR 微控制器。因此，有一些数据类型和其他 Arduino 不同。整数编码为 32 位，这意味着可以处理更大的数字。此外，双精度浮点型在 Arduino Due 中也编码为 8B，而在其他 Arduino 中是 4B。因此，双精度浮点型在 Arduino Due 中更精确。

当声明一个变量时，最重要的是先指定数据类型，然后取变量名。或者，你也可以直接用等号来赋值。最后，以分号结束。下面是合法的声明：

```
long data;
char usertext;
int pin_number = 42;
```

你几乎可以自由使用所有变量，但是不要使用意思含糊的名称。在上面的例子中，usertext 暗示着变量包含外部源的一些文本。变量 pin_number 建议用于输入或者输出操作的引脚号，但是 data 呢？该定义过于宽广；它包含文本？数字？然后在你的程序中，你可能会开始疑惑这个变量包含着什么，而且你甚至可能将之与其他不可预知的变量混淆。

数据类型不仅用于变量，还用于函数。这就是后面"函数"一节要说到的内容。

2.4.2　控制结构

微处理器和微控制器的优势是它们处理数据的能力。它们按照指令执行，也可以依据数据执行条件指令。一个变量是否包含一个大于或等于 42 的数字？如果是的话，执行这部分代码。否则，执行另外一部分。这些条件语句的命令在形式上有 if、for 或者 while。

1. if 语句

if 语句是最简单的分支语句，用于检测一个表达式是否等于一个结果。使用如下：

```
if (expression)
{
    statement;
}
```

在 if 语句中可以使用多个指令，只需要在花括号中放置多个指令：

```
if (expression)
{
    statement;
    another_statement;
}
```

　　此外，也可以通过 if 和 else 来执行两个指令集。你可以认为 if 是当结果满足条件时做一件事，else 执行另外一件事。

```
if (expression)
{
    do_this;
}
else
{
    do_that;
}
```

　　另外，也可以使用 else 来混合多个 if：

```
if (expression)
{
    do_this;
}
else if (expression)
{
    do_that;
}
```

　　表达式用来检查一个指令的正确性。例如，可以检查一个变量是否等于一个定值、小于一个值、大于一个值等。另外，也可以检查其他类型的值，例如，一个布尔值是真或者是假。

```
int myval = 42;
if (myval == 42){
    run_this; // myval等于42;此功能将被执行
}else{
    run_that; //不会执行
}
if (myval < 50){
    run_another_function; // 这个将会运行,因为42小于50
}
```

　　注意在这个例子中，变量 myval 用单个等号（=）将值设置为 42，但是判定一个值时使用双等号（==）。在 C 语言中，一个等号总为一个变量设置（或者尝试设置）一个值。两个等号用于判定。在写 if 结构时需要注意：单个等号会强制将一个值赋予变量，并且这个结果可能不是你想要的。

2. switch case

　　if 语句是容易使用的，而且当你需要针对一个也可能是两个值检查时效果很好。如果你需要检查多个变量时，会发生什么？如果一个机器人需要检测有多靠近障碍物时会怎样？在这种情况下，你可能使用 if 语句；如果障碍物小于 3in，则关闭电动机。有些情况可能并不会那么简单。想象一下，一个 Arduino 接了一个小键盘，上面有一些贴纸为用户提供详细说明。如果用户按下按钮 1，然后 Arduino 将打开灯。如果用户按下按钮 2，则打开百叶窗。如果用户按下按钮 3，将播放音乐，依此类推。如果继续使用 if 语句，将很快失去控制，并且会难以阅读：

```
if (button == 1){
    turn_on_lights();
}
if (button == 2){
    if (blinds_up == false){
        raise_blinds();
        blinds_up = true;
    }
}
if (button == 3)
…
```

实现它最优雅的方式是通过 switch/case 语句。就像 if 语句一样，switch/case 控制程序的流通过不同的条件来执行不同的部分。一个 switch 语句检查一个变量的值，并根据值来执行不同的 case 语句。

```
switch(button)
{
    case 1:
        turn_on_lights();
        break;
    case 2:
        if (blinds_up == false)
        {
            raise_blinds();
            blinds_up = true;
        }
        break;
    case 3:
        …
```

注意 break 指令，它通常用在每个 case 结束的地方，而且告诉编译器停止运行指令。如果没有 break 语句，Arduino 将继续执行 case 指令，即使应用应该使用另外一个 case。试想一下在这个应用程序中，按下按钮 4、6 和 8 实际上做的是同样的事。你可以写成下面的代码：

```
switch(button)
{
    case 4:
    case 6:
    case 8:
        // 要运行的代码
        break;
}
```

3. while 循环

while 循环在 C 语言中是最基本循环：当条件满足时它将会循环相同的代码。只要该条件为 true，while 继续执行相同的代码，在循环结束时检查条件。

```
while (button == false)
{
    button = check_status(pin4);
}
```

在这个例子中，check_status 函数将一直运行直到它返回 true。当发生这种情况时，变量 button 将变为 true，并且 while 循环将终止。这可能发生在几毫秒内，或者系统无限期地等待。

4. for 循环

在示例中，你可能需要次数明确的循环，重复执行相同的代码，for 循环就是做这件事的。它类似于 while，只是写得不同罢了。for 循环记录它已经运行的次数。

```
for (expression1; expression2; expression3)
{
    instructions;
    instructions;
}
```

这个看起来可能比较复杂，但是不用担心，它很简单。它需要三个表达式：

■ expression1 是初始化，它将初始化一个变量。
■ expression2 是条件表达式，只要这个条件是 true，循环将继续执行下去。
■ expression3 是更新循环变量表达式，当一个循环完成时，将执行这个动作。

例如：

```
for (int i = 0; i < 10; i++)
{
    myfunc(i);
}
```

在这个例子中，定义了一个名为 i 的变量。变量的值被设为 0，而且每次函数 myfunc 运行时，i 将加 1。最后，当 i 达到 10 时，循环将在运行 myfunc 前停止。这样可以避免你写出如下所示的一个个代码：

```
myfunc(0);
myfunc(1);
…
myfunc(8);
myfunc(9);
```

 注意 i 经常用作 for( ) 循环的临时变量名。这是指针（index）的缩写。

2.4.3 函数

函数是可以调用的代码块，如果需要可以添加参数，如果需要可以返回数据。如果你有一个长长的重复代码语句，或者你创建的代码需要被多次调用，创建一个函数可能非常有用。

主程序正在运行，接着调用一个名为 addTwo( ) 的函数，同时带有两个参数：12 和 30。函数运行并且返回数据。程序返回这个值到相应的地方。

函数需要一个数据类型，即使它不返回任何数据。如果没有数据返回，那么数据类型必须使用 void。该函数的内容包含在大括号内。在上面的 addTwo( ) 函数，它返回一个整型值，只在它第一次声明的时候表示。

2.4.4　库

Arduino 编程环境带有一个标准库——在每个程序中都包含的函数库。然而，Arduino 也是一个嵌入式系统，因此标准库包含的是最基本的函数。默认情况下，它可以处理基本的数学运算，及设置引脚为数字或者模拟输入和输出，但是不能把数据写到 SD 卡，连接 WiFi，或者使用 TFT 屏幕。这些设备在 Arduino 板上不是标准。当然，一个 Arduino 在它们需要的时候可以使用这些设备，但是为了使用这些设备，需要在程序中导入这些特定设备的库。否则，既用不到额外的功能，又会占用设备的空间。

添加一个库到你的程序就添加了更多的功能，并且允许你的程序使用新的函数。例如，导入 EEPROM 库，你就可以通过两个函数访问内部的 EEPROM：read( ) 和 write( ) 函数。标准库将在第 4 章介绍，不同库在本书中不同章节介绍。

 交叉参考　第 6 章介绍 EEPROM 技术和 EEPROM 库。

2.5　小结

本章介绍了如何创建你的第一个 Arduino 程序，并且带你一步一步往下学习。Arduino 为你开发了你所需要编写程序的所有工具，以及发布了包含你所需要的一切软件包——从你编写的程序到烧录的二进制文件。

Arduino 的程序被称为 sketch，它就像一件艺术品。你——一名艺术家，聚集和组装元件来创作你的杰作，Arduino 是你的画布。

在第 3 章，你会看到一些最常见的电子元器件，以及如何选择它们的值。每一个都将会介绍，并且我将教你如何把这些用在你的程序中。

第3章

电子基础

拥有 Arduino 会让你其乐无穷，但是如果没有一些基本电子基础知识，你会寸步难行。如果不需要增加单个电子元器件，你可以使用 Arduino Esplora 编写一个 Arduino 机器人围绕赛马场奔跑程序或一个程序游戏控制器，但为何不使用 Arduino Uno 呢？当然，你可以添加扩展板来增加一些功能，但真正的电子乐趣来自自己添加元器件。本章将介绍如何给 Arduino 添加自己的电子元器件。不，不要跑！我保证这会非常容易。

电子学经常笼罩着一层神秘面纱，就像魔术高度复杂的场景和先进的道具需要数周计算，只是为了做出最佳的选择。尽管某些元器件确实非常先进，而且一些电子电路确实需要几周的工作，但这往往是在前沿领域，而不是基础电子学。在本章的最后，你将了解一些基本电子元器件，并且你将能够创建自己的电子电路。

电子学其乐无穷，但应严谨对待。在本章中，你会看到一些带特殊警示的元器件。某些元器件无法处理高电压；其他一些元器件操作不当可能会损坏。在本书中，有很多电子示例，但它们都没有使用高电压、交流电压或任何其他危险因素。不过，要小心！不要使用示例中的 5V 电压来伤害自己，短路会损坏电路中的所有元器件。

3.1 电子入门

每个人都在以某种方式接触到电子产品。你可以在电视机、计算机、洗衣机，以及你房间里的很多设备内找到电子产品。电视机内部的电路板已经小型化，看起来非常复杂，但每一个电子设计遵循的物理原理却非常简单。

电流是通过导体的电子流，导体允许电流流过，绝缘体禁止电流流过，电阻限制电流的流动量。

那么，电子是如何与电有关的呢？电子使用元器件来控制电力的使用。除其他功能外，这种控制还可以用于处理信息和建立逻辑系统。例如，你的家用计算机充满电子元器件，它们负责处理来自键盘的输入，通过控制电压，将在屏幕呈现你键入的字符。当讨论电路时，很容易记住两种不同类型的供电。交流电（AC）是一种来自墙壁插座的电力类型，它适合长距离传输（比如从发电站到你家）。在交流电路中，电流的方向快速来回变换（北美是60Hz，其他大部分国家和地区是50Hz）。直流电（DC）是本书示例中会使用到的电路的用电类型，它最适合于小型电子元器件，如你将使用的那样。在直流电路中，电流沿一个方向流动。在你家中的大多数设备，如个人计算机或电视机、空调器，来自墙上的交流电会被转换成直流电供设备使用。

3.2　电压、电流和电阻

电子被带电粒子自然地从高势能位置移动到低势能位置。作为电子经过的电路，它们可以被利用以激活电子设备进行工作。灯泡、电视机、咖啡机，所有这些设备都是通过利用电子的运动来供电。

> **注意**　电路是包括电源和负载的闭环。不带负载的电线直连称为短路，这可能会导致电线熔化或者电源着火。

描述电使用三个物理量：电压、电流和电阻。
- 电压是两点之间的电位差。
- 电流是电荷流过电路中一截面的速率。
- 电阻是阻碍电流流动的元件。

3.2.1　电压

电压被定义为一个电路中两点间的势能差。在所有的电路中，电子的流动方向是由较高势能位置和较低势能位置决定。所有有效电压用于一个电路。

可通过将电源串联起来增加电路中的总电压。例如，一节 AA 电池两端有 1.5V 的电压，为了得到 3V 的电压，可以将两节电池端到端相连（"＋"端与"－"端相连）。

所有电气设备都有一个额定电压。额定电压描述了该设备的理想工作电压。它同时也描述了使用的电路类型。在大多数情况下，所有在你房子内的交流电源插座提供相同的电压。用于插入到墙上的设备和装置都归为这类电压。一个设备的电源通常会降压将交流电转换为适合设备的直流电，例如，我的 DVD 插在墙上插座上，但是我的 DVD 是 12V 供电。但是，如果你在美国买了一台设备，飞越大西洋，试着把它插进英国的一个插座里，你可能会失望。在美国，家用电是交流 110V，而在欧洲，它大约是交流 230V，当然这取决于各个国家的标准。由于总电压加在同一个电路，额定电压 110V 的设备插入 230V 插座将会过载并烧坏设备。一些设备（如许多笔记本电脑充电器）可以自动适应电压，但许多电子设备不能。

Arduino Uno 开发板上的 Atmel ATmega328 微控制器供电电压范围是直流 1.8～3.5V。它描述了元器件的耐压范围；因此在该电压范围内能正常工作。典型情况下，大多数连接到 Arduino 的设备低于供电电压范围将不能正常工作。为了简化设计，Arduino 带有电压调节器：可接受来自输入的更宽电压范围，并提供一个稳定的输出电压。对 Arduino 来说，只要输入电压范围在直流 6~20V 之间便可以提供一个稳定的 5V 直流电给 ATmega328 和其他外部元器件。5V 是业余电子产品和一些专业的电子产品使用的一种常见电压。一些传感器和元器件采用 3.3 V 直流电源。Arduino Uno 有一个独立的电压调节器来提供设备需要的电压。

供电电压过高或者过低都可能损坏元器件。

3.2.2　电流

电流描述了一个电路中的电流量，它表示了电路中电荷流过某一截面的速率，用安培或者安（A）来衡量。本书项目中使用的元器件电流将会以 A 为单位。通常会用水流过水管来模拟电路中电流的概念，在这个比喻中，如果电压是压力迫使水通过管道，电流则是管道某一截面的水量，水流越大，电流越大。与电压相反，电源所能提供的电流最好大于系统所需要的电流，因为系统只使用所需的电流。

为了说明如何使用电流，想象一个简单的电路，电池和一盏灯。该灯是电路中的负载，电池是电源。灯泡工作于直流 5V，20mA（0.02A）电流。电池可以提供 5V 直流电压。所有的电压将被使用，但该灯却只使用它需要的工作电流。与电路中的额外电压不太一样，剩余电流不会被使用。如果可用电流太小，元器件将不会按预期工作：灯光昏暗，微控制器复位，各种各样的问题都可能发生。比较好的做法是电源能提供的电流是负载所需电流的两倍。

3.2.3　电阻

电阻描述了一种阻抗电流的能力。具有很高电阻的材料常被用作绝缘体，如橡胶和塑料。必要时通过增加或减小电阻来调节电流。例如，业余项目中大多数 LED 作为指示灯使用时，供电来自 Arduino 的小于 5V 的直流电。将一个电阻元件与 Arduino 和 LED 串联能降低电压，使 LED 正常工作。

电阻的实际单位为欧姆（简称欧），用希腊字母 Ω 表示。1Ω 的电阻非常小，而一个 $10^6\,\Omega$ 的电阻是良好的绝缘体。即使在文件中没有说明，实际上所有的元器件都有电阻，包括通电导线。

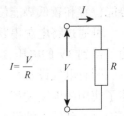

图 3-1　欧姆定律

欧姆定律

电子学中最常用的定律之一是欧姆定律，即通过某段导体的电流与这段导体两端的电压成正比，与这段导体的电阻成反比。图 3-1 描述了欧姆定律。

在该欧姆定律公式中，I 是电流，V 是电压，R 是导体的电阻。例如，想象一个 50Ω 的电阻连接到一个 1.5V 的 AA 电池的两端。在这种情况下，公式如图 3-2 所示。

I 是未知量，但是 V 和 R 都已知，因此可以计算出 I 的值。V 是电池电压（1.5V），R 是电阻阻值（50Ω），知道这两个值以后就能计算出流过电阻的电流——0.3A 或者 300mA。

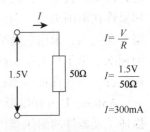

图 3-2　欧姆定律示例

3.3 基本元器件

观察一个电路板，你可能会害怕电路板上的各种元器件、所有不同的类型……你如何理解所有这些东西？事实上，绝大多数电子元器件都非常容易理解。有少量稍微复杂一些的元器件，但它们大多是在特定的情况下使用。本书示例只使用那些很容易在大多数电子产品的商店能够购买的元器件，它们的用法将在本章阐述。

3.3.1 电阻

电阻是限制电流的电子元件，可调电阻能够有不同的阻值。

1. 不同的电阻值

制造商不可能生产所有阻值的电阻，而是一个标准范围值。美国电子工业协会（EIA）标定的电阻值决定了大多数电阻的值。电阻值（单位为 Ω）包括：10、12、15、18、22、27、33、39、47、56、68、82 和 10 的 N 次幂。例如，你可以很容易地找到一个 10Ω 电阻或 220Ω 电阻，甚至 $4.7k\Omega$ 电阻，但你很难找到一个 920Ω 的电阻；920Ω 附近你会很容易地找到 820Ω 或 1000Ω，却不可能找到 920Ω 电阻。电阻串联能增加阻值，所以一个 820Ω 电阻和一个 100Ω 电阻串联构成 920Ω 电阻，如图 3-3 所示，本书中的例子不使用串联构成的电阻，而是使用标准值。电阻有不同的公差，通常是规定值的 ±（5% ~ 10%）。

电阻并联，即两个电阻或多个电阻的两端各连接在一起，其总阻值将小于其中任何一个电阻，如图 3-4 所示，这样的做法不会在本书示例中使用，此处仅供参考。

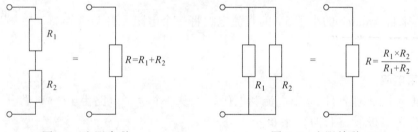

图 3-3 电阻串联 　　　　图 3-4 电阻并联

2. 识别电阻值

电阻有很多种形状和尺寸，但用于你的项目的电阻却很常见，可以认定功率是¼W。这类电阻有很长的引脚并且很容易插入电路板，易于快速成型。其他类型的电阻，如表贴电阻，可用于节省空间并用于印制电路板，但它们难以焊接。最常见的电阻模型如图 3-5 所示。

请注意电阻上的色环，因为电阻太小而不能把任何可读的文本印在上面，所以使用颜色编码来表示数值。通常情况下，你会发现一个电阻有 4 个色环，同时也有 5 个或 6 个色环的版本存在。表 3-1 列出了颜色编码。

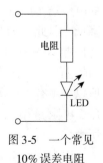

图 3-5 一个常见 10% 误差电阻

表 3-1 电阻颜色编码

颜 色	数字 1	数字 2	指 数 部 分	误 差
黑色	0	0	$\times 10^0$	
棕色	1	1	$\times 10^1$	
红色	2	2	$\times 10^2$	
橙色	3	3	$\times 10^3$	
黄色	4	4	$\times 10^4$	
绿色	5	5	$\times 10^5$	
蓝色	6	6	$\times 10^6$	
紫色	7	7	$\times 10^7$	
灰色	8	8	$\times 10^8$	
白色	9	9	$\times 10^9$	
金色				$\pm 5\%$
银色				$\pm 10\%$

前两个色环表示电阻值的整数部分，第三个色环表示指数部分，第四个色环表示误差，一个有红色、紫色、橙色和金色色环的电阻值是 2.7kΩ：2，7，10^3 和 10% 的误差，100Ω 电阻色环是棕色、黑色、褐色和银色：1，0，10，然后是 10% 的误差。

> **注意** 色盲的人可能会开始担心，没有必要。不管你有任何颜色视觉问题，我都可以向你保证，你肯定能够确定电阻值。我有急性色盲，这意味着分辨黑与白有些困难。所有颜色对我来说都很困难。这是一个很大的问题，在我的学业中，那时的教师不知道如何处理，但在今天，却易如反掌，一个简单的欧姆表或万用表可以很快告诉你电阻值。

3. 使用电阻

电子电路中，电阻可以调节电流和电压。假设一个电子电路由 DC 5V 供电，现在你想增加一个发光二极管（LED）来指示电路正常工作，如一个红色的 LED，它有 1.7V 的电压降，1.7V 电压降会导致电路电压也降低，因此，如果你想直接在 + 5V 和 0V 之间接入一个 LED，将导致 LED 被烧坏（请记住，此时整个电压都加在 LED 上），所以必须有一个元器件来降低 LED 上的电压，电阻是不二之选。电阻外形如图 3-6 所示。

因为你希望 LED 的电压降是 1.7V，但电路是 5V 供电，这意味着电阻需要承担

图 3-6 为 LED 降压的电阻

3.3V 的电压降。然后流过 LED 的电流是 20mA，实际 15mA 就足够，因此你必须使用一个 220Ω 的电阻。另一示例会在本章末尾展示。

3.3.2 电容

电容用于存储电能。

电容由两块金属电极之间夹一层薄的绝缘电介质构成，这些绝缘材料可以是纸、云母、陶瓷、塑料，甚至可以是空气。在两端加上电压后，电子被吸引到电容上并释放，外部电压下降，一个小电容基本上是一个小型可充放电的电池。

电容有很多尺寸和形状，用最小的电容替换最大的电容能够矮化电池组。你是否拆开过电子设备，看到里面很大的圆柱形元件，通常为蓝色或黑色的塑料？那些元件通常是电解电容，可能还不是最大的电容。

警告 电路中的电容连接方式千变万化，有一些必须按特定的方式放置。电解电容的极性绝对不能接反，未能正确连接电解电容的极性可能会导致灾难性的故障：元件将泄漏或爆炸，可能会损坏你的电路的其余部分。因此千万不要尝试！

电容单位是法拉（简称法，符号是 F），大多数电容容量在微法（μF）范围内，但也可以小到 1pF 或者大到 10^4F 的超级电容。

使用电容

如果电容能够存储电能量，那该如何使用？首先，电容可用于调节电力线，能够过滤掉线路上微小的电压降。电力线被认为很稳定，事实并非如此，特别是在电动机供电系统中，电力线的功率等级在发生变化。当电动机起动时，会吸收很大电流，导致电压下降。在电源上增加电容有助于过滤掉这些电压降并稳定其他元器件的功率。这种功能的电容称为去耦电容。

警告 一些电容可以容纳大量电荷，当拔掉电源时电荷仍然存在。使用这些设备时要非常小心。在本书的实例中，电压限于 12V 之内，不会构成威胁，但例如计算机显示器和电视机等较大的设备可能包含存储大量电能的电容。请当心！

对于电容的使用，一种最常见的用法是自制电子设备，它是制作按钮的重要组成部分。一个按钮是一个简单的机械装置，它可以使电接触或断开。问题是，这些设备是不完美的，当按下一个按钮，接触的瞬间往往会"反弹"或产生无用的电压尖峰，当开关触点的金属反弹时，利用一个电容，可以将反弹产生的有害反应过滤掉。

3.3.3 二极管

二极管是一个小器件，只允许电流单向流过，一个完美的二极管几乎不会有电压降，也不会允许有反向电流，但我们不生活在一个完美的世界中。实际上，二极管的电压降取决于你使用的二极管的类型。一个硅二极管如 1N4148 有大约 0.65V 电压降，锗二极管有大约 0.3V 电压降。

此外，二极管还有击穿电压特性，反向电压是二极管两端反向连接时所加的电压，通常会破坏器件。1N4148 至少具有 100V 的击穿电压，你不会在本书中的例子遇到，但知道这一点十分有用。

1. 不同类型的二极管

二极管类型各式各样。本书只介绍最常见的二极管，当然还有其他类型的二极管存在。稳压二极管有一个特定的击穿电压，并且击穿状态下不破坏内部结构。肖特基二极管具有一个低的正向电压降。隧道二极管非常有趣，因为它们使用量子隧穿，并用于高级应用电路。

还有许多其他常见的二极管，此处列举一二。激光二极管是一种能产生激光的特殊类型二极管，你可以在类似 CD 播放机的消费电子产品中找到这些器件。发光二极管工作方式并无二致，产生可见光和不可见光，下一节将会介绍。

2. 使用二极管

二极管主要用于保护电路，以防止反向电压或避免电压尖峰。

电动机旋转需要很大的能量，当流过电动机内部的电流出现中断，可能导致整个设备电路的电压急剧上升，如果电压超出了电路的设计，它可能会遭到损坏。

3.3.4　发光二极管

发光二极管（LED）意如其名：二极管，电流沿一个方向流动并发光的电子器件。LED 是家庭电子设备中的指示器，在家庭和工业照明领域已取代传统的白炽灯。它们比灯泡更坚固，有更多的颜色、较低的功耗和较小的尺寸。

大多数 LED 发出单色光，典型颜色是红色、橙色、绿色、蓝色和白色。还有双色 LED，可以是两种颜色或两种颜色的混合。另外，还有 RGB LED，可以是红色、绿色和蓝色分量的任意混合。

有些 LED 还能发出不可见光：紫外线和红外线。激光二极管是一种特殊类型的发光二极管，能够产生不同波长和功率的激光。

使用 LED

LED 与普通二极管非常相似。但是，区别在于它们的功耗，不能给 LED 提供过多的电流，否则可能遭到损坏。

LED 比普通二极管有更大的电压降，最常见的红色 LED 具有 1.8～2V 电压降；黄色 LED 有 2.0V 电压降；绿色 LED 有 2.2V 电压降；蓝色 LED 最多可以有 3.4V 电压降。典型 LED 的最大电流可达 20mA，蓝色 LED 可达 30mA。你所在地的电子产品经销商会有更多关于你使用的具体型号的信息，请咨询他们。

3.3.5　晶体管

晶体管在很大程度上负责数字技术的扩展，以及计算功率和尺寸的许多高级功能。晶体管就像一个微小的开关，但是固定的，这意味着没有移动部件的磨损，其开通和关断的速度远远超过任何机械开关。有几个种类的晶体管，但本书只讨论在业余爱好者电子中最常见的类型：双极晶体管。

使用晶体管

虽然晶体管有几十种用途，在本书中只讨论一个用途：开关特性。

想象一个 Arduino 系统由 5V 供电，该系统的目的是打开和关闭电动机，电动机需要 12V 供电，该电动机还需要比 Arduino 所能提供的更大电流，因此，如何实现 12V 电动机使用 5V 输出。答案当然是晶体管作为开关使用。

双极晶体管有三个引脚，集电极连接到电路的正极，发射极被连接到电路的负极，或接地。电子将从集电极流到发射极，这取决于基极的电压。通过向晶体管的基极提供相对较低的电压，电流可以通过晶体管进入集电极和发射极。简而言之，当电压被施加到基极，晶体管电流通过集电极到发射极。当没有基极电压时，开关断开。当有基极电压时，开关闭合。

3.4　面包板

电子其乐无穷。组装元器件完成一个需要的任务十分有趣，它会让人感到满足。当完成后，一些电子产品如同数字艺术作品，特点在于它们的功能和实现。一些电路板是一种艺术品，因为 LED 安放在合适的位置，电路板被裁剪为正确的形状。仔细观察你的 Arduino，注意印在板上的图片——意大利的图片。想象完成这块板所花的时间，确实花费了很多时间，这因此让很多人害怕；你是否真的每次做一个设计时都需要制作这样一块板？类似 Arduino 和扩展板的印制电路板也可以在家使用一些专用设备和化学用品制作。幸运的是制作原型时，你不需要完成全部工作，还有一个更简单的选择：面包板。

使用术语面包板来讨论也许会让你惊讶。它是一个扁平的木质板，用于切面包或者其他食物。在业余无线电的初期，业余爱好者会将裸铜线钉在木板上（因为没有一个现成的电路板），然后将元器件用导线焊接。因为在那时元器件体积非常大，一些元器件（尤其是电子管）实际上可以拧到电路板上。业余爱好者从一个项目创造了一个简单的原型设备并随时可在任何超市购买到。

现代电路板有时也被称为无焊面包板，这意味着它们可以重复使用。它们有不同尺寸，从放置单一元器件的最小电路板到一个包含完整的单板计算机的巨大原型板。电路板通常按其连接点的数量来分类，板上的孔可以插入导线或者电子元器件。

典型面包板有两块条状区域，端子板是任何电路板的主要组成部分，用于固定元器件和导线。中间通常有一个缺口，标志着连接件之间的分离，但它也被设计成允许空气在下面流动以帮助冷却元器件。

端子板通常以水平方向为数字，竖直方向为字母来编号。一个单一的数字对应的行与所有竖直字母列电气相连：A0、B0、C0、D0 和 E0 相连。连接到 E0 的元器件同时也连接到 A0，但不连接到 A1。

总线条沿着端子的另一侧并作为电源通道使用。通常情况下，两行可以使用，一行用于电源正极，一个用于电源地信号。

细孔并非随意放置，它们的间距是 0.1in（2.54mm）。可以容纳很多电子元器件和双列直插式封装（DIP）芯片。大部分 AVR 芯片以 DIP 形式存在，使得它可以直接在面包板上建立一个 Arduino。

3.5   输入和输出

Arduino 的数字引脚可配置为输入或者输出，写入数据或者读取数据。

Arduino 板有两种类型输入：数字输入和模拟输入。读取 Arduino 的数字引脚会返回逻辑 0（0V）或者逻辑 1（等于 Arduino 自身的电源电压），大多数 Arduino 是 5V 供电，也有一部分是 3.3V 供电。如果使用 3.3V 供电的 Arduino Due 开发板，记住不要给输入引脚加 5V 电压，这样可能烧毁微控制器。注意在数字引脚模式下，逻辑电平的分辨有一定的范围，达到 2V 的输入电压仍然被认为是逻辑 0（低电平）。

模拟引脚模式下，有所区别。一个模拟信号在 0V 和 Arduino 供电电压之间有无数个电压等级。实际上，不可能采样该电压范围的任何值，Arduino 使用模-数转换器（ADC）将模拟电压信号转换为离散数字值，它的 ADC 模块有 10 位精度，这意味着输入电压可以被分成 1024 等份。

3.6   连接发光二极管

在本章中，你已经了解了基本的电子元器件，接下来需要做一些测试。本例中，你将控制放置在面包板上并连接到 Arduino 的 LED，Arduino 需要编程来驱动 LED，我会使用 Arduino Uno 和蓝色 LED。使用前请检查 LED 的相关信息来确定需要的电流和电压。我使用的 LED 参数为 3.4V 工作电压和 30mA 电流。

3.6.1   计算

发光二极管必须使用电阻，因此，应首先计算出所要使用的电阻，Arduino 输出 5V 直流电压，LED 需要 3.4V 直流电压，可知电阻上电压降为 1.6V，然后电阻流过的电流是 30mA。电阻上的电压、电流知道以后，就可以计算出电阻值，计算过程如图 3-7 所示。

$$R = \frac{V}{I} \qquad R = \frac{1.6V}{0.020A} \qquad R = 80\Omega$$

图 3-7   电阻计算

尽管 LED 的最大额定电流值是 30mA，但你的 LED 的工作电流最好不要超过 30mA，比较安全的做法是使用 20mA 电流，它会使 LED 看起来很明亮、漂亮并且不会损坏器件。随着时间的推移，假设会有 30mA 的电流流过 LED，这种情况下，就需要一个 53Ω 的电阻。遗憾的是，没有这样的标准值，最接近它的阻值是 47Ω。如果你计算一下，会发现流过 47Ω

电阻的电流是 34mA，高于额定值，如果以 20mA 来计算，可知电阻是 80Ω，此时最接近的标准值是 82Ω。因此，本例中选用 82Ω 电阻。

3.6.2　软件

现在我们开始编写程序，该程序是初学者学习 Arduino 的入门课——呼吸灯。程序清单如下：

清单 3-1：Fade

```
int led = 9;           // LED连接到的引脚
int brightness = 0;    // LED的亮度如何
int fadeAmount = 5;    // 每个循环里LED逐渐衰减多少步

// 当你按下复位式给板供电时,安装程序运行一次
void setup()  {
  // 将9引脚声明为输出
  pinMode(led, OUTPUT);
}

// 循环程序永远运行
void loop()  {
  // 设置9引脚的亮度
  analogWrite(led, brightness);

  // 通过循环改变下一次的亮度
  brightness = brightness + fadeAmount;

  // 当LED完全亮起或完全关闭时,反转亮度变化的方向
  if (brightness == 0 || brightness == 255) {
    fadeAmount = -fadeAmount ;
  }
  // 等待30ms以便看到调光效果
  delay(30);
}
```

变量 led 是与 LED 相连的引脚。你需要使用 9 脚，因为它是 PWM 引脚，当然也是你能够使用 analogWrite( ) 函数的引脚。在 setup( ) 函数中，将引脚模式设置为输出，然后，loop( ) 函数中 brightness 值加上 fadeAmount 保存在 brightness 中，然后检测 fadeAmount 的值是否需要反转，之后等待 30ms。因为 loop( ) 是死循环，它会持续运行并在重新归零之前在 0～255 之间更新引脚输出值，最终会呈现一种发光二极管由熄灭到逐渐变亮，然后慢慢变暗到熄灭的效果。

3.6.3　硬件

代码已经完成，接下来要做的是实际创建电路。这只是一个原型，所以你将使用面包板。这是一个你可以建立的最简单电路：两段导线、一个电阻和一个 LED。LED 由 Arduino 板供电。

第一件事——电路板视图。我创建的原理图如图 3-8 所示。

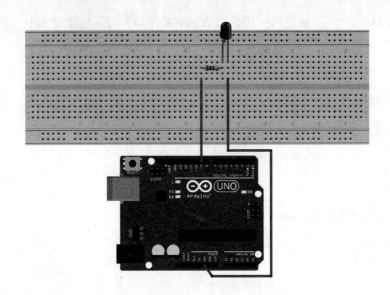

图 3-8　LED 输出（使用 Fritzing 制作）

在你重新创建此电路后，现在你可以将你的程序上传到 Arduino，几秒钟后会看到 LED 美丽的发光。恭喜你！你已经创建了第一个硬件设计项目。现在你已经知道了如何创建一个程序，知道如何创建一个电子电路。下面的章节将结合示例程序和电路详细解释不同的库，让你在电子之路上自由前行。

3.6.4　接下来呢

现在，万事俱备，只取决于你。你可能想在你的房子里做一个长期的应用。面包板是很好的原型，但一个长期有效的解决办法是建立一个印制电路板或者一个 Arduino 扩展板。印制电路板可以被放置在任何地方，如果有足够的电线，甚至可以远离 Arduino 放置。例如，你可以把它作为夜灯放在外面的花园。扩展板需要和 Arduino 连接，因此不容易放在外面。给它加一个护罩和外壳，你可以为小孩做一个夜灯，甚至在客厅加一个装饰。这很容易添加一些额外的 LED 指示灯来点亮一个柜子或照亮装饰物。你甚至可以做一个假期显示器或欢迎广告牌。

3.7　小结

欢迎来到 Arduino 的神奇世界！本章为你讲解了电子的简要概述，足够让你开始参与本书中所述的项目。

后面的章节将介绍一些可添加到项目的库，让你对它的功能有一个深入的了解。在第 4 章中，你将使用标准库，这些标准库有基本的构建块，并且你会看到它在每一个程序使用。我将介绍这些不同的函数，并解释每一个如何工作。

第2部分

标准程序库

通过使用库可以把函数添加到 Arduino 程序中，但每个 Arduino 工程都得包含这个库，这就是 Arduino 语言。Arduino 语言包含所有所需的基本程序，允许使用输入引脚和输出引脚、数学函数和控制结构体。本章不仅列出了这些函数，同时也做出了详细的解释。你也可以访问网址 http：//arduino. cc/en/Reference/获取详细信息。

4.1 I/O 函数

之所以说 Arduino 是一个功能强大的系统，主要在于它与现实世界的完美交互。为此，Arduino 采用输入和输出（I/O）自定义，即引脚是输入还是输出全由你自己决定。

4.1.1 数字 I/O

数字 I/O 是用来传递数字信号 0 或 1 的。在 Arduino 中，1 表示高电平，这一般是系统电压；0 表示低电平，通常是 0V。对于 5V 供电系统，通常 5V 表示逻辑 1，0V 表示逻辑 0。在 3.3V 供电系统中，3.3V 和 0V 分别表示逻辑 1 和 0。以开关作为数字输入的例子，比如按钮、接触开关，它们要么开要么关，除此就没有意义。

1. pinMode( )

将一个引脚作为数字输入（输出）使用前，首先用 pinMode( ) 函数来配置该引脚，pinMode( ) 函数有两个参数：pin 和 mode。

```
pinMode(pin, mode)
```

参数 pin 是你要使用的那个引脚的引脚号，mode 是 INPUT、OUTPUT、INPUT_PULLUP 三者之一。INPUT 和 OUTPUT 将该引脚分别设为数字输入和输出，INPUT_PULLUP 设定该引脚为数字输入，同时也内接一个电阻，以防没有输入信号时该引脚的输入逻辑为 1。默认情况下，所有数字引脚设为输入，但最好还是用 pinMode( ) 函数重新设置一下。

（1）INPUT 引脚配置为输入时可以读取引脚电压。它只需要一个小电流就可以改变输入引脚的状态。当输入引脚悬空时，极易受到静电这样的干扰，从而改变引脚状态。若使用下（上）拉电阻，就可以很好地解决这个问题，典型值为 10kΩ。输入引脚一般用来读取逻辑输入，不能用于吸收电流。比如，你不能用一个输入引脚来吸收来自 LED 的电流。

（2）OUTPUT 引脚配置为输出时，输出电流可以达到 40mA，这就足够驱动 LED，但却驱动不了电动机。输出引脚不能读取传感器信息，输出引脚直接和 5V 或 0V 相连就可能损坏该引脚。

（3）INPUT_PULLUP 引脚配置为 INPUT_PULLUP 时，表示带上拉的输入，它与内部的上拉电阻相连，大多数 Arduino 开发板内部上拉电阻至少 20kΩ。如果接地，相当于输入高电平；反之，相当于输入低电平。

2. digitalRead( )

为了获取数字引脚状态，只需使用 digitalRead( ) 函数，格式如下：

```
result = digitalRead(pin);
```

参数 pin 是你想读取的引脚号，由输入信号决定该函数返回 HIGH 还是 LOW。

3. digitalWrite( )

若需往输出引脚写信息，只需使用 digitalWrite( ) 函数，格式如下：

```
digitalWrite(pin, value);
```

参数 pin 是你想写的那个引脚的引脚号，参数 value 是你想写的值（HIGH 或 LOW）。

4.1.2 模拟 I/O

模拟不同于数字。数字信号是两种状态中的一种，要么真（逻辑 1），要么假（逻辑 0）。数字状态也只有这两种值。模拟的不同在于，它可以是两个值之间的任何值。这样的例子很多，电灯要么开要么关，但是太阳就不一样了，在夜间，没有光，可是在一个风和日丽、万里无云的大晴天，明显感觉是火辣辣的，尤其在正午的时候，同样，在黎明时，又是不一样的感受。你可以感受到阳光的瞬息万变。那在乌云密布的阴天呢，光线明显不如晴天强烈，这就不再是非 0 即 1 的数字量了，而是"有 72 般变化"的模拟量。

我们可以想象一艘邮轮，船体上有水位线刻度，这么做原因很简单，就是来确定船是否超载。若超载了，则该船就有下沉的危险。水位线也称吃水线（Plimsoll Line），就是海平面和船体的切线。可想而知，这条线一直在最大值和最小值之间变化。比如，现在可以想象一下在最小值 20ft（1ft = 0.3048m）和最大值 40ft 之间，一艘满载的邮轮正慢慢地驶向地中海，吃水线也逐渐上升：30ft、31ft、32ft…最后停在了 33ft，小于最大值 40ft，这艘游轮是安全的。但哪个值才是可信的呢？33ft？还是其他，抑或都不是。它可能是 33.1ft，或者 33.3ft？然而并没有什么作用，人们是不太会处理这么多值的，码头工人也只会登记这艘游轮的吃水线是 33ft，他并不需要那么高的精度。

微控制器的工作原理和这差不多。微控制器虽是数字的，但大多数也可以用来采集模拟信号。比如 Arduino。实现此功能的模块是 ADC（Analog to Digital Converter，模-数转换器）。ADC 并不能处理无穷无尽的数据，这就涉及分辨率的知识。ADC 位数不同，则转换精度也就不同，比如一个 10 位的 ADC，共有 2^{10} 也就是 1024 种不同的值，若输入 0 ~ 5V 的模拟信号，则与之对应的数字信号值就是 0 ~ 1023。比如 2.5V 对应的数字量是 512，所以其分辨率是 5/1024，约等于 0.005V。

1. analogRead()

要读取模拟引脚的值，你就得调用 analogRead() 函数，格式如下：

```
int analogRead(pin)
```

analogRead() 函数读取引脚的电压值并将其以整型数据返回，参数 pin 是你想读取的引脚号。我们一般用 A0、A1、A2、…、A6 来表示模拟引脚。

执行该函数大约需要 100μs，理论上，1s 可以采样 10000 次，但是为了转换精度更高，建议把 ADC 设定为毫秒级工作。

2. analogWrite()

analogWrite() 函数功能是在数字引脚上实现模拟输出。慢着，模拟量在数字引脚上输出？事实上，就是这样子，只不过并非是实实在在的模拟量而已。

Arduino 正是采用脉冲宽度调制（PWM）技术，PWM 虽是数字的，但可以用在一些模拟设备上。它采用一种简单的技术"模仿"模拟输出。只需要脉冲宽度和占空比，就能实现在 0 ~ 5V 之间快速切换。

脉冲宽度（也称周期）表示工作周期所持续的时间。占空比表示高电平在一个周期中的百分比。周期可以在 490 ~ 980Hz 范围内变动，而这取决于你所使用的 Arduino。50% 占空比表示脉宽一半输出高电平，另一半输出低电平；0% 占空比表示输出一直是低电平；100% 占空比则表示输出一直是高电平。

在前一章提过，使用 PWM 实现电动机调速和 LED 调光最好不过。但是有些组件更想要一个稳定输出而非脉冲输出。比如 Arduino 读取模拟输入时是 5V 和 0V 交替变化的，而不是一个真实的模拟量。在这种情况下，就需要给电路加一个电容便可得到输出值。

4.1.3　生成音调

虽然大多数 Arduino 在没有其他设备的情况下无法播放高质量的音频，但是它们可以播放原生音频。

我们知道，声音是靠振动产生并以波的形式传播的。为了产生声音，必须让蜂鸣器在特定的频率下工作。

音频音调的不同是由 Arduino 可变频率实现的，从几 Hz 到 20kHz 不等，涵盖人类听觉的极限。

1. tone()

tone() 函数主要功能是在某些设备（如蜂鸣器）上产生声音，并且不仅仅是产生人类听得见的声音，还有一些是人类无法听见的。该函数产生一路固定占空比为 50% 的方波，其幅值是在 0V 和最大电压值间交替变化，其频率变化范围是 31Hz ~ 80kHz（人类听力极限也才 20kHz）。tone() 的参数为无符号整型。

该函数需要两个或三个参数，这都由你决定。

```
tone(pin, frequency)
tone(pin, frequency, duration)
```

参数 pin 表示你想用的那个引脚的引脚号；参数 frequency 是无符号整型，表示频率（单位：Hz）；可选参数 duration 是无符号长整型，表示发声时间（单位：ms），如果没有设置该参数，那么该函数将会一直运行，直到程序让其停止才会停止。

2. noTone( )

noTone( ) 函数的功能是失能 tone( ) 函数。如果原本就没有调用 tone( )，而直接使用 noTone( ) 函数，则视为无效，也就是说调用该函数前，必须调用过 tone( ) 函数。

4.1.4 读取脉冲

Arduino 的数字引脚可以接受脉冲信号，读取稳定的串行数据。控制器分析数据后还可以调用相应函数，执行特定的动作。但是，在某些情况下，需要信号在此刻保持在一种逻辑状态，而不是变化状态。

想象一下你家门上装有一个传感器，你想知道门是否开着，以及门开了多久，怎么办？很简单，只需要在门上装一个簧片开关，门关即 1（HIGH），门开即 0（LOW），门开了多久怎么知道呢？Arduino 会告诉你。

pulseIn( )

pulseIn( ) 函数的功能是测脉冲宽度，它需要引脚号作为参数。在编程时，Arduino 等待指定引脚上的信号。比如，你可以用该函数测得某引脚上信号高电平的持续时间，因为当该引脚是高电平时，Arduino 就开始计数，当变为低电平时就停止计数，然后返回这个时间（单位：μs）。如果在指定时间内没有电平变化，则此次计数无效，并返回 0。

```
unsigned long length pulseIn(pin, value)
unsigned long length pulseIn(pin, value, time-out)
```

参数 pin 是整型，表示要监测的引脚号；参数 value 表示所等待信号的类型（HIGH 或 LOW）；可选参数 time-out 是无符号长整型，表示等待信号变化的最大时长（单位：μs），如果没写，计时 1s 后时间溢出。

如果 time-out 在 3min 之内，则计时精度可以达到 10μs 以下，如果大于 3min，精度就没这么高了。还要说明的是，在响应中断过程中由于内部计时器没有更新数据，所以测得的时间就没那么精确了。

4.2 时间函数

定时尤为重要。电子元件之间的交流并非即时，大多数传感器在被访问前都需要一些时间。比如一个常见的湿度传感器从发出命令到得到数据需要 100ms。在访问组件时，要有充足的时间，不然容易导致数据错误，抑或发送的是之前的结果。在这种情况下，板子就不能按预期的工作了。不过，不要紧张，Arduino 已经帮你解决了这个问题，只需要调用 delay( ) 函数即可。

　　Arduino 中还有一个定时函数，可以得到板子当前运行时间。当 Arduino 开机（或复位）时，两个计数器就开始计数。

4.2.1　delay( )

　　delay( ) 函数的功能是告诉微控制器在执行下一个语句前要等待的时间（单位：ms）。可以告诉微控制器读取传感器值需要一段时间，抑或使运行太快的循环慢下来。

4.2.2　delayMicroseconds( )

　　delayMicroseconds( ) 函数的功能和 delay( ) 函数是一样的，只不过延时时间是微秒级。

　　在 16383μs 以内，它可以精确延时，如果你想延时更长时间（超过 16383μs），就需要 delay( ) 函数和 delayMicroseconds( ) 函数混合使用，下面这个例子就是要求 Arduino 延时 25500μs。

```
delay(25); // 等待25ms
delayMicroseconds(500) 等待500μs
```

4.2.3　millis( )

　　millis( ) 函数功能是以无符号长整型返回程序已运行的时间（单位为 ms），也可以通过比较前后时间差来得到某个函数的运行时间。

```
unsigned long timeBefore;
unsigned long timeAfter;

timeBefore = millis(); //得到函数运行之前的时间
aLongFunction(); //相当于延时
timeAfter = millis(); //得到函数运行之后的时间
```

　　该数据大约在 50 天之后会溢出并会自动清零。

4.2.4　micros( )

　　micros( ) 函数的功能和 millis( ) 函数基本一样，只不过它返回值的单位是 μs，并且大约 70min 就会溢出。

```
unsigned long time;

void setup(){
  Serial.begin(9600);
}
void loop(){
  Serial.print("Time: ");
  time = micros();
```

```
//输出程序运行的时间
Serial.println(time);
//延时1s就好，以免发送太大的数据
delay(1000);
}
```

该函数最小能计微秒级的时间，在 16MHz 的 Arduino 开发板中，分辨率是 $4\mu s$，工作在 8MHz 时，分辨率就是 $8\mu s$ 了。

4.3 数学函数

Arduino 不仅有优异的计算能力，同时还提供了大量的数学函数助你一臂之力，加速你的开发进度。这些函数可以用于简单的计算，比如快速分析比较两个引脚的电压，对于一些高级函数，还可以用于控制机器人行走及最优路径判别。

4.3.1 min( )

min( ) 函数返回两个数中较小的那个。格式如下：

```
result = min(x, y);
```

这两个参数可以是任何数值的数据类型，并且返回与之相同的数据类型。该函数不仅可以知道两个值中较小的那个，还可以限制数据范围。这样就可以确保输入值不会越界。

```
int sensorData = 100;
min(sensorData, 255); // 返回100（sensorData小）
min(sensorData, 100); // 返回100
min(sensorData, 64); //返回64
```

4.3.2 max( )

max( ) 函数的功能和 min( ) 函数相似，不过它返回的是两个值中较大的那个，格式如下：

```
result = max(x, y);
```

max( ) 函数的参数可以是任意数值的数据类型，功能是得到较大那个值，比如：

```
int sensorData = 100;
max(sensorData, 255); // 返回255
max(sensorData, 100); // 返回100（两个值一样大）
max(sensorData, 64); //返回100（sensorData更大）
```

4.3.3 constrain( )

constrain( ) 函数的功能有点像 max( ) 函数和 min( ) 函数的结合，它把数据限定在一个范围内。格式如下：

```
value = constrain(data, min, max)
```

我们可以假想一下，用一个光传感器来采集卧室的光线强度，并且我们要么开灯要么关灯，那么传感器得到的值就在"一片漆黑"和"明晃晃"之间变化。现在传感器的值在 0 ~ 1023 之间变化，我们就可以设定该值的范围在 40 ~ 127 之间。低于 40 就认为光线太暗，高于 127 就认为太明亮。如果是太阳光照射在传感器上又会如何呢？我们感觉是相当明亮，那么传感器可能返回的就是最大值 255。如果有东西遮住了传感器，会发生什么事呢？比如说，一只猫咪懒洋洋地睡在传感器前面，一丝光线都没有了，那传感器可能就返回 0 值，更严重的是，如果我们把这个值（0）作为除数，就会引发系统错误（因为除数不能是 0）。以下代码是确保得到的传感器值是在 40 ~ 127 之间，不至于越界。

```
sensorValue = constrain(sensorData, 40, 127);
```

4.3.4　abs( )

abs( ) 函数的功能是求绝对值，比如说，2 和 –2 最后返回值都是 2。格式如下：

```
value = abs(x);
```

值得注意的是，该函数只作为操作数来用，而不是作为计算的结果抑或函数的最终结果。

```
abs(i++); // 不要这样做，结果易出错
```

```
i++; // 第一次计算
abs(i); // 然后使用该结果
```

4.3.5　map( )

map( ) 函数的功能是将一个数从一个范围映射到另一个范围。格式如下：

```
map(value, fromLow, fromHigh, toLow, toHigh);
```

参数 value 是要被重新映射的那个数，从 formLow ~ fromHigh 范围映射到新范围 toLow ~ toHigh。

举个例子来简单说明一下 map( ) 函数。我们再想象一个传感器，把它接到模拟引脚上。传感器的输出范围是 0 ~ 1023，那么问题来了，怎么把它转成在 0 ~ 100 这个新范围呢？现在就可以使用 map( ) 函数了。

```
result = map(sensorData, 0, 1023, 0, 100);
```

map( ) 函数同样可以颠倒范围，比如：

```
result = map(sensorData, 1, 50, 50, 1);
```

4.3.6　pow( )

pow( ) 函数的功能是乘方运算。格式如下：

```
double result = pow(float base, float exponent);
```

参数 base、exponent 都是单精度浮点型，返回值是双精度浮点型数据。

4.3.7　sqrt( )

sqrt( ) 函数的功能是开平方根。格式如下：

```
double result = sqrt(x);
```

参数 x 可以是任意数值的数据类型，以双精度浮点型返回。

4.3.8　random( )

Arduino 可以用 random( ) 函数产生随机数，格式如下：

```
result = random(max);
result = random(min, max);
```

由上面可知，该函数有一个或者两个参数来表示随机数的范围。random(max) 表示随机数范围是 0～max；而 random(min，max) 表示随机数范围是 min～max，都是长整型。

计算机不用算法是无法产生随机数的。虽然该函数输出看起来像随机数，其实它只是一个特别长的循环序列。为了防止你的 Arduino 一直从序列的同一个位置开始，你可以使用函数 randomSeed( ) 来选择从序列的起始位置。格式如下：

```
randomSeed(seed);
```

参数 seed 是长整型，它可以是你选择的任何数（比如一个固定的数，或者程序已经运行的时间）。

4.4　三角函数

三角函数大家都不陌生，它是数学的一个分支，研究三角形边长和角度的关系。尽管很多同学恨死了三角函数，觉得在日常生活中根本就用不上，但是，三角函数还是挺厉害的，甚至可以说存在于我们生活的方方面面，比如电子、建筑、土木等诸多领域。

一个三角形如图 4-1 所示。

该三角形有三个角 A、B、C 和三条边 a、b、c。如果 C 是直角（90°），那么只需要极少的条件就可以计算出所有的边长和角度值。若已知一条边和一个角度值抑或两条边就可以计算出 A、B、C、a、b、c。

为什么要使用三角函数呢？有如下几个原因。比如说，已知角度和距离，Arduino 机器人就能够计算出障碍周围的路径。再比如，要在液晶屏幕上显示一个时钟，如果你知道时针的角度和长度（是一个固定值），就可以用

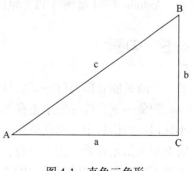

图 4-1　直角三角形

三角函数实现这个应用程序。在机器人学中，三角函数广泛用于机器人胳膊的每一个关节的计算。Arduino 中的三角函数包括 sin( )、cos( ) 和 tan( ) 函数。

4.4.1　sin( )

sin( ) 函数的功能是计算一个角度（单位：rad）的正弦值，返回值是双精度浮点型，范围是 $-1 \sim 1$。格式如下：

```
result = sin(angle);
```

参数 angle 是浮点型，单位是 rad，返回值表示该角度正弦值，类型是双精度浮点型。

4.4.2　cos( )

cos( ) 函数的功能是计算一个角度（单位为 rad）的余弦值，返回值是双精度浮点型。范围是 $-1 \sim 1$。格式如下：

```
result = cos(angle);
```

参数 angle 是浮点型，单位是 rad，返回值表示该角度余弦值，类型是双精度浮点型。

4.4.3　tan( )

tan( ) 函数的功能是计算一个角度（单位为 rad）的正切值，返回值是双精度浮点型。格式如下：

```
result = cos(angle);
```

4.4.4　常量

这些常量是在计算正弦、余弦和正切所对应的角度（单位为 rad）时使用。把角度转化为弧度或者弧度转化为角度只是一个简单的数学公式，然而对于 Arduino 就要分好几步来完成这件事，所以在此提出两个常量：DEG_TO_RAD 和 RAD_TO_DEG，格式如下：

```
deg = rad * RAD_TO_DEG;
rad = deg * DEG_TO_RAD;
```

Arduino 中常量还有 PI，也就是大家常见的 π。

4.5　中断

中断是能立即响应外部信号而无须花时间去寻找该变化的一种机制。

想象一下，你在家里正在等一个重要的包裹。而这个包裹无须你的签收就直接送到你家小区门口的信箱中，邮递员是不会来敲你家门的，如果你想尽快拿到这个包裹，就不得不随时都要去信箱看看。去了一看，没有，你就得等上 10min 或者回家，在下次去看的时候，你不得不痛苦万分地停下手中的工作（如果你确实在工作的话）。在计算机术语中，这种持续不断的检查方式就是查询（polling）。

　　中断就不同了。几天后，你又在家里等另一个重要的包裹，由于这个包裹需要签名，所以快递员就要敲你家门。这样一来你就轻松多了，不必再一次一次地去信箱查看了，你可以做自己的事。如果快递员到了就会敲门，这个时候你就要停下手头工作去取快递了。问题是你不得不快速回应，不然快递员没有得到你的及时回应就会离开。这种情形就类似于中断了。

　　中断是一种机制，就是让处理器在等待外部事件的过程中保持工作。该事件没发生时，这个时候主程序仍在继续执行，一旦外部事件发生了，处理器就中断主程序转而执行其他的程序，也就是众所周知的中断服务程序（Interrupt Service Routine，ISR）。ISR 规定的时间很短，所以在 ISR 中你应该尽可能少的花费时间。一旦响应中断，有些函数就无法继续工作了，比如 delay( )、millis( ) 在执行中断服务函数时就会停止计数（这也就是前面提到的有中断时，延时是不精确的原因）。

　　所有的 Arduino 都支持中断机制。大多数 Arduino 利用内部中断做串口通信抑或定时器，有些 Arduino 有更多的用户可编程中断。表 4-1 给出了对于不同型号的 Arduino 哪个引脚支持何种中断。

表 4-1　Arduino 的中断引脚

BOARD	INT. 0	INT. 1	INT. 2	INT. 3	INT. 4	INT. 5
Uno	2	3				
Ethernet	2	3				
Leonardo	3	2	0	1	7	
Mega2560	2	3	21	20	19	18

　　Arduino Due 很特殊，它有非常先进的中断处理机制，对于每一个数字引脚，中断可以被有效地编程。

4.5.1　attachInterrupt( )

　　该函数指定中断发生时调用哪个中断服务函数。格式如下：

```
attachInterrupt(interrupt, ISR, mode)
```

　　该函数绑定了一个中断号为 interrupt 的函数，这是由引脚状态决定的。参数 mode 设定中断触发方式，包括 LOW、CHANGE、RISING、FALLING 这四种方式。ISR 就是你想执行的中断服务函数的函数名。ISR 可以是你自己写的任何函数，但是中断服务函数无形参、无返回值，这值得注意一下。Arduino Due 有些不同，格式如下：

```
attachInterrupt(pin, ISR, mode) // Arduino Due独有
```

4.5.2　detachInterrupt( )

　　这就是中断分离函数，如果在程序中途，你不需要使用外部中断了，就可以用它来取消

这一中断设置。参数为中断号，格式如下：

```
detachInterrupt(interrupt);
```

Arduino Due 还是有些不同，它的参数不是中断号，而是指定引脚号。格式如下：

```
detachInterrupt(pin); // Arduino Due独有
```

4.5.3 noInterrupt( )

该函数的功能是暂时禁止中断处理。当你正在执行一个中断服务函数的时候，抑或不想被其他中断打扰的时候，这个函数就显得极为有用。它有一个缺点，因为在通信系统中，需要中断。不要因为你的程序不需要用户中断程序就禁用所有的中断。只有当程序时序要求很高时，才禁用中断。

```
// 正常代码
noInterrupts();
// 严格时序代码
interrupts();
// 正常代码
```

4.5.4 interrupts( )

该函数的功能是使能所有中断。调用该函数就不必重新配置中断处理程序了，所有的中断恢复到调用 onInterrupt( ) 函数之前的状态。

4.6 小结

本章中，我们简单介绍了 Arduino 语言，即在 Arduino 中的常用函数。这些函数在每个 Arduino 上和程序中均能使用。在下一章，我们将使用这些函数通过串口通信完成 Arduino 和外界的交流。

第5章

串口通信

阅读完本章，你将熟悉以下函数：

- if（Serial）
- available（）
- begin（）
- end（）
- find（）
- findUntil（）
- parseFloat（）
- parseInt（）

- peek（）
- print（）
- println（）
- read（）
- readBytes（）
- readBytesUntil（）
- setTime-out（）
- write（）

下面的硬件是完成本章活动和例程不可或缺的一环：

- Arduino Uno
- USB 线

你可以在 http：//www. wiley. com/go/arduinosketches 的 Download Code 选项卡下载本章的代码，代码存放在 Chapter 5 文件夹，文件名是 chapter5. ino。

5.1 串口通信的简介

最初诞生于 1981 年的 IBM 个人计算机有两个串口，物理连接器允许计算机通过 RS-232 协议连接到设备或另一台计算机。对大多数人来说，这是串口的起源，但事实上，它来源更早。早期的计算机已经拥有串口，它们甚至被用于大型机，在基于微处理器的计算机初期已开始广泛使用。

串行一词来源于数据传输方式，串行设备基于单根导线一次发送一个数据位。如之前所见，它就像一次电话呼叫，当双方用户拿起电话时，一根线就将双方连接起来。双方用户可以同时交谈（即使在礼貌倾听对方讲话时），说话内容也同时发送。双方可以自由地开始通话，也可以随时停止通话。

串行设备基于单线传输数据，并行设备基于多线传输数据。虽然并行通信可以比串行快，但它们往往更昂贵，需要更多的导线，同时由于导线的物理限制也造成了通信速度的限制。图 5-1 显示了串行和并行通信之间的区别。

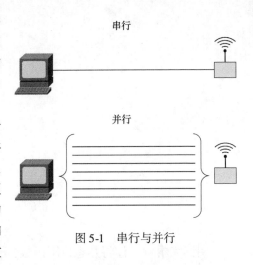

图 5-1   串行与并行

直到一个新标准诞生了：RS-232。RS-232 串行端口是计算机的一个标准功能，它允许用户使用共同的连接器连接鼠标、调制解调器和其他外围设备。这些连接器允许计算机与外围设备进行通信，甚至与其他计算机通信。软件被设计用于在串行链路的计算机之间发送数据，但同时，RS-232 处理鼠标和调制解调器设备时速度绰绰有余，但在处理大量数据时，就显得十分吃力了。

早期串口已从大多数现代计算机中去掉，取而代之的是一种新的标准：USB（通用串行总线）。USB 较之前的串口会先进一些，但仍然采用了同样的原理：通过串行线发送数据。USB 不使用 RS-232，而是使用新的技术来串行发送数据。当计算机没有 RS-232 但需要连接到一个 RS-232 兼容设备时，它使用一种特殊的转换器连接到 RS-232 硬件。幸运的是，Arduino 使用 USB 通信，因此不需要适配器。

串口非常简单。这也是它为什么被广泛使用的原因。数据在发射线（TX）发送，在接收线（RX）接收。在导线的另一端，它被连接到另一台计算机上的 TX 引脚和 RX 引脚。导线内部，TX 和 RX 导线相互交叉。一侧的 TX 引脚连接到另一侧的 RX 引脚，如图 5-2 所示。

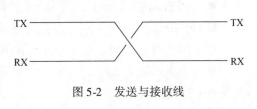

图 5-2   发送与接收线

随着近几年技术的日新月异，你可能会问：为什么系统仍然使用 RS-232 呢？有几个原因。首先，因为它已经被证明是可靠地使用了几十年的成熟技术。第二，有大量廉价的电子设备通过 RS-232 通信。它们容易使用，仅需要几行代码来实现。第三是线长。虽然对于一些系统来说不一定是一大优势，但 RS-232 低电容电缆可达 1000ft，虽然大多数线长限制距离是 50ft。

Arduino 使用串口与计算机和其他设备进行通信。一个 Arduino 的 USB 端口用于与计算机进行串口通信，另一个优点是也可用于给设备供电。USB 还能够自动配置大多数参数。一些 Arduino 还有其他硬件串口，与其他多达四个设备通信。USB 通信被发送到 Arduino 的引脚 0 和 1，如果你的设备必须与计算机会话，这意味着这些引脚将被保留。

5.2   UART 通信

通用异步收发器（UART）是来自串行和并行形式传输的一种硬件。这就是用于通信的一个串行接口。数据以并行格式发送到 UART 设备，例如，一个字节。UART 设备取字节并一次发送 1bit 数据，同时添加任何需要的信息。在接收端，另一个 UART 设备译码数据，并以并行形式返回。

所有 Arduino 本机的 UART 控制器具有 64B 的缓冲区，这意味着 Arduino 可以在忙于其他任务时接收多达 64 个字符。

为了能够使用 UART 通信，它们必须配置为同样的工作方式。这些配置包括以下内容：

- 波特率
- 数据位
- 奇偶校验位
- 停止位

5.2.1 波特率

最初，波特率是指每秒变化的次数。现在，它通常指的信息传输的速度。如果你想连续几次发送一个逻辑电平，你不需要改变信号。接收设备几纳秒或者几微秒监听输入线并对电平进行采样，如果发送端每 1ms 发送多个逻辑电平 1，则接收端每 1ms 读取输入线一次。接收端读取该数据并在下次读取数据前等待 1ms，在此期间，该发送设备能够在接收端再次采样数据之前改变逻辑电平（如果需要）。

重要的是收发双方要使用相同的波特率。如果一个设备发送速度高于或者低于另一个设备，通信将会被识别错误。如果你的串口终端显示一连串奇怪的字符，原因可能是收发双方波特率不一致。

一个 1000Baud 的传输速率等同于 1000bit/s 的比特率。然而，这并不意味着 1000bit 的数据被发送。因为数据还需要被封装，放置在其他的位以帮助计算机识别发送的数据。RS-232 允许异步通信，这意味着通信线路不需要时钟信号，通信可以任何时间开始或者停止而不需要恒定数据流。RS-232 需要一些方式告诉接收方我准备发送数据和结束发送数据包，基于此，RS-232 连接总是有 1 个开始位、8 个数据位、1 个停止位共 10 位，一些参数允许有扩展的奇偶校验位或者 2 个停止位，一共 12 位，然而只允许传输 8 位数据，一个示例数据包如图 5-3 所示。

开始位	数据位	奇偶校验位	停止位
1bit	5~9bit	0~1bit	1~2bit

图 5-3　一个串行数据包

实际应用中会有多种波特率存在，大多数是初始波特率（75Baud）的倍数或晶体振荡器频率的倍数。大多数的 UART 设备能够支持多种速率：300、1200、2400、4800、9600、19200、38400、57600 和 115200 是最常见的。有些芯片可以支持更高的波特率。一些其他设备支持非标准速率，你需要找到一种发送方和接收方都支持的速率。在嵌入式系统中，

9600、19200 和 115200 最为常用。

5.2.2　数据位

在每个分组中的数据位数目可以是 5~9 位之间。通常，该数据用来表示一个字符或符号。5 个数据位通常用于博多码，字符表早于 ASCII 码，取名波特。7 个数据位被用于纯 ASCII 字符。大多数现代系统使用 8 位，因为刚好对应于 1B。不要试图通过加快数据吞吐量降低数据位的数量，即使你只发送 ASCII 码。最好使用 8 个数据位与尽可能多的设备保持兼容，除非其他设备不允许使用默认的 8 位数据位。

5.2.3　奇偶校验位

奇偶校验位用于错误检测，一般是检测传输错误。奇偶校验位嵌入一个数据包中以此确保数据包中 1 的个数为奇数或者偶数。如果数据包中有未知的数据，接收方能够检测出传输错误并通知发送方重发数据。这主要是用在一些老的设备，因为现代信号技术不再需要校验检查，但如果需要，它仍然可用。

5.2.4　停止位

停止位是在每一个数据包结束时自动发送。它们允许接收硬件来检测一个字符的结束，并重新与进入的数据流同步。现代电子设备通常使用 1 个停止位，但旧的系统可以使用 1 位或 2 位。

5.3　调试和输出

系统开发者有多种调试技术来帮助他们。程序可以运行并"冻结"，允许开发人员看到程序内部，查看运行结果。你可以一行一行地运行程序，查看变量的变化。在某些情况下，你甚至可以在程序执行前重写几行代码，而无须重启你的程序。

嵌入式系统提供一种替代，即一个直接连接到处理器的物理端口允许硬件调试器控制。此外，程序可以分步运行；变量可以检查和修改；高级调试技术可以使用。但所有这一切是有代价的，有些调试器花费可达数万美元。

Arduino 放弃了这些复杂昂贵的方法，而是使用更便宜的替代品实现。为达到这个目的，最常用的工具是串行端口。

串口调试十分高效，它可以将一个单独的行添加到一个程序，打印出信息和简单的声明：

```
Debug: We are about to enter the function connectServer()
Debug: Connected!
Debug: Leaving connectServer()
Debug: Connecting to a client...
Debug: Connected with status 2! (should be 1)
```

这是调试输出的一个例子。首先，你可以告诉函数 ConnectServer( ) 被调用，然后程序也快速地退出该函数。不要笑，许多开发项目中仍在使用这种方式！

最后一行有趣之处在于你可以使用串行输出这里所示的显示值。如果你不能使用调试器来看一个变量内容，你可以把它打印出来。在某一行，开发者明白返回值不是他所期望的，现在他有一个好方法去查找问题。

 注意 串口连接取决于正确的参数。如果速率参数错误，UART 接收设备将会收到乱码数据。你将不会得到具有错误提示的文字说明，同时整个文本也将无法读取。如果终端显示的是乱码数据，请检查你的设置。

5.4 启动一个串行连接

所有 Arduino 系列至少有一个串口与 PC 通信，称为 Serial。有些开发板有好几个 UART 设备。例如，Arduino Mega 多达 3 个 UART 控制器，分别为 Serial1、Serial2 和 Serial3。

Arduino Leonardo 控制器有一个内置的 USB 通信器件，单独的 USB 和串行通信。在 Leonardo 板上，Serial 类指虚拟串口驱动，而非引脚 0 和引脚 1 的串行设备，引脚 0 和引脚 1 连接到 Serail1。

要使用串口，你必须使用到 Serial 类函数。

以一个 UART 设备开始，你必须先完成一些配置，你需要设置至少一个参数：波特率或者速率。此外，如果有必要的话，你也可设置数据位、奇偶校验位和停止位。所有 Arduino 系列开发板，默认情况下需要设置速率并将 8N1 作为默认的配置。为了达到此目的，你需要调用 Serial 对象的 begin 函数。

```
Serial.begin(speed);
Serial.begin(speed, config);
```

对于 Arduino Megas 开发板来说，你可以使用其他的 Serial 对象（注意这些并没有通过 16U2 连接到 USB 端口）：

```
Serial1.begin(speed);
Serial1.begin(speed, config);
Serial2.begin(speed);
Serial2.begin(speed, config);
Serial3.begin(speed);
Serial3.begin(speed, config);
```

参数 speed 是一个长整型数据，表示波特率。与 PC 通信，可使用以下波特率之一：300、600、1200、2400、4800、9600、14400、19200、28800、38400、57600 或者 115200。9600 是调试时最常用的波特率。只要收发双方使用一致的波特率，你可以使用任意波特率。例如，一些蓝牙设备能在高于 115200Baud 的情况下发送串行数据。使用 1MBaud 通信，你就需要考虑设备或者计算机是否支持。

串口配置在 setup( ) 函数中完成，因为设备不需要在通信过程中改变波特率。

```
void setup()
{
  Serial.begin(9600); // 打开串口,设置数据
} // 波特率为9600
void loop() {}
```

对于 Arduino Leonardo 开发板来说，你可以检测 USB 串行通道是否开启。Serial 类能够返回 true 或者 false，取决于通信状态。

```
if(Serial) // 检查通道是否打开
```

如果你想在 setup( ) 函数中串行发送多个参数，在 Leonardo 串行端口完成初始化之后将会非常有用。

```
while(!Serial){ // 没有串行连接
;; // 没有操作
}
```

该函数在 Leonardo、Micro、Esplora 和其他基于 32U4 的开发板都适用，至于其他开发板，该函数总是返回 true，即使设备未连接到 USB。

5.5　写数据

现在你已经建立了一个连接，你的 Arduino 开发板能够向接收设备发送数据。对于调试，你可能会发送 ASCII 码标准的英文字母和标点符号的传输文本，并使用终端仿真器接收消息。Arduino IDE 集成的终端仿真器能够方便地访问信息和调试数据。终端编辑器适用于 ASCII 码型数据，如果接收非 ASCII 字符，例如，未格式化的原始字节，它可能会产生莫名其妙的混乱。

5.5.1　发送文本

发送 ASCII 码型数据，使用 print( ) 函数。此函数以人能够识别的 ASCII 格式将数据发送到串行设备。被打印的数据可以是任何格式。它可以打印单个 ASCII 字符，或一个完整的字符串。

```
Serial.print("Hello, world"); // 输出整个字符串
Serial.print('!'); // 输出单个字符
```

它也可以打印转换成 ASCII 型的数值。

```
Serial.print(42); // 将ASCII字符串 "42" 输出到串行端口
Serial.print(1.2345); // 输出 "1.23"
```

默认情况下，数字以十进制显示并四舍五入至小数点后两位，当然也可以更改。如果要

保留小数后的具体个数，只需指定要显示浮点数的位数即可：

```
Serial.print(1.2345, 0); // 打印 "1"
Serial.print(1.2345, 1); // 打印 "1.2"
Serial.print(1.2345, 4); // 打印 "1.2345"
```

要显示不同格式的数字，你需要在数字后面指定数值进制类型。有四种：BIN 为二进制，DEC 为十进制，HEX 为十六进制，OCT 为八进制。

```
Serial.print(42, BIN); // 打印0010 1010
Serial.print(42, DEC); // 打印42
Serial.print(42, HEX); // 打印2A
Serial.print(42, OCT); // 打印52
```

print() 函数打印数据，但是不在文本末尾附加任何特殊字符，在 ASCII 码中，有若干保留字符。它们都会加反斜杠（\），例如，怎样打印引号里面的引号？

```
Serial.print(""He said "Captain", I said "what""); // 编译器错误
```

至于编译器如何理解这条反斜杠，文本在第一次引号标志开始，并在第二个结束，那么第二个引号之后是无用数据吗？编译器并不理解，并会要求你解决这个问题。要说明的是，这是一个特殊字符，你必须跳过它。

```
Serial.print(""He said \"Captain\", I said \"what\""); // 参考完整性
```

你需要避开引号、反斜杠和单引号等字符。当然，还有其他特殊的 ASCII 字符需要考虑。请考虑如下代码：

```
Serial.print("Imagination is more important than knowledge.");
Serial.print("Albert Einstein");
```

乍一看，一切都很正常。计算机知道你想要什么。但终端显示结果可能并非如你所想：

```
Imagination is more important than knowledge.Albert Einstein
```

那些文本行分成不同的行，为什么没有从第二个文本开始排在下一行？因为编译器并没有被告知要这样做。手动插入新的行，必须使用。

```
Serial.print("Imagination is more important than knowledge.\n");
Serial.print("Albert Einstein");
```

显示似乎更好了，文本显示如下：

```
Imagination is more important than knowledge.
Albert Einstein
```

结果差强人意，现在引号能够被识别，然而，插入新行转义序列会变得乏味，尤其是被遗忘的情况下。幸运的是，println 函数能够达到此目的，println 函数能够开始一个新行并在文本结束返回。

```
Serial.println("Imagination is more important than knowledge.");
Serial.println("Albert Einstein");
```

　　至于引用，通常，作者是被添加在文字的下方，但会有一个缩进，这也可以通过制表符 \t 实现。

```
Serial.println("Imagination is more important than knowledge.");
Serial.print("\tAlbert Einstein");
```

　　制表符可用于输出重要数据，本章示例将给出更多细节。

5.5.2　发送数据

　　并非所有数据都能够以 ASCII 码格式发送。如果你尝试输出传感器数据，转换为整型以文本输出，有时并不实用。它需要更多的时间，而只是容易以字节为单位将数据发送到串行线。因为默认的串行连接可以发送 8 位数据包，你也可以用单个数据包发送一个字节。当 Arduino 开发板 LED 在闪烁时，表示数据已经发送。在发送数据之前，Arduino IDE 不会将程序转化为 ASCII 码，它一次发送数据的整个字节。

　　幸运的是，发送数据和发送文本一样简单，可使用 write() 函数来实现。该函数接收单个字节或者字符串并发送。它也可以是第一个参数为缓冲区名、第二个参数为缓冲区长度的这种形式。

```
Serial.write(byte);
Serial.write(string);
Serial.write(buffer, len);
```

5.6　读数据

　　通过串行连接发送数据只是一部分。Arduino 也能接收数据，接收数据可适用于所有项目。计算机能发送数据，例如，控制 LED 亮度。一些类似蓝牙的无线设备也使用串口发送数据。也许你的手机就能够发送开门或者开窗指令。Arduino 也能通过串行连接相互通信，例如，主 Arduino 能够告诉从 Arduino 打开房间里的灯。

　　当 UART 设备接收数据时，数据被存储在内部缓冲器内。缓冲区通常包含 64 个字符，超过 64 个字符后的数据将会丢失。在实际中不用担心，64 个字符绰绰有余，因为在太多的数据到达之前，中断能够通知控制器接收数据。

5.6.1　开始通信

　　任何通信的第一步都是初始化连接。双方必须打开串口以便能够发送和接收数据。对于 Arduino 设备来说，你必须使用 begin() 函数来初始化串行通信。

```
Serial.begin(speed);
Serial.begin(speed, config);
```

begin( ) 函数需要一个或者两个参数。参数 speed 表示串行通信的波特率，收发双方设备必须一样，否则就不能成功通信。它是一个整型数据，表示确切的波特率数值。默认情况下 Arduino 使用 9600，当然你也可以随意使用其他值，只要 Arduino 串口监视器和 Arduino 本身使用相同的波特率即可。

5.6.2 是否阻塞

你可以通过调用 available( ) 函数来查看缓冲区的数据量。它能告诉你缓冲区是否有数据需要去读取。

```
int bytes = Serial.available();
```

available( ) 函数有两个典型用法。一种方式是返回需要读取的字节数量。

```
int inBytes = Serial.available();
```

如果有可读的数据，你也可以使用 if 语句来判断：

```
if (Serial.available() > 0)
{
  // 读取串行数据
}
```

在你的程序中，如果缓冲区没有数据，再去读取会浪费时间。为了避免在等待数据过程中发生阻塞，你可以改变超时时间长度。

5.6.3 读取一个字节

你可以使用 read( ) 函数从缓冲区读取一个字节。该函数从 UART 缓冲区取一个字节并返回给程序。这个函数返回的不是一个字节型数据，而是整型数据。一个比较好的解释是，如果缓冲区的内容为空会发生什么？该函数会返回 0？也可能是缓冲区等待用户的一个字节；无法返回。然而，read( ) 函数返回一个整型数据，返回值范围是 0 ~ 255，如果数据为空则返回 −1，该函数立即返回值而不需要等待数据到达。

5.6.4 读取多个字节

如果一次只读取一个字节显得有些低效，幸运的是，还有其他方式从串口获取数据。readBytes( ) 函数从串口读取多个字节并存储到缓冲区。

```
Serial.readBytes(buffer, length);
```

但是你必须声明需要读取的字节数，当所有数据读取完时，该函数将停止。还有另外一个原因会导致该函数停止，如果调用该函数读取的字节数大于缓冲区的长度将导致 Arduino 立即停止并且永远不会返回数据。为了避免此种情况，设定了等待读取串行数据的超时时间，通过调用 setTimeout( ) 函数可设置超时时间。该函数有一个长整型参数，表示数据到达之前等待的最长时间，以毫秒为单位。默认情况下，超时时间设定为 1s。

```
Serial.setTimeout(time);
```

现在，你可以从串口获取多字节数据或者等待超时。然而，Arduino 还有一个小技巧，想象一下，一个允许计算机给 Arduino 发送消息的协议：允许打开卧室的灯，关闭电视或者其他指令。这些指令以很小的包发送，每个包以感叹号结束。就有这样一个函数存在，能够从串口读取数据，当时数据读完，等待超时或者读到特殊字符时就结束，这个函数是 read-BytesUntil( )，它接受一个参数：character。

```
Serial.readBytesUntil(character, buffer, length);
```

readbytes( ) 和 readBytesUntil( ) 函数都只返回一个字节型数据：从串口读取的字符数。如果未接收到数据，返回值将为 0，因为等待超时，或者接收到的数据长度小于预期长度以及在等待整个数据包时发生了超时，又或者数据长度等于期望数据长度。使用 readBytesUntil( ) 函数时返回非 0 值也可能表明检测到结束符。

5.6.5　数据预览

有一种方法可以在不修改缓冲区的情况下从 UART 缓冲区读取第一个字节的完整数据。有益于你的原因有几个，当数据到达时，它包含了什么？是用字符串存放的 ASCII 码数据？或者是需要放进另外一个缓冲区的二进制数据？知道第一个字符是什么有帮助吗？是的，有帮助。就像那些知道是自己生日的时候却欺骗自己不是的人，有一种在不改变任何东西的情况下偷窥数据的方法，它将从缓冲区返回第一个字节。但不会将其从缓冲区清除。而且，它返回整型数据，如果数据有效，则返回第一个字节；否则返回 −1。

```
data = Serial.peek();
```

讲到此处，你应该可以使用之前列举的函数读取一个或多个数据。使用 peek( ) 函数读取第一个字节后该数据仍然还存放在缓冲区。

5.6.6　解析数据

现在你已经获取了数据，怎样处理这些数据呢？接收到的数据是 ASCII 文本或者二进制数据，如果是二进制数据，那么程序必须分析和提取这些数据。ASCII 型数据，作为文本接收。想知道一个人名很简单，但是你如果问他的年龄呢？如果串口接收到一条点亮一个 LED 的指令并且使 LED 有特定亮度，会怎样实现？数据可能是整型或浮点型，但是你如何提取这些数据？答案很简单：解析它。

parseInt( ) 和 parseFloat( ) 函数浏览文本数据并提取遇到的整型或者浮点型数据。任何不是数字的前面的文本将被忽略，当数字字符之后有一非数字字符时，解析将停止，如图 5-4 所示。

parseInt( ) 函数将会忽略前面的字母并提取数字 37。数字之前的数据和数字本身会从缓冲区删除，剩下的数据仍然保持不变。

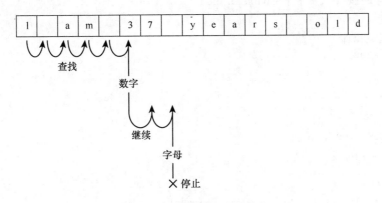

图 5-4 查找字符串中的数字

你可以重复使用 parseInt() 函数。这在数据以逗号分隔符发送到 Arduino 时很有帮助。如果发送一串含有三个数字（127，255，64）的数据，parseInt() 可以调用三次去提取数据。例如，如果你想设置 RGB LED 的亮度值。

```
int red = Serial.parseInt(); // 将会读取127
int green = Serial.parseInt(); // 将会读取255
int blue = Serial.parseInt(); // 将会读取64
```

5. 6. 7 清除

任何通话的最后一步都是挂断电话，串口连接也不例外。如果你的应用需要关闭串口连接，可以调用 end() 函数来结束。

```
Serial.end()
```

来自 USB 串行连接的输入数据被发送到引脚 0 和引脚 1，这意味着当这两个引脚建立串行连接的时候不能用于其他用途。调用 Serial. end() 函数之后，这两个之前用于串行连接的引脚就可以作为通用输入或者输出来使用。如果你需要重新开始一个串行连接，仍然可以调用 begin() 函数并设置相应的波特率。

5. 7 示例编程

例如，你使用 Arduino Uno 开发板。它通过 USB 连接到 PC 并通过 USB 供电。不需要额外的电源供电，也不需要其他组件。

下面的程序演示了串口连接的原理。Arduino 欢迎用户询问它的名字，然后显示自己的名字，它询问用户的年龄，然后给出自己的年龄。最后，结合制表符打印出一系列 ASCII 字符。

清单5-1：串行连接（文件名：Chapter5. ino）

```
1   char myName[] = {"Arduino"};
2   char userName[64];
3   char userAge[32];
4   int age;
5   int i;
6
7   void setup()
8   {
9     // 配置串口
10    Serial.begin(9600);
11
12    // 欢迎用户
13    Serial.println("Hello! What is your name?");
14
15    //等待几秒钟,然后读取串行缓冲区
16    delay(10000);
17    Serial.readBytes(userName, 64);
18
19    //向用户问好
20    Serial.print("Hello, ");
21    Serial.print(userName);
22    Serial.print(". My name is ");
23    Serial.print(myName);
24    Serial.print("\n");
25
26    //询问用户年龄
27    Serial.print("How old are you, ");
28    Serial.print(userName);
29    Serial.println("?");
30
31    //等待几秒钟,然后读取串行缓冲区
32    delay(10000);
33    age = Serial.parseInt();
34
35    //打印出用户年龄
36    Serial.print("Oh, you are ");
37    Serial.print(age);
38    Serial.println("?");
39    Serial.print("I am ");
40    Serial.print(millis());
41    Serial.println(" microseconds old. Well, my sketch is.");
42
43    //现在打印出字母表
44    Serial.println("I know my alphabet! Let me show you!");
45    Serial.println("Letter\tDec\tHex\t");
46    for (i = 'A'; i <= 'Z'; i++)
47    {
48      Serial.write(i);
49      Serial.print('\t');
```

```
50        Serial.print(i);
51        Serial.print('\t');
52        Serial.print(i, HEX);
53        Serial.print('\t');
54        Serial.print('\n');
55    }
56 }
57
58 void loop()
59 {
60    // 把你的主要代码放在这里，重复运行
61 }
```

第 1 行～第 5 行声明了程序中将要使用到的全局变量，变量 myName 声明并初始化为
"Arduino"；其他变量只是声明。

第 7 行，setup( ) 函数声明。因为代码只执行一次，例程中只执行一次的代码都放在
setup( ) 里，即使 loop( ) 函数不执行任何代码，这些代码仍然需要放在 setup( ) 里。

第 10 行，初始化串口设备。默认的串口 Serial 连接到引脚 0 和引脚 1，在 Arduino Uno 开
发板上，这两个引脚连接到 USB 端口。只需将波特率设置为 9600，不再需要设置其他参数；
因此，串口默认 8 个数据位，没有奇偶校验位，1 个停止位。第 13 行，Arduino 调用 println( )
函数向用户输出。程序等待 10s 后调用 readBytes( ) 函数读取缓冲区数据。这些数据被存入变
量 userName，最大可达 64B。我希望你的名字长度小于 64 个字符！当然也可能大于 64 个字符，
该函数将读取名字的字节数，然后等待 1s 后查看是否达到 64 个字符，之后返回已有的数据。

第 19 行，程序再一次向用户问好，并附带用户名。其输出一些默认的文本后打印出用
户名。然后，再一次输出一些默认的文本和 Arduino 程序自己的用户名。最后，程序输出换
行符，这 4 行代码在一行输出显示。

第 27 行，程序再一次向用户请求一个问题。第 32 行，程序再等待 10s 让用户输入一些文
本内容。第 33 行，程序调用 parseInt( ) 函数，清空缓冲区并查找数字，结果用变量 age 存储。

第 36 行，程序再一次请求与用户对话，第一次确认年龄，然后在第 40 行调用 millis( )
函数。millis( ) 返回当前程序运行的毫秒（ms）数。

第 43 行，程序使用制表符打印出格式化表格。程序告诉用户它知道字母表并演示。第
1 列是大写字母，第 2 列是对应的十进制值，第 3 列是对应的十六进制值。

第 46 行是一个从字母 A 到字母 Z 的迭代循环。它们是字母，因此能如此打印。ASCII
码中，大写字母的值为 65～90，write( ) 函数输出这些字节，串口监视器会将其当作等价的
ASCII 码，如果调用 print( ) 函数，对应的十进制数将输出，如第 50 行。第 52 行，现在以
十六进制形式再一次打印值。

程序的结果可能显示如下：

```
Hello! What is your name?
> Elena
Hello, Elena. My name is Arduino

How old are you, Elena?
```

```
> I am 8 years old.
Oh, you are 8?
I am 21001 microseconds old. Well, my sketch is.
I know my alphabet! Let me show you!
Letter   Dec        Hex
A        65         41
B        66         42
C        67         43
D        68         44
E        69         45
F        70         46
G        71         47
H        72         48
I        73         49
J        74         4A
K        75         4B
L        76         4C
M        77         4D
N        78         4E
O        79         4F
P        80         50
Q        81         51
R        82         52
S        83         53
T        84         54
U        85         55
V        86         56
W        87         57
X        88         58
Y        89         59
Z        90         5A
```

要运行此程序，只需要将其从 Arduno IDE 下载到 Arduino 开发板。通过键盘上的 Ctrl + Shift + M 快捷键或者 IDE 的 Tools ⇨ Serial monitor 菜单项，你可以访问串口监视器，它能让你读取串行数据并输入值，请去尝试一下，这会很有趣。

程序并不是很完美，还留下了几处瑕疵。例如，从串口读取数据，程序将等待 10s，这不是一个特别理想的互动，用户不知道它们会耗时多久，并且它们可能不能及时处理。你会怎样修改程序让其等待直到有用数据出现？available( ) 函数可能有用。当然你也可以尝试使用 peek( ) 函数来实现。

其次，程序不进行任何出错处理。程序可能未接收到用户名或者可能接收到错误的年龄。这也留给读者作为练习。请尝试纠正这些不足，如果程序未接收到一个好的答案，则重新提问。

如何增加一列字母显示对应的八进制数据？如果是二进制呢？

5.8 软件串口

当没有更多的硬件物理串口可用时，软件串口库能够使用软件在其他的数字引脚模拟串口通信并且不需要 UART。这可以允许一个设备有多个串口，因为传输由软件处理而非硬件，只有一个软件串口能够在任何时间接收数据，波特率也需要设置在 115200Baud。

接下来引入库的概念。库是根据需要而增加的软件，它提供一定功能，但却不是每一次都会需要。如果你的程序不需要库，则没有必要做；如果你的程序需要一个库，你必须先导入它，这其实就是告诉 Arduino IDE 你需要库提供的功能。需要查看可用库列表，请看 Arduino IDE 的 Sketch ⇨ Import Library 菜单，你可以看到一个可使用的库列表。单击其中一个就可以导入库。

在能够使用软件串口功能之前，你必须先创建一个调用对象的 SoftwareSerial 类实例。在实例化对象时，需要两个参数，用于接收数据和发送数据的引脚。就像 Serial 类，你需要先调用 begin( ) 和 setup( ) 函数。SoftwareSerial 使用的方法和 Serial 并无二致，因此 print( )、println( )、available( ) 和剩下的工作都一样。

```
#include <SoftwareSerial.h>
#define rxPin 10
#define txPin 11
// 建立一个新的软件串口实例
SoftwareSerial mySerial = SoftwareSerial(rxPin, txPin);

void setup()
{
mySerial.begin(4800);
mySerial.println("Hello, world!");
}
```

SoftwareSerial 对象有 64B 的缓冲区。如果接收数据的长度大于 64B，则会溢出。为了检测缓冲区的溢出状态，可调用 overflow( ) 函数。

```
bool result = mySerial.overflow();
```

该函数检测内部溢出标志位并自动将其复位。随后调用该函数将报告没有溢出。如果收到更多的数据，将引起另一次溢出。

SoftwareSerial 需要一个支持改变中断的引脚，这取决于你的工作模式，并不适用于所有引脚。Mega2560 开发板可以使用 10 ~ 15、50 ~ 53、A8 ~ A15 号引脚分配给 RX。Leonardo 开发板可以使用 8 ~ 11、14 ~ 16 号引脚。传输引脚不需要中断支持，因此任何数字引脚皆可。关于你的 Arduino 开发板中断引脚的更多信息，请查看 Arduino 网站相应说明。

5.9　小结

通过本章，你已经知道如何打开和关闭串口、允许连接到你的 Arduino 开发板并如何去交换信息了。在下一章中，你将学习如何使用 EEPROM 库，并以此把数据长期存入 Arduino 中。

第6章

EEPROM

本章将重点讲述 EEPROM 库中的 read( ) 和 write( ) 函数。运行书中的例程需要 Arduino Uno 开发板以及一条 USB 线。你可以在 http：//www.wiley.com/go/arduinosketches 的 Download Code 选项卡下载本章的代码，代码存放在 Chapter 6 文件夹，文件名是 chapter6.ino。

6.1 EEPROM 的简介

我们可以想象一下，每次用完计算机，还得重新安装软件，这是一件多么可怕的事。对于一台没有插入软盘的计算机，在它开机时，计算机除了等待外不知道该做什么。计算机既不知道谁使用它，也不知道哪个程序是可使用的。但是，我们只需做很小的改变，就可以用硬盘替换掉软盘。硬盘和软盘有相同的工作机理，只不过硬盘存储容量更大，可读写次数更多而已。

计算机存储类型一般分为两类：易失性和非易失性。易失性存储器掉电就丢失数据，你的家用计算机中 RAM 就是这样工作的。一般都是使用名为 DDR 的存储模块，事实上，DDR 存储器的易失性比你想象中还要快，为此，就需要不断地刷新以此来保存数据。是不是感觉这种技术很落后？但是，动态随机存储器（DRAM）确实好用，它不仅存储速度快、存储容量大，更为重要的是便宜，所以这样性价比高的芯片很快就得到了大家的认可。

易失性存储器一般用来存放变量和数据。程序是存放在非易失性存储器中的并且是使用易失性存储器来操作。你的闹钟可能就有这个功能，你可以设一个闹钟，但是一旦断电，你就不得不重设一次，不然你就不能按时起床。

非易失性存储器是掉电保持存储器。非易失性存储器的第一次实现是用易失性存储器外加一块小电池完成的，一旦电池电量耗尽，数据就丢失。比如 EPROM 存储器，如图 6-1

图 6-1　EPROM 存储芯片

所示。

可擦编程只读存储器（EPROM）是一种特殊存储器，甚至掉电时，仍旧可以保存数据。早期的 EPROM 需要专用 EPROM 写入器。真正的 ROM 芯片比 EPROM 早一段时间，但是 EPROM 添加了一些 ROM 芯片不具备的功能——可擦除和再编程。

第一块 EPROM 完成再编程并非易事，需要在芯片的顶部开一个石英"窗口"，然后把这个芯片暴露在紫外线下，大约 20min 才能完成擦除工作，等完全擦除后，该芯片就可以被再次编程了。

尽管这种方式确实还不错，但是一点也不方便实用。EPROM 尽管可以存放程序和非易失性变量，但是这并不能解决设备高度智能化以及大规模参数存储的需求。试想一下，如果你的多媒体播放器不能更改名字，不能够修改 IP 地址，不能够修改一些基本配置，你是怎样的心情？所以一些事情必然会进步。

电可擦编程只读存储器（EEPROM）是新一代 EPROM 设备。EPROM 要完成擦除和再编程需要从电路中取出来，而 EEPROM 可以直接在电路中完成擦除和再编程操作。EEPROM 不仅可以再次编程，而且还可以在指定位置完成擦除和编程工作。简言之，EEPROM 设备不仅可以按字节擦除，而且还提供了一种很优秀的方法来存储长期的变量。正常情况下，EEPROM 设备有效保存数据的时间大约为 10 ~ 20 年，这还是最短时间。实际上比这个时间还要长得多。大多数 EPROM 设备也差不多，所以 20 世纪 70 年代的系统现在依然工作在一线，也没出问题。

EEPROM 确实仍有些许瑕疵，比如有时候不能写入数据了，不要紧张，这并不意味着设备就坏了，你只需要过几分钟启动就好了。大多数 EEPROM 设备可以支持至少 100000 次写入操作，通常还会更多。一旦数据写入，至少可以保存 273 年。值得一提的是，EEPROM 一般用来存放不怎么需要改动的数据，比如说，串口号或 IP 地址，事实上，你也不可能把你的 IP 地址更改超过 100000 次吧。

相较于其他类型的存储器，由于技术原因，EEPROM 存储速率并没有任何优势。EEPROM 不能直接写入，在写入前需要擦除。也就是在擦除阶段，设备是比较容易受损的。

6.2 Arduino 上的不同存储器

Arduino 有三种不同的内存技术：RAM、闪存和 EEPROM。

Arduino 的 RAM 和计算机上的易失性存储器极为相似，一般用来存放变量，同样掉电丢失。

闪存（Flash memory）一般用于存储程序。在你烧录程序的时候，就可以使用该存储器了，并且将之前的内容擦除和替换掉。一般，闪存可以循环使用超过 10000 次。

EEPROM 采用的技术不同于一般存储器，它支持多次写入操作。ATmega 的微控制器上的 EEPROM 至少可以完成 100000 次写入操作，并且可以按字节读写。EEPROM 存放那些长期不改变设置，并且无需重写的数据。比如，在更新你的程序时，就不用重写你的变量了。

每一个微控制器都有不同大小的 EEPROM，比如早期 Arduino 是基于 ATmega8 和 ATmega168 的，EEPROM 大小都是 512B。基于 ATmega328 的 Arduino Uno 的 EEPROM 大小是 1024B，基于 ATmega1280 和 ATmega2560 的 Arduino Mega 的不同版本 EEPROM 都是 4KB。

6.3   EEPROM 库

EEPROM 库由很多函数构成，这些函数可以访问内部的 EEPROM 存储器，并实现读/写字节的功能。使用 EEPROM 库只需要包含声明即可，如下：

```
#include <EEPROM.h>
```

当然，在使用 Arduino IDE 时，你可以添加 EEPROM 库。选中程序菜单栏，然后选中 Import Library 子菜单，再选中 EEPROM，这样就自动包含了该库，如图 6-2 所示。

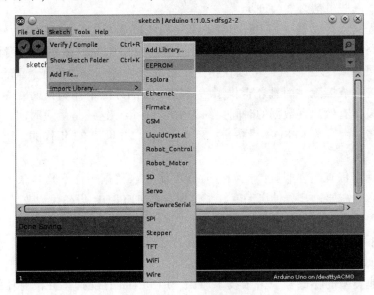

图 6-2   导入 EEPROM 库

6.3.1   读取和写入字节

整个 EEPROM 库由两个函数构成，分别是，read( ) 函数和 write( ) 函数。它们可以从指定位置读取和写入字节。

read( ) 函数功能是从指定位置读取数据，参数为 adr，表示地址，整型，返回数据是一个字节。

```
EEPROM.read(adr);
```

write( ) 函数功能是往指定位置 adr 写入数据 data，该函数无返回值。

```
EEPROM.write(adr, data);
```

Arduino 编译器将自动找到存储器的起始位置，不管你用的 Uno、Mega2560 还是 Mini，都不影响编译器"翻译"出正确的地址，都是从 EEPROM 的第一个字节开始读取。看看下面这段代码：

```
byte value;
void setup()
{
  // 初始化串行并等待端口打开
  Serial.begin(9600);
  while (!Serial) {
    // 等待串口连接。只需要Leonardo
  }
  value = EEPROM.read(0);
  Serial.print("Value at position 0:");
  Serial.print(value, DEC);
  Serial.println();
}
void loop(){}
```

在上面程序中，Arduino 读取 EEPROM 存储器的第一个字节，并通过串口显示，看吧，就是这么简单。往存储器中写入数据也是一样的简单。

```
void setup()
{
  EEPROM.write(0, value);
}

void loop() {}
```

往存储器中重写数据时，需要先擦除之前的数据，所以这就要花费时间。每次写一个字节大约用时 3.3ms，写完整个 512B 的 EEPROM 大约费时 1.5s。

6.3.2　读取和写入位

在表示真/假值时，使用位。在应用程序中基本不用它，在其他方面，更多的是使用布尔型变量。Arduino 不能往 EEPROM 写入单个的二进制位（bit）。如果要存储二进制位，必须先转成字节才能被存储。这就有两种情况。

第一种，如果你只有一个二进制位要存储，最简单的方法就是把它当作一个字节进行存储，即使你只是使用了 8 位（1 个字节的位数）中的 1 位。

第二种，如果你有几个二进制位要存储，为了节省存储空间，你想尽可能把它们存在一个字节里面。比如，你想编程控制一个指示 LED，假设这是一个 RGB（红、绿、蓝）的 LED 灯，你可以选择任意的颜色作为指示色。这个程序就需要三个位，一个红色，一个绿色，一个蓝色。逻辑 1 就表示该色显示，逻辑 0 便不显示。作如下定义：

```
// 三原色
#define BLUE  4  // 100
#define GREEN 2  // 010
#define RED   1  // 001
```

不知道你是否注意到 RED 是被定义为 1，以及它旁边的 001 了没？Arduino 和所有的计算机系统一样，数据都是按二进制位存储，也就是一串 0、1 数字。明白二进制位存储机制，这对后面按位运行相当有用。

二进制是一个基本的二元系统，也就是每一个数位有两种可能值——0 或者 1。最右边的数字相当于 2^0，往左一位相当于 2^1，再左一位相当于 2^2，以此类推。在这个例子里，你使用了 1、2、4 这三个值，但是奇怪的是为什么没有用 3 呢？原因在于 3 的二进制表示是 011，而这里的每一种颜色只指定了一个二进制位。

还有 5 个位可以编程到这个字节中每一个二进制位可以用来表示其他动作，比如说，可以是 LED 闪烁，或蜂鸣器报警，这些都是由你决定的。

此外，按位运算还有另外两个重要的运算符就是 AND 和 OR。在二进制的逻辑里，如果两个值都是真，那么它们 AND 运算的结果还是真；其中有一个值为假，则结果为假。如果两个值有一个值为真，则 OR 运算的结果为真，只有两个值都为假时，结果为假。即 1 OR 1 为真；1 OR 0 为真，0 OR 0 为假。

假设发生一些紧急情况，你想让 LED 发出蓝绿色，在现实生活中，这个很容易。但是在计算机系统中，你就得说你想要 GREEN OR BLUE。OR（或）运算表示两个值有一个为真则结果为真。在本例中，GREEN（010）和 BLUE（100）相或，其结果是 110。

因此，蓝绿色就是 110。现在你已经有了编码，怎样才能从中获取数据呢？这里就需要用 AND（与）运算了。从前面我们知道，只有相与的两个值都为真时，其结果才为真。所以 CYAN AND BLUE（110 AND 100）结果是 100（读成 1 1 0，不是一百）。因为结果不是 0，所以我们就可以说 BLUE 出现在 CYAN 中。同样，换成 RED AND CYAN（001 AND 110）结果是 0，因而可以说 CYAN 中没有 RED。

从 EEPROM 中读取包含有数据的字节，也就是从字节里取出我们需要的位（布尔型），我们就需要 AND 逻辑运算。我们要创建布尔型数据时，首先需要建一个空变量（初始化为 0），然后和需要的数做 OR 运算，就可以得到我们想要的数据。

如果你想更新一个已经存在的数据会发生什么呢？现在你已经会用 OR 运算来置位，但是怎么清除呢？这个时候就要用到 NOT AND（取反）运算。NOT 运算用来翻转状态，如果当前值是 TURE，翻转后就变成 FALSE。那么我们就可以通过取反运算，来清除那些我们不需要的数据。若要切换该位，只需要运用 XOR（异或）运算即可，顾名思义，异或表示不同的两个值做 OR 运算时结果为真（1010 XOR 1001 ＝0011）。

如图 6-3 所示，对各个运算的效果就可以一目了然。

A	B	A|B	A&B	A^B	~A
0	0	0	0	0	1
1	0	1	0	1	0
0	1	1	0	1	1
1	1	1	1	0	0
		OR	AND	XOR	NOT

图 6-3　逻辑运算

看个如何按位操作的例子（OR 位或的符号 |）：

```
value |= RED; // 位或,置位蓝色位
```

AND 位与的符号 &：

```
vavalue &= ~GREEN; // 位与,清除红色位 (AND NOT RED)
```

XOR 异或的符号^:

```
value ^= BLUE; // 位异或,切换GREEN位
```

6.3.3　读取和写入字符串

什么是字符串？通常就是指一串字符值。它易于存储并且使用特别方便。在 Arduino 中,常用字符数组作为字符串使用,你也可以用 String 数据类型来完成特殊数据操作,不过内存开销比较大。由数组的特性可知,我们可以很方便地访问数组并把其中需要的数据输出显示。

假如你需要存一个字符串,定义如下:

```
char myString[20];
```

也可以在声明的时候给字符串赋值,上式就表示该字符数组最多包含 20 个元素,但并非每个都有数据。

```
char myString[20] = "Hello, world!";
```

你也可以像这样往 EEPROM 中存入信息:

```
int i;
for (i = 0; i < sizeof(myString); i++)
{
  EEPROM.write(i, myString[i]);
}
```

该程序的功能是往 EEPROM 中写入字符串,每次写入 1B。尽管上面的字符串只有 5B 的长度,但仍将存储整个数组。也就是说,一旦你声明了一个 20 个元素的数组,即使你只用了前面 5B,但是你还是得往 EEPROM 中写 20B 的数据。你可以编写一个更好的程序,在接收到空字符（字符串最末尾元素）时,自动停止。但是呢,我们知道程序是写在 EEPROM 里面的,而 EEPROM 一般不更改,也没有必要把程序复杂化。读取字符串同样简单:

```
int i;
for (i = 0; i < sizeof(myString); i++)
  {
    myString[i] = EEPROM.read(i);
  }
```

同样,该程序的功能是从 EEPROM 中一个字节一个字节地读取数据并存到字符串数组中。

6.3.4　读取和写入其他值

若 EEPROM 只能读写字节,那么又该如何存储整数和浮点数呢？我们知道在计算机中,所有的内容都是以二进制存储,也就是一堆 1 和 0。对于浮点数而言,也同样如此,在计算机的内存里,还是以二进制形式存储的,只不过占用更多的内存空间而已。如字符串,可以往 EEPROM 中写任何内容,但是读写的时候还是每次 1B,并没有什么优待。

在读取和写入之前，我们必须知道数据类型。比如，除了 Arduino Due 外的所有 Arduino 中，整型占 2B。通过所谓的移位和掩码技术，可以提取数据字节。移位就是把一个二进制数往左或者往右移动几位；掩码也就是对二进制数的一部分做按位操作。如下例：

```
void EEPROMWriteInt(int address, int value)
{
  byte lowByte = ((value >> 0) & 0xFF);
  // 现在将二进制数向右移动8位
  byte highByte = ((value >> 8) & 0xFF);
  EEPROM.write(address, lowByte);
  EEPROM.write(address + 1, highByte);
}
```

在本例中，是要往 EEPROM 存入一个整型数据，该数据包含两部分：低字节和高字节（这是比较正式的说法，其实就是一个数存到了几个字节中。低字节包括该数的最低有效部分，高字节包括该数的最高有效部分）。在本例中，首先通过把该数据和 0xFF 做 AND 运算，得到最低位（其中 0x 是十六进制前缀，只是为了让编译器知道该数据类型）。0xFF 是 255 的十六进制表示，这也是 1 个字节所能容纳的最大值。然后，把该值右移 8 位，做位与运算。这种方式对整型很好用，但是对复杂点的数据就无能为力了，比如浮点数，所以这就需要更加先进的技术来解决这些问题。

有些用户想往 EEPROM 中写更多类型的数据，可以参考 Arduino 论坛，上面有很多很好的代码供大家学习参考。那些代码的编程技巧比较灵活，本书并不具体介绍。网址：http：//playground. arduino. cc/Code/EEPROMWriteAnything。

赏析一下下面这段代码：

```
template <class T> int EEPROM_writeAnything(int ee, const T& value)
{
  const byte* p = (const byte*)(const void*)&value;
  unsigned int i;
    for (i = 0; i < sizeof(value); i++)
      EEPROM.write(ee++, *p++);
  return i;
}
```

通过以上代码不难发现一个问题，就是我们需要保存值的具体尺寸是多少（即所占内存大小）。在这里尤其要注意，Arduino Due 中的整型数据和其他 Arduino 开发板是不同的，这在前面提到过。

虽然 EEPROM 可以存储任何类型的数据，但是如果可以，就尽量使用字节型数据，好处前面已经说过，你具体编程时就体会得到这种数据类型的好处了。

6.3.5　示例程序

在前一章中，你创建了一个与用户打招呼并询问用户姓名、年龄的应用程序，以及编写了向串口写数据的程序。但是，一旦 Arduino 掉电，那么片子上的程序都将丢失，即使再次供电，也还是需要之前的信息。现在，我们创建同样功能的程序，只不过把程序存入 EEP-

ROM 中。首先，Arduino 会检查 EEPROM，如果没有发现所需信息，Arduino 将询问用户一些问题并将其存入非易失性存储器中。如果找到所需信息，Arduino 将告诉用户它已有的信息并删除它内存中的内容。Arduino 清楚地知道它自己的字母表，所以我在这个例子中没有给出这部分内容。程序如清单 6-1 所示。

清单 6-1：示例程序（代码文件名：Chapter6. ino）

```
1    #include <EEPROM.h>
2
3    #define EEPROM_DATAPOS 0
4    #define EEPROM_AGEPOS 1
5    #define EEPROM_NAMEPOS 2
6    #define EEPROM_CONTROL 42
7
8    char myName[] = {"Arduino"};
9    char userName[64];
10   char userAge[32];
11   unsigned char age;
12   int i;
13   byte myValue = 0;
14
15   void setup()
16   {
17     // 配置串口
18     Serial.begin(9600);
19
20     // EEPROM有什么信息么?
21     myValue = EEPROM.read(EEPROM_DATAPOS);
22
23     if (myValue == 42)
24     {
25       // 获取用户名字
26       for (i = 0; i < sizeof(userName); i++)
27       {
28         userName[i] = EEPROM.read(EEPROM_NAMEPOS + i);
29       }
30
31       // 获取用户年龄
32       age = EEPROM.read(EEPROM_AGEPOS);
33
34       // 打印出我们对用户的了解
35       Serial.println("I know you!");
36       Serial.print("Your name is ");
37       Serial.print(userName);
38       Serial.print(" and you are ");
39       Serial.print(age);
40       Serial.println(" years old.");
41
42       // 将0写回控制数
43       EEPROM.write(EEPROM_DATAPOS, 0);
```

```
44    }
45    else
46    {
47      // 欢迎用户
48      Serial.println("Hello! What is your name?");
49
50      // 等待直到串行数据可用
51      while(!Serial.available())
52      // 等待所有数据到达
53      delay(200);
54
55      // 读取串行数据,一次一个字节
56      Serial.readBytes(userName, Serial.available());
57
58      // 向用户问好
59      Serial.print("Hello, ");
60      Serial.print(userName);
61      Serial.print(". My name is ");
62      Serial.print(myName);
63      Serial.println("\n");
64
65      // 将用户名字保存到EEPROM
66      for (i = 0; i < sizeof(userName); i++)
67      {
68        EEPROM.write(EEPROM_NAMEPOS + i, userName[i]);
69      }
70
71      // 询问用户年龄
72      Serial.print("How old are you, ");
73      Serial.print(userName);
74      Serial.println("?");
75
76      // 等待直到串行数据可用
77      while(!Serial.available())
78      // 等待所有数据到达
79      delay(200);
80      age = Serial.parseInt();
81
82      //  打印出用户年龄
83      Serial.print("Oh, you are ");
84      Serial.print(age);
85      Serial.println("?");
86      Serial.print("I am ");
87      Serial.print(millis());
88      Serial.println(" microseconds old. Well, my sketch is.");
89
90      // 现在将这个保存到EEPROM中
91      EEPROM.write(EEPROM_AGEPOS, age);
92
93      //  由于我们拥有所需的所有信息,并且已被保存,所以在EEPROM中写入一个控制数
94
```

```
95      EEPROM.write(EEPROM_DATAPOS, EEPROM_CONTROL);
96    }
97
98 }
99
100 void loop()
101 {
102   // 把你的主要代码放在这里,重复运行
103 }
```

看出了什么变化没？显而易见，Arduino 的字母表相关代码已经被删除。本例焦点并不在此。

在第 11 行，我们用无符号字符型变量存储年龄。此前，年龄是保存在整型变量中。这就给 EEPROM 带来了一个问题，还记得在第 4 章，我们知道整型变量存储范围为 – 32768 ~ 32768，我们根本不需要这么大的范围（首先人类不可能活那么长，再者年龄不可能是负数）。但是问题不是这个范围大小，而是变量本身的容量。在大多数 Arduino 中，整型变量占 2B 空间（Arduino Due 中占 4B），如果你把你的代码开源，由于你不知道你的代码会被用在哪款 Arduino 上，你想想，对于不同的 Arduino，变量类型将会是有多么的重要。此外，用整型来存储年龄，实在不可取。一般使用只占 1B 的无符号字符型，范围是 0 ~ 255，并且往 EEPROM 写入时，也快很多。

在第 21 行，表示从 EEPROM 中读数据。0 是被宏定义为 EEPROM_DATAPOS。当然，0 也可以被直接地调用（编译器将做这件事），但是使用#define 就会让程序可读性更好，并且开发人员不用担心改变存储位置后带来的麻烦。这就使得编程更加简洁、整齐。程序将长时间地保存在非易失性存储器中，因此，必须找到一种方式来避开已经存有程序的内存空间。为了这个目标，"控制"字节应运而生，Arduino 在从 EEPROM 中读数据时，如果接收到数字 42，就表示 EEPROM 中存有有效数据，故可以读取。若 Arduino 接收到的是其他数字，则表示是往 EEPROM 中写入数据，然后写控制字节。

在第 50 行和第 76 行，串口调用程序已经发生了变化。记得在上一章例子的结尾处，我提醒大家试试用更好的方式来侦听串口信息，这里就是一个等待串口数据的方法，那么，你的方法是什么呢？

在第 91 行，用 EEPROM. write( ) 函数把变量 age 的内容存入 EEPROM 中。但是，在第 65 行，userName 字符串每次以 1B 存储，要把整个变量内容存到 EEPROM 中，就不得不分好几次，那么你有没有什么更好的方法呢？

这就带来了一个问题：你怎么组织内存？内存如何划分全凭你决定。本例把 0 位设为控制字节，1 位是年龄，后面的是名字。我们用一张表来直观地看看内存分配情况，如图 6-4 所示。

值得再次提醒的是，#define 的声明，在你需要更改程序的时候特别好用，不至于在整个代码中去修改同样的问题，细细体会。

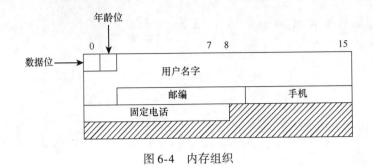

图 6-4 内存组织

6.4 准备 EEPROM 存储

程序在第一次运行的时候，EEPROM 可能会遇到一些问题。程序假定第一个存储单元里有一个确定的数，那么剩下的信息都是有效的。程序在 Arduino 系统上运行时，你不知道 EEPROM 上有什么内容，如果运气不好，第一个字节就包含了你正在寻找的那个控制数，但是剩下的数据并不包含有效的年龄、名字。这就可能导致乱码，在其他应用中，后果可能更为严重。想象一个联网的传感器，需要把温度值传给服务器。如果 IP 地址存储在 EEP-ROM 中，但是存储器中根本就没有有效的数据，当你的应用程序试图上传数据时，这些数据不是你想要的，可能是一些随机值。

为了避免这样的情况，一些设计者在他们的项目中增加了复位按钮。通过这样的方式，你就可以在 Arduino 第一次上电的时候或者 Arduino 开发板发生变化的时候擦除 EEPROM 中的数据。有些应用程序在检查错误时采用控制编号的方式，增加几个编号贯穿整个 EEP-ROM，以此来提高可靠性。又或者，你也可以再编写一个程序，即在结束最终程序之前，上传你所想要的 EEPROM 数据。这些方案都是可行的，要看哪种方案更加适合你的应用程序。不要相信一个新系统上 EEPROM 中的内容，很多时候里面存放的都是随机数，还是花点时间来准备好非易失性存储器吧。

6.5 扩展非易失性存储器

Arduino 的 EEPROM 资源虽然有限，但是远远满足大型程序的需求。不过，在某些场合，你可能还是要扩展 EEPROM。现在市面上有很多 EEPROM 组件，比如 Atmel 公司的 AT24C01A 扩展容量为 1KB，AT24C16A 扩展容量为 16KB。但是，这些组件是通过 I^2C 总线连接（见第 8 章），并且不能够用 EEPROM 库进行编址（EEPROM 库只能给内部 EEPROM 进行编址，外部不行）。如果你想要更多的外围内存，就必须通过总线来对它们进行编址。

如果你需要大量的非易失性内存时，还可以采用其他的解决方案。Arduino 支持 SD 卡或 micro-SD 卡，在写入的时候，micro-SD 卡最大容量为 128GB，对于普通应用程序绰绰有余。

　　SD 卡是基于闪存技术，因此，也继承了闪存的缺点：写周期。但是大多数 SD 卡有一个内部控制器，实现 wear leveling 技术（这项技术在闪存设备的微控制器上使用了一种算法，来跟踪闪存上存储空间的使用情况。这使得数据每次能够重写到内存中的不同地方，而不是一直写入到内存中的同一个位置），极大地延长了闪存的使用寿命，同时也考虑到正常文件系统的使用，甚至在文件频繁更新时，它也有很长的寿命。如果你需要的非易失性存储器要经常改变的话，可以考虑 SD 卡。第 12 章将给出有关 SD 卡的具体使用。

6.6　小结

　　在本章，你已经知道如何操作 Arduino 内部的 EEPROM（包括读写数据两部分），在下一章里，我们将学习串口通信的另一种方式——SPI 通信，该方式通常是用来和传感器交换信息的。

第7章

SPI

本章将介绍 SPI 库的下列函数：

- begin( )
- end( )
- setBitOrder( )
- setDataMode( )
- setClockDivider( )
- transfer( )

所需硬件如下：

- Arduino Due 开发板
- Adafruit MAX31855 接口板
- Adafruit 公司的 K 型热电偶线

你可以在 http://www.wiley.com/go/arduinosketches 的 Download Code 选项卡下载本章的代码，代码存放在 Chapter 7 文件夹，文件名是 chapter7.ino。

7.1 SPI 的简介

几十年来，串行数据连接一直是计算机通信系统的中流砥柱。可靠高效性使其能够适用于大多数设备，它用于与调制解调器通信、IC 编程、机器对机器通信，几乎贯穿整个计算机史。它们只使用几根导线，与其他通信系统相比，具有更高的品质，这对嵌入式系统和外围设备非常有利。

串行通信也用于对空间有限制要求的嵌入式系统中的深度嵌入式系统。并非使用 32 位数据总线连接设备，一个温度传感器仅仅使用几根线连接到微控制器，这使整个设计更为简单、廉价和高效。

尽管串行通信有很多优势，但也存在不足。一个调制解调器和一个编程器需要两个串口的计算机。一个串口不能容易地处理多设备通信。一个串口，一个设备。对微处理器和微控制器也一样，大多数设备至少有一个串口，但是很难找到一个至少有 3 个 RS-232 串口的设备。而且，更多的串口意味着更多的软件——更多任务用于检测串行缓冲器。一个调制解调器可能使用很长时间，但一个芯片编程器只会使用 1min 或者 2min，占用串行端口的单个任务很少运行。

7.2　SPI 总线

为了允许多个设备用于单个串行端口，SPI 总线被创建。SPI（串行外设接口）也的确是一个连接设备的接口。利用一个同步串行线能够进行全双工通信（它意味着在同一时间设备可以发送和接收数据）。

SPI 是一个主/从协议。有一个主通信设备和一个或多个从设备。一次只能和一个从设备进行通信。如果要和另一个从设备通信，主设备必须先终止和当前的从设备通信。没有主设备的指令，网络中的从设备之间不能进行通信。

为了连接并和从设备进行通信，一个主设备至少需要四根线。"主输出-从输入（MOSI）"和"主输入-从输出（MISO）"线用于数据传输；SCLK 是决定通信速率的串行时钟线；SS（从机选择）用于选择外设。在一些文档中 SS 信号很少被当作 CS（片选）信号使用。

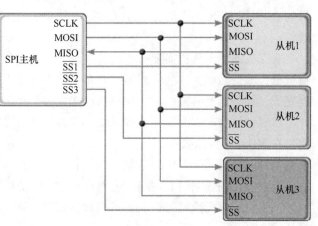

SS 是一根使用逻辑 0（低电平）选择从设备的信号线。MOSI、MISO和 SCLK 线连接 SPI 总线上的每一个设备，如果 SS 信号为低电平，设备只侦听主机并与主机通信。这允许同一个网络中多个从设备能够连接到主设备。一个典型的 SPI 总线连接图如图 7-1 所示。

图 7-1　使用多从机的 SPI 网络

7.2.1　与 RS-232 比较

与 RS-232 通信相比，设计中 SPI 会更简单；RS-232 使用两根线（Tx 和 Rx），但是它需要通信双方设置一个时钟速率，通过 RS-232 连接的设备双方必须使用相同的时钟速率以避免配置错误或不同步等问题。SPI 主机生成自己的时钟信号并将信号发送给每个从机。因此SPI 设备通常设计更简单、制造更便宜、使用更容易。

SPI 和 RS-232 的另一个差异是数据发送方式。RS-232 专为长距离通信设计；SPI 并非如此。它不需要处理像 RS-232 那样的信号噪声，因此不需要校验位。这有一个很大的优势；在 RS-232 通信中必须送 7 位或 8 位数据，SPI 可以选择任何它想要的长度。一些设备发送 8位数据，一些设备发送 16 位，甚至设备能够使用非标准长度，如市面上已有的 12 位长度。

7.2.2　配置

虽然 SPI 不需要像 RS-232 设备那样明确的配置，但它也需要一种配置方式。时钟信号是数字信号，在逻辑 0 和逻辑 1 之间跳变。一些设备是上升沿有效（如时钟从低电平变到高电平），一些在下降沿有效（如时钟从高电平变到低电平）。同时，时钟可配置为低电平或高电平有效。

此外，由于 SPI 是串行设备，一次发送一个数据位。因此，你必须知道，先发送最低位还是先发送最高位，通常是先发送最低位。

最后一个配置是时钟速率。时钟由主机产生，因此，主机定义总线速率。大多数组件有一个最大的速率配置；若你设置的时钟信号高于此频率，那么将导致数据崩溃。

7.2.3　通信

SPI 是一个主/从协议，因此它由主机启动与从机的通信。要做到这一点，它需要将从机的 SS 引脚拉低（同时保持其他的 SS 引脚高电平），这就告诉从机，主机将与它开始通信。

要完成通信，从机需要一个时钟信号，时钟信号由主机产生。每个时钟脉冲产生一个比特数据传输；然而，一些传感器（比如本书后面会用到的 DHT-11）需要一个小时隙来使转换完成。如果这是必需的，主机在从机未完成转换之前不能启动时钟。

当时钟信号产生时，主机和从机都可以自由地进行通信。实际上双方设备在同时通信；主机在 MOSI 线传输数据，从机监听数据。同时，从机在 MISO 线传输数据，主机监听该线上的信号。两者同时发生，但是一些设备不需要接收有意义的数据；一个只发送数据的从机接收来自主机的数据时会忽略所有发送给它的信息。

当主机结束无论是发送它要求的数据或者是接收数据时，通常会关闭时钟信号并取消选择从机。

7.3　Arduino SPI

Arduino 的 SPI 总线与其他大多数端口相比有很大区别。在 Arduino 开发板中，SPI 总线包含一个独立的接头——ICSP（在线串行编程）头，如图 7-2 所示。

图 7-2　Arduino Uno 上的 ICSP 头

ISCP 头有多重用途，包括绕过 Arduino 的 bootloader 直接给单片机编程，但这超出了本书的范围，不做进一步介绍。

该 ISCP 端口通常也暴露了 SPI 总线，这取决于 Arduino 的类型。Arduino Uno 是 Arduino 家族的参考模型，采用 11 脚和 ICSP-4 作为 SPI 总线的 MOSI 信号。这些引脚是一样的并是电气连接的。在 Arduino 的 Leonardo 开发板中，MOSI 引脚仅适用于 ICSP 头，不能输出到任何数字引脚。

如果你要设计自己的扩展板，可使用 ICSP 头。如果不使用 ICSP 头，使用 SPI 功能的 Arduino 扩展板则不能用于 Arduino Leonardo 开发板。实际中 SPI 常用于多种连接（包括 SD 卡读卡器）。

ICSP 头不包括任何 SS 线，只有 MISO、MOSI 和 SCLK 线外露以及电源和接地连接器。因为从机选择（SS）引脚不用于传输数据，而只是告诉从机它将会被选择，因此任何数字引脚都可作为 SS 引脚。通过这种方式，你可以在你的系统中连接非常多的从机；但是请记住，任何时候只有一个从机被选择；当不需要与从机通信时，将所有 SS 信号拉高。

Arduino 也可以成为 SPI 从机，因此，基于 AVR 的 Arduino 具有输入 SS 引脚。Arduino 的 SPI 库只能作为主机使用，正因为如此，该引脚必须配置为输出，如果不这样做，Arduino 可能被认为是一个从机，则库将失效。在大多数 Arduino 中，SS 信号使用 10 脚，Arduino Mega2560 开发板中使用 53 脚。

7.4　SPI 库

Arduino 的 SPI 库是一个功能强大的库，它能高效地处理 SPI 通信。大多数 Arduino 开发板使用了完全相同的 SPI 库，但使用 Arduino Due 开发板的 SPI 库时，会有显著的差异。在讨论这些库的扩展方法之前，让我们回顾一下该库的标准功能。

使用前，你必须先导入库。在 Arduino IDE 中，进入菜单，选择 Sketch ⇨ Import Library ⇨ SPI，或者手动添加库。

```
#include <SPI.h>
```

初始化子系统调用 begin( ) 函数。

```
SPI.begin();
```

该函数自动设置 SCLK、MOSI 和 SS 引脚为输出，并将 SCLK、MOSI 置高，SS 置低，它也会将 MISO 引脚设置为输入。

调用 end( ) 函数可以停止子系统：

```
SPI.end();
```

停止子系统就释放了 I/O 端口，这些释放的 I/O 端口就能够用于其他用途。

为了配置 SPI 总线，可使用以下三个函数：setBitOrder( )、setDataMode( ) 和 setClockDivider( )。

setBitOrder( ) 控制位数据被送到串行线路上的方式：最高有效位优先或者最低有效位优先。该函数包含一个参数：一个常量，LSBFIRST 或者 MSBFIRST。

```
SPI.setBitOrder(order);
```

setDataMode( ) 设置时钟极性和相位。它有一个参数："mode"，为 SPI 时钟使用。

```
SPI.setDataMode(mode);
```

参数 mode 是四个常量之一：SPI_MODE0、SPI_MODE1、SPI_MODE2 和 SPI_MODE3。这四种模式的区别见表 7-1。

表 7-1　SPI 时钟模式区别

MODE（模式）	CPOL（极性）	CPHA（相位）	作　　用
SPI_MODE0	0	0	时基 0，上升沿捕获，下降沿传播
SPI_MODE1	0	1	时基 0，下降沿捕获，上升沿传播
SPI_MODE2	1	0	时基 1，下降沿捕获，上升沿传播
SPI_MODE3	1	1	时基 1，上升沿捕获，下降沿传播

CPOL（时钟极性）告诉设备，时钟在逻辑 0 或者逻辑 1 时激活。CPHA（时钟相位）告诉设备数据上升沿（从 0 变到 1）时捕获或者下降沿（从 1 变到 0）时捕获。

最后，时钟分频函数 setClockDivider( ) 用于设置相对于系统时钟的时钟频率。

```
SPI.setClockDivider(divider);
```

针对基于 AVR 系统的 Arduino Uno，分频参数是一个数值：2、4、8、16、32、64 或 128，这些值可作为常量：

- SPI_CLOCK_DIV2
- SPI_CLOCK_DIV4
- SPI_CLOCK_DIV8
- SPI_CLOCK_DIV16
- SPI_CLOCK_DIV32
- SPI_CLOCK_DIV64
- SPI_CLOCK_DIV128

默认时，使用 16MHz 系统时钟的 AVR 系统使用 4 分频，SPI_CLOCK_DIV4，产生 4 MHz 的 SPI 总线频率。

 注意 关于 Arduino Due 的 SPI 高级功能在 7.5 节会介绍。

在 SPI 总线发送或者接收数据时，使用 transfer( ) 函数。

```
result = SPI.transfer(val);
```

该函数接收一个字节作为参数并将该字节发送到 SPI 总线上。如果它返回一个字节，则在 SPI 总线上接收数据字节。每次调用 transfer( ) 只发送或者接收一个字节；如果想接收更多数据，则需要多次调用。

7.5 Arduino Due 上的 SPI

Arduino Due 未采用 AVR 设备而是采用 Atmel SAM3X8E 芯片，SAM3X8E 基于 Cotex-ME 架构。它是一个更强大的设备且具有更先进的 SPI 功能。

AVR 设备和 ARM 供电的设备 SPI 库几乎一样，也存在一些微小的变化。当调用一个 SPI 功能时，还必须添加使用到的 SS 引脚。

 注
意 Arduino Due 的 SPI 扩展库只能用于 Arduino IDE 1.5 及以上版本。

大多数 SPI 设备都兼容，但如你以前看到的，设备可能有不同的模式，有时你的系统会有两个 SPI 设备却使用不同的模式。这使得设计变得复杂，迫使你每次改变外设时都得重新配置 SPI 控制器。但 Arduino Due 已经找到了一种解决办法。

Arduino Due 可使用 4、10 和 52 脚作为从机选择信号。这些引脚每次调用前必须先声明，在 setup( ) 函数中调用 SPI. begin( ) 函数完成设置：

```
void setup(){
  // 在4脚上初始化一个器件的总线
  SPI.begin(4);
  // 在10脚上初始化一个器件的总线
  SPI.begin(10);
  // 在52脚上初始化一个器件的总线
  SPI.begin(52);

}
```

begin( ) 以不同的方式写入：

```
SPI.begin(slaveSelectPin);
```

它包含一个参数，即从机片选引脚。为什么要这么做？在配置 SPI 总线时就一目了然了：

```
// 在4~21脚上设置时钟分频器
SPI.setClockDivider(4, 21);
// 在10~42脚上设置时钟分频器
SPI.setClockDivider(10, 42);
// 在52~84脚上设置时钟分频器
SPI.setClockDivider(52, 84);
```

每个 SS 引脚可以有自己的时钟频率，当和一个特定的从机通信时，Arduino 能够自动改变时钟频率，这也适用于任何配置模式：

```
// 将4脚的模式设置为MODE0
SPI.setDataMode(4, SPI_MODE0);
// 将10脚的模式设置为MODE2
SPI.setDataMode(10, SPI_MODE2);
```

现在，当和一个特定的从机通信时，SPI 系统能够自动改变模式。为了初始化通信，调用 transfer( ) 函数并声明引脚：

```
result = SPI.transfer(slaveSelectPin, val);
result = SPI.transfer(slaveSelectPin, val, transferMode);
```

此外，它需要一个字节 val，并在 SPI 总线上发送。它返回一个字节。但是你必须注明 SS 引脚。该函数还有一个可选参数 transferMode。因为扩展 SPI 库需要声明 SS 引脚，库会改变 SS 引脚的输出状态。声明 SS 引脚之后，拉低 SS 信号即可访问从机。默认情况下，当发送完一个字节数据时，扩展 SPI 库会将 SS 引脚置高，不再选中从机。为了避免这种情况，使用参数 transferMode，transferMode 有两种选择，见表 7-2。

表 7-2　Arduino Due 可用的传输模式

传 输 模 式	结 果
SPI_CONTINUE	SS 引脚不置高，保持低，从机依然被选中
SPI_LAST	说明这是最后一个被发送/接收的字节，SS 置高，不选中从机

默认情况下使用 SPI_LAST。请注意，一些 SPI 设备会在从机被选中时就自动发送数据。每个字节发送完成后，取消选择并重新选择，这可能会导致未知数据。

如果想终止 SPI 接口的特定引脚，使用 end( ) 函数：

```
SPI.end(slaveSelectPin);
```

以上代码将终止 SPI 接口的 SS 引脚，释放该引脚用作其他功能，如果其他的 SS 引脚已经被配置，则 SPI 仍然处于激活状态。

7.6　示例程序

对于此应用程序，你可以创建一个使用热电偶的数字温度计。一个热电偶是由两种不同导体接触产生的温度测量装置：不同的温度值将产生不同电压。但产生的电压非常小（通常每摄氏度为几微伏），所以经常和放大器搭配使用。

热电偶的优点就是便宜，每只热电偶只需几美元。缺点是精度不够好，有时可能偏差几摄氏度（K 型热电偶通常有 ±2℃ ~ ±6℃ 的误差），但它们的温度范围弥补了这一缺点。一个典型的热电偶可以测量 -200 ~ 1000℃ 之间的温度（ -238 ~ +1800℉）。虽然用于医疗应用的设备不太可能工作在那种温度条件下，但在工业中经常使用，用于监测烤箱的温度。为了说明热电偶能够支持的温度，铜在 1084℃（1983℉）变成液体，金在 1063℃（1946℉）变成液体。因此，它们能够放置在几乎任何一个烤箱内。如果你想开一个做烟熏三文鱼的店，热电偶是一个很好的方式来测量火架上的温度。

热电偶不报告温度，而是报告热端（尖端）和冷端（连接到印制电路板的另一末端）的温差。为了有效地使用一个热电偶，重要的是要知道冷端的温度，集成驱动器自动完成。

MAX31855 是一个热电偶驱动器，能够用于各种热电偶。它具有良好的精度、快速的转换速率和良好的范围（MAX31855 配合 K 型热电偶，最大能够测量 +1350℃（+2462℉）的温度）。不同的热电偶使用不同的金属，可测量温度范围也不一样。一个热电偶驱动器必须和热电偶正确连接才能正常工作，当和另一个设备进行数据传输时，MAX31855 使用 SPI 总线，当只读设备用。它输出热电偶温度并参考结点温度做出故障指示。当热电偶发生短路或者连接中断时，MAX31855 将报警，因此它广泛用于工业场合。

MAX31855 只能表贴使用，但 Adafruit 为其制作了一个小型可靠的附加电路板。MAX31855 只支持 3.3V 供电，但 Adafruit 在附加电路板上为其设计一个电源转换器，这样就能够被基于 Arduino 的 AVR（通常工作在 5V）和 Cotex - M（运行在 3.3V）使用。

7.6.1　硬件

对于此例程，采用 Arduino Due 开发板。Arduino Due 功能十分强大，3.3V 供电，拥有先进的 SPI 功能。你还可以使用一个 Adafruit MAX31855 接口板和热电偶。该板有两个连接器：一个放在面包板上，另一个连接到热电偶。它需简单焊接；连接器以卡片方式封装，但未连接，不过这都很简单，只需要几分钟即可完成。

Arduino Due 有三个 SS 引脚可用，对于此例程，你可以使用数字引脚 10，布局如图 7-3 所示。

布局极为简单，附加板连接到 Arduino Due 3.3V 电源和地。驱动的 SS 信号连接到数字引脚 10；当 Arduino Due 向 MAX31855 请求信息时，SS 信号生效并被置低。21 脚的 SPI 时钟连接到附加板的时钟连接器上。如果要从附加板读取信息，MISO 信号，74 脚需要连接到附加板的数据引脚（标记为 DO）。那 Arduino Due 的 MOSI（主出-从入）信号呢？MAX31855 是只读设备，因此不需要来自主机的任何数据。为了简化设计，该引脚被自动忽略。MAX31855 如何知道何时发送信息？当 SS 引脚置低时，该设备自动准备发送数据。MAX31855 未被选中时，则

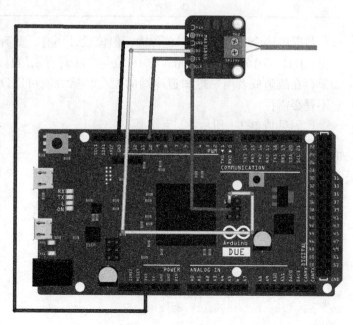

图 7-3　硬件原理图

一直进行温度转换和异常检测，一旦 SS 引脚置低，转换过程结束并开始数据传输。

K 型热电偶线连接到附加板，但要注意极性。Adafruit 热电偶线和接口板有相应的连接说明文档。如果线缆太长，不要把多余的线放入你需要读取温度的设备内，应将多余的线放在外面。

有好几个版本的 MAX31855 芯片：每根电缆类型对应一种芯片。Adafruit 的接口板上芯片只支持 K 型热电偶。将线缆连接到接口板时，注意极性（红色和黄色线）。

7.6.2 程序

现在硬件连接已经完成，下一步就是编写代码。程序中通过 SPI 总线与 MAX31855 进行通信，数据手册介绍了数据如何传输。MAX31855 发送 32 位数据（除非 SS 信号失效），对应几条信息。传输见表 7-3。

表 7-3   MAX31855 数据输出

位	名　　称	功　　能
D [31：18]	14 位热电偶温度数据	包含 14 位有符号热电偶温度
D17	保留	始终读为 0
D16	异常	异常读为 1，其他为 0
D [15：4]	12 位内部温度数据	包含 12 位有符号冷结点温度
D3	保留	始终读为 0
D2	SCV 异常	如果热电偶短接到 VCC 则读为 1
D1	SCG 异常	如果热电偶短接到地则读为 1
D0	OC 异常	未连接时读为 1

数据以一个 32 位的数据包传输，但该设计还有一些有趣之处。它可以被看作两个 16 位的值：D31 ~ D16 和 D15 ~ D0。前 16 位包含所有有用信息：热电偶上的温度和异常检测位。如果存在故障或者用户想知道冷端的温度，然后就可以读取第二个 16 位数据，除此之外，它不是必需位。

代码见清单 7-1 所示：

清单 7-1：数字温度计程序（文件名：Chapter7. ino）

```
1    #include <SPI.h>
2
3    const int slaveSelectPin = 10;
4
5    void setup()
6    {
7      Serial.begin(9600);
8
9      // 在10脚上初始化设备的总线
10     SPI.begin(slaveSelectPin);
11   }
12
```

```
13   void loop()
14   {
15     // 读取4个字节的数据
16     byte data1 = SPI.transfer(slaveSelectPin, 0, SPI_CONTINUE);
17     byte data2 = SPI.transfer(slaveSelectPin, 0, SPI_CONTINUE);
18     byte data3 = SPI.transfer(slaveSelectPin, 0, SPI_CONTINUE);
19     byte data4 = SPI.transfer(slaveSelectPin, 0, SPI_LAST); // Stop
20
21     // 创建两个16位变量
22     word temp1 = word(data1, data2);
23     word temp2 = word(data3, data4);
24
25     // 读数是否为负数
26     bool neg = false;
27     if (temp1 & 0x8000)
28     {
29       neg = true;
30     }
31
32     // MAX31855是否报告错误
33     if (temp1 & 0x1)
34     {
35       Serial.println("Thermocouple error!");
36       if (temp2 & 0x1)
37         Serial.println("Open circuit");
38       if (temp2 & 0x2)
39         Serial.println("VCC Short");
40       if (temp2 & 0x4)
41         Serial.println("GND short");
42     }
43
44     // 只保留我们感兴趣的位
45     temp1 &= 0x7FFC;
46
47     // 移动数据
48     temp1 >>= 2;
49
50     // 创建一个celcius变量,热电偶温度的值
51     double celsius = temp1;
52
53     // 热电偶返回0.25℃的值
54     celsius *= 0.25;
55     if (neg == true)
56       celsius *= -1;
57
58     // 现在打印出数据
59     Serial.print("Temperature: ");
60     Serial.print(celsius);
61     Serial.println();
62
63     // 休息2s
```

```
64    delay(2000);
65  }
```

第 1 行，导入 SPI 库，因为是 Arduino Due，所以 Arduino IDE 版本必须是 1.5 及以上版本。第 3 行，声明一个常量，该常量的值对应于 SS 引脚，程序需要此信息。因为要用到扩展库，Arduino 将自动激活 SS 引脚，你不需担心。

第 5 行，调用 setup( ) 函数进行声明。第 7 行配置串行输出，第 10 行，SPI 子系统初始化一个 SS 引脚并声明为其（slaveSelectPin）赋值。

第 13 行，声明 loop( ) 函数。这将包含 SPI 所有函数以及完成打印温度操作。第 16 行，调用 SPI 读数据函数。通过调用 SPI 并读取变量 slaveSelectPin 的值，Arduino Due 将自动拉低 SS 引脚。对于 MAX31855，它具有初始化通信的作用；MAX31855 将等待一个有效的时钟把 32 位数据写入主机。通过使用变量 SPI_CONTINUE，SS 引脚保持低电平，因为你需要读取 32 位数据，transfer( ) 函数每次只能发送或者接收 8 位数据，故需要调用 4 次，前三个字节使用参数 SPI_CONTINUE，最后一个字节使用参数 SPI_LAST，表明这是最后一次传输数据，然后 Arduino 将 SS 引脚置高，这都将自动完成。

4 次调用发送的值都为零。因为 MAX31855 没有连接到 MOSI 引脚，你可以尝试发送任何数据给它；但都会被忽略。

现在数据包含在 4 个字节中，前 14 位包含温度数据，占用 2B，但该如何使用呢？MAX31855 的设计者在数据输出方面做了很多努力，可以将数据分离成 2 个 16 位的值，或者 2 个"字"。为了创建 2B 的字，你可以使用 word( ) 函数。该函数接收两个单字节变量并将它们合并为一个 16 位的字，如第 22、23 行代码所示。

第 26 行，声明一个布尔型变量。根据数据手册，第 31 位表示温度符号位，现在读取该位，数据将稍后传输。第 27 行，执行逻辑与运算，与 0x8000 比较；它是位掩码，用于访问数据中的特定字节（见 6.3.2 节的讨论），如果该值为真，则第一位为 1，意味着温度是负值，然后变量 neg 将更新。

第 16 位表示异常状态，若为真，那么 MAX31855 将报告错误并和第二个 16 位值按位进行比较，其中第 0、1、2 位表示特定异常状态。

第 45 行，创建一个屏蔽位，前 16 位数据对应温度，但你并不需要所有位的数据，通过创建一个屏蔽位可以过滤不需要的位。基于此，第 1 位和符号位不需要，已经存放在一个变量中，最后两位无用数据也被丢弃，但当前数据仍然不能直接使用，最后两位被丢弃并都为零，将现在的数据移位并对齐之后就得到正确的数据。

第 51 行，创建一个新的双精度浮点型变量。在 Arduino Due 中，双精度浮点型变量是 64 位精度的浮点值。因为 MAX31855 的返回值增量为 0.25℃，使用浮点型或者双精度浮点型变量都能够保证精度，首先，将 16 位的值赋值给该变量，然后乘以 0.25 就是正确的摄氏温度。

最后，温度可能是负数。在第 55 行做一个检测，如果是负值则将温度乘以 −1。

第 59 行，温度被写到串口，Arduino 会等待 2s。MAX31855 继续监控并转换温度，当

SPI. transfer( ) 下次在 loop( ) 中调用时，MAX31855 直接将温度传输给 Arduino 而不需等待。

7.6.3 练习

以上程序以摄氏单位显示温度，没有华氏单位。可尝试添加一个将摄氏度转换为华氏度的功能，转换的实质只是数学公式，华氏度等于摄氏度乘以 1.8 之后再加上 32。

MAX31855 被设计成前 16 位对应温度数据，包含一个异常位。在正常操作下不需要后 16 位。如果发生异常，需知道该怎样修改程序去读取后 16 位数据。

以上程序适用于 Arduino Due 开发板，如果要在 Arduino Uno 上使用，则需要修改代码。尝试使用标准 SPI 命令让该程序在 Arduino Uno 上运行。

7.7 小结

在本章中，你已经看到了如何使用 SPI 总线和传感器进行通信，并且你已经设计了一个传感器板。在下一章中，你将看到 Arduino 常用的另外一种通信协议：I^2C 协议。

第8章

Wire

本章将介绍下列函数：

- begin( )
- beginTransmission( )
- write( )
- endTransmission( )
- read( )

- available( )
- requestFrom( )
- onReceive( )
- onRequest( )

本章例程中用到的硬件包括：

- Arduino Uno ×2
- Arduino Due

- Silicon Labs 公司的传感器试验板

你可以在 http://www.wiley.com/go/arduinosketches 的 Download Code 选项卡下载本章的代码，代码存放在 Chapter 8 文件夹，文件名是 chapter8.ino。

8.1　Wire 的简介

I^2C 连接线（Inter-IC 总线的简称）是一种串行总线，用来连接各种外围设备。Arduino 的硬件串行总线在同一时刻只能连接一个外围设备，SPI（见第 7 章）可以同时连接 3 个设备。早在 1982 年，飞利浦公司就制定出 I^2C 标准。这不是重点，重点在于，这个标准只需要两根线，就可以完成数以百计的设备寻址。虽然 I^2C 第一次是用在电视接收机中，但此后广泛地用于汽车、计算机系统中，一些电子业余爱好者也在使用。在同一个网络中，使用 I^2C 连接多个设备（不到 100 个）不仅容易实现，而且成本也相当低廉。

最初，只有很少的 I^2C 设备，现如今，I^2C 设备已经遍布世界的各个角落了。温度传感器、压力传感器、加速度传感器、显示器，甚至 EEPROM 都是 I^2C 通信（简单的读写）。图 8-1 就是

图 8-1　I^2C EEPROM 集成电路

一个基于 I²C 控制的 EEPROM。

I²C 是基于主从系统的总线，主机寻址从机并发出请求信息，然后从机回复，在主机再次请求通信之前保持沉默。最先的 I²C 规范允许最高通信速率达 100kHz，2012 年最新规范支持 5MHz 的时钟速率。I²C 还有一个别名叫两线接口（TWI），这个名字是从 Wire 库而来。

8.2 连接 I²C

I²C 需要两根数据线，以及一个公共地。两个数据线分别是 SDA（数据线）和 SCL（时钟线）。在 I²C 网络里，所有设备都是由这两根线连接在一起。SDA 和 SCL 都是漏极开路，意味着设备可以达到低值但是无法提供电能，那么电能将从主电力线上直接获取。I²C 要工作，这两根线必须接上拉电阻，如图 8-2 所示。电阻一般取 4.7 kΩ。Arduino 内部上拉电阻在 I²C 初始化的时候将自动激活，如图 8-2 所示。

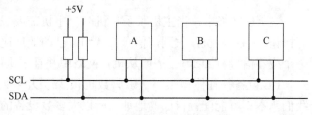

图 8-2 SDA 和 SCL 上拉电阻

连接多个 I²C 设备相当容易实现，无须挑选芯片、激活芯片方面的知识。所有的 SDA、SCL 引脚都分别连在一起，I²C 协议规定了电路将如何响应各个设备的请求。

8.3 I²C 协议

I²C 是主从系统总线，主机发出启动信号，从机响应。每一个 I²C 从机都有唯一的地址，主机必须发送这个地址到网络，这样才能得到从机的响应。I²C 协议有几点说明，在选择设备的时候需要慎重考虑，容易混淆地址。

8.3.1 地址

早期 I²C 协议规定 7 位地址，之后扩展为 10 位地址。部分供应商说 8 位地址，但是从技术上讲，这是不存在的，原因如下。

I²C 只能接受或发送 8 位的整数倍（8、16 以此类推），对于 7 位地址的情况，地址当然只有 7 位长，最后一位用来选择读或写，所以一共 8 位。同样对于 10 位的情况，稍微复杂点。还是有 R/W 位，不过前 5 位是 11110，地址还是 7 位，只不过这样可以告知系统后面的另一个字节将作为本地址的补充。图 8-3 是 7 位和 10 位地址的示意图。

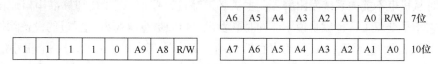

图 8-3 7 位和 10 位地址示意图

前面提到，一些供应商所说的 8 位地址，从技术上讲，根本不存在。供应商将给 8 位地址的设备提供两种操作——读、写。前面 7 位没影响，但是最后一位如果是 1，则表示读操作，若果是 0，则表示写操作，如图 8-4 给出的例子。

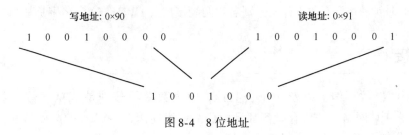

图 8-4　8 位地址

在 I^2C 网络中，当主机联系从机时，主机需要发送两个重要的信息——从机地址、读/写操作。一旦从机接收到该信息，就和自己的地址比较，如果地址匹配，从机将向主机发送一个应答信号（ACK），表明从机在网络中并且主机可以向其发布命令。

I^2C 设备往往体积很小，引脚数也很少（大多数都是 mini 型）。因此，对于这些设备，我们基本不可能配置自己的地址。所以大多数设备的地址是由生产商代劳的。在一个普通的计算机网络中，经常出现好几个同类型的用户可设定 IP 地址（每台计算机都有唯一的 IP）的计算机。在 I^2C 网络中，不可能出现两个完全一样的传感器使用同一个地址。在同一个网络中，可以有好几个传感器，其中有些是可以通过输入引脚来修改地址的。具体操作是将传感器的一个引脚或者多个引脚和 +5V 或者 0V 相连，就可以设定地址了。比如说你现在有几个温度传感器，地址是 0x90、0x91 和 0x92，如图 8-5 所示。

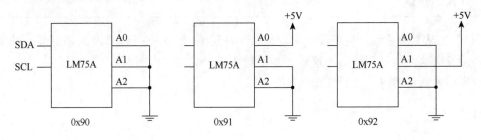

图 8-5　配置不同的地址

8.3.2　通信

I^2C 的工作机制是主从模式，主机要么给从机发送信息，要么接收从机的请求信息。在释放总线前，主机负责启动连接，这样从机才可以通信。从机在未经许可时，是不能进行通信的，同时从机也不能向系统发出警告；主机必须筛选这些信息。I^2C 和标准串口通信的最大不同就是它不是全双工，也就是说不能同时既发送又接收数据（特殊配置过的设备除外）。

为了和设备相互交流，I^2C 使用寄存器机制。寄存器其实是设备上的一个很小的存储空间，可以用来存储数据，它可以被读或写（有时候才可以），这都取决于所包含的数据类型。比如，现在有一个温度传感器，它的寄存器中保存的是当前温度值。当主机只读取寄存器中的内容，而不直接读取温度值时，这个时候温度传感器必须要有用来保存温度的寄存器，除此之外可能还有配置寄存器（摄氏度或华氏度）、警告寄存器（温度到达阈值，将触发中断）以及一些特殊功能的寄存器。为使你更加深入地理解这部分内容和读/写这些数据，还需知道以下几点：

- 从机地址
- 寄存器编号
- 读/写操作
- 接收数据长度

重要的是要知道有多少数据发送和接收。每一个 I^2C 设备大相径庭，只有一个可写寄存器的设备能够直接接收单个字节的数据；还有一些设备有好几个可写寄存器，这就可能需要你先发送寄存器的编号，然后才发送内容。I^2C 描述了接收和发送数据的一种方式，但是对于你自己的具体实现，还得由你的需要决定。

所有的 Arduino 都有一对 I^2C 引脚。Arduino Due 有两组单独的 I^2C 总线，SDA、SCL 和 SDA1、SCL1。I^2C 预留引脚见表 8-1。

表 8-1　不同 Arduino 开发板的 I^2C 引脚

开　发　板	SDA	SCL
Uno	A4	A5
Ethernet	A4	A5
Mega2560	20	21
Leonardo	2	3
Due	20	21

8.4　进行通信

要在 I^2C 总线上通信，首先，Wire 库必须被初始化。正如使用所有 Arduino 库一样，你必须先导入库。有两种方式：其一，从 Arduino IED 中添加，Sketch ⇨ Import Library ⇨ Wire；其二，手动添加到程序中。

```
#include <Wire.h>
```

为了声明 Arduino 是作为一个 I^2C 设备，需调用 Wire. begin( ) 函数，如果这个 Arduino 是作为从机，你还必须为其指定一个地址。

```
Wire.begin(address); // 配置该Arduino为一个I²C从机
```

主机无需地址，因为它们可以随意发起通信并且自动接收所有的请求。为了声明 Arduino 作为一个主机，需调用 Wire. begin( ) 函数，无地址参数。

```
Wire.begin(); // 配置该Arduino为一个I²C主机
```

8.4.1　主机通信

在大多数项目中，Arduino 一般是作为 I^2C 主机，负责给从机发送消息和侦听响应。要建立一个 I^2C 消息，需如下步骤：

- 开始传输
- 写数据
- 结束传输

这些步骤可以给指定的从机创建一个通用的 I^2C 消息，无需封装，当从机应答了，无需启动或结束传输，写操作也可以被执行。数据请求也只需用简单的函数封装一下就可以了。

1. 发送消息

I^2C 协议规定，主机通信必须在单次传输中完成。为了防止信息出错，一般在发送前就要将信息创建好。

要发送数据，程序首先要调用 Wire. beginTransmission( ) 函数来建立一个传输结构体，这需要一个参数——目标地址。

```
Wire.beginTransmission(address);
```

然后程序调用 Wire. write( ) 函数得到队列数据，该函数有三种不同的调用方式。其一，以字节作为参数往队列里添加；其二，以字符串作为参数往队列里添加；还有就是以数组作为参数，这里要说明一点，以数组作为参数时，还需要另一个参数——要发送数据的长度。Wire. write( ) 函数返回数据添加信息，无需理会。

```
Wire.write(value); // 添加一个字节
Wire.write(string); // 添加一个字符串
Wire.write(data, length); // 添加一个指定字节数量的数组
number =Wire.write(string); // 存储添加在变量中的字节数
```

Wire. endTransmission( ) 函数表示信息的结束，同时也将该信息发送出去。该函数有一个可选参数——总线释放参数。如果是 TURE，停止信息将被发送，I^2C 总线空闲；如果是 FALSE，重启信息将被发送，I^2C 总线不释放，此时主机可以继续发送命令。在默认情况下，总线都是处于空闲状态。

```
Wire.endTransmission(); // 发送消息
Wire.endTransmission(stop); // 发送消息并关闭连接
```

Wire. endTransmission( ) 函数返回一个状态字节，具体见表8-2。

表8-2　传输错误信息表

返 回 代 码	结　　果
0	成功
1	数据太长，不适合发送缓冲区
2	在发送地址时接收 NACK

（续）

返 回 代 码	结　果
3	在数据传输时接收 NACK
4	未知错误

2. 请求消息

在请求信息时，主机执行读操作，并指明目的地址和从机要发送的字节数。创建整个信息只需要一个简单的函数，这就是 Wire. requestFrom( ) 函数。该函数有两个常用参数以及一个可选参数。第一，必须指明目标地址（不然就不知道是哪个从机接收信息和发送数据了）；其次，必须指明数据多少（不然怎么知道主机要多少数据）；然后，就是这个可选参数，用来指明总线要不要释放。

```
Wire.requestFrom(address, quantity);
Wire.requestFrom(address, quantity, stop);
```

Wire. requestFrom( ) 函数功能是创建信息并立马把信息发送到 I^2C 总线上。现在我们已经发送了请求，接下来就可以用 Wire. read( ) 函数来读取信息了。

```
data = Wire.read(); // 将信息存储在变量中
```

Wire. read( ) 函数从输入缓冲区中读取单个字节，如果是多字节信息，就需要多次调用该函数（每次一个字节）。请求了很多数据，未必从机就发了这么多数据过来，很可能漏发，这个时候就可以调用 Wire. available( ) 函数来查看缓冲区中的数据可不可靠。

```
number = Wire.available();
```

Wire. available( ) 函数不仅可以查看缓冲区，还返回剩余的字节。如果数据缺失不是因为阻塞引起的，而是由于数据不可靠导致的话，还可以用 Wire. read( ) 函数创建一个程序来检查，如下：

```
while(Wire.available()) // 只要有数据等待,就重复
{
  char c = Wire.read(); // 读取一个字节
  Serial.print(c); // 打印字节
}
```

8.4.2　从机通信

大家都想用 Arduino 作为主机来控制网络，但是在有些时候，比如说有多个 Arduino 在网络中，这个时候就需要把其中某个（或某几个）Arduino 当作从机使用。Arduino 还有一个得天独厚的优势，即可以人为设定地址。I^2C 网络最大容量是 128 个从机，完全胜任你的需求。

我们不知道 I^2C 主机什么时候发送命令或者请求信息，程序也无法知道一个信息要等待多久。这个时候就需要给程序一定的权限，允许它一直等待 I^2C 请求，Wire 库允许你创建一个

回调函数，当一个事件发生时，将自动调用回调函数。I^2C 的回调函数是 Wire. onReceive( )、Wire. onRequest( ) 函数，前者是 Arduino 接收信息时调用，后者是 Arduino 被请求信息时调用。

1. 接收信息

主机向从机发送信息时调用 Wire. onReceive( ) 函数，为了实现该回调，我们必须编写一个函数，函数名随便你自己取，但是需要提醒一点，该函数必须要有一个整型参数，用来表示从主机接收的字节数。

```
void receiveData(int byteCount)
{
  // 把你的代码放在这里
}

Wire.onReceive(receiveData); // 创建回调函数
```

当 Arduino 从机接收到信息时，Wire 库就会调用该函数，要接收单个字节，就调用 Wire. read( ) 函数。

```
data = Wire.read();
```

就像作为一个主机通信一样，Wire. read( ) 函数从 I^2C 缓冲区中读取 1 个字节并返回该数据。同样，如果想知道缓冲区中剩余的字节数，可以用 Wire. available( ) 函数来实现。

```
number = Wire.available();
```

当然，这两个函数一般一起使用⊖：

```
while(Wire.available())
{
  data = Wire.read();
  // 用数据做一些事情
}
```

2. 发送信息

当 Arduino 从机被要求发送信息时，Wire 库就要调用之前提到的 Wire. onRequest( ) 函数。同样，该函数名还是由你自己取，只不过该函数无需参数，并且也不用返回值。

```
void sendData(void)
{
  // 把你的代码放在这里
}
Wire.onRequest(sendData); // 创建回调函数
```

值得一说的是，必须调用 Wire. write( ) 函数准备好主机需要的数据。

3. 示例程序

在本示例中，需要两块 Arduino 板子，一个当作主机，一个作为从机，两者用 I^2C 总线

⊖ 这样做内存开销小，程序效率更高。——译者注

连接。因为 Arduino 有内部上拉电阻，所以电路十分简单。两块板子的 SDA、SCL 对连，不要忘记两块板子的地必须连在一起⊖，只需要三根线，就可以了。可能你会问，之前不是说 I²C 是两线制吗，怎么现在成三线了。I²C 确实是两线制，它一般都用在独立设备里面，电源、地本来就是连在一起的，所以就没必要再连起来了。I²C 也可以用在设备间的通信中，就像本示例，但是可别忘了把地线连在一起，否则 I²C 很可能就无法工作。

　　硬件连接完毕，接下来就要说一下本示例想做什么。主机给从机发送信息，让从机控制板载 LED，主机发 "0" 关灯，发 "1" 开灯。主机也可以向从机发送请求，获知 LED 的当前状态，然后主机也控制自己的板载 LED，所以实验的最后你将看到两对板载 LED 完美同步闪烁。

　　是时候编写程序了，先写从机的程序，如清单 8-1 所示。

清单 8-1：从机（文件名：Chapter8Slave. ino）

```
1    #include <Wire.h>
2
3    #define SLAVE_ADDRESS 0x08
4    int data = 0;
5    int state = 0;
6
7    void setup()
8    {
9      pinMode(13, OUTPUT); // 内部LED
10     Serial.begin(9600);
11     Wire.begin(SLAVE_ADDRESS); // 初始化为I²C从机
12
13     // 注册I²C回调
14     Wire.onReceive(receiveData);
15     Wire.onRequest(sendData);
16   }
17
18   void loop()
19   {
20     // 不做操作
21     delay(100);
22   }
23
24   // 数据接收回调
25   void receiveData(int byteCount)
26   {
27     while(Wire.available())
28     {
29       data = Wire.read();
30       Serial.print("Data received: ");
31       Serial.println(data);
```

⊖　这样才有共同参考电平。——译者注

```
32
33      if (data == 1)
34      {
35        digitalWrite(13, HIGH); // 打开LED
36        state = 1;
37      }
38      else
39      {
40        digitalWrite(13, LOW); // 关闭LED
41        state = 0;
42      }
43    }
44  }
45
46  // 发送数据回调
47  void sendData()
48  {
49      Wire.write(state); // 发送LED状态
50  }
```

我们把程序逐行理解一下。第 1 行，包含 Wire 库头文件。第 3 行，声明 SLAVE_AD-DRESS，这是 I²C 从机地址，后面会用到。

第 7 行，定义 setup() 函数，该函数包含了程序正常运行的所有函数。由于 13 脚有板载 LED，所以将其设置为数字输出。第 11 行，I²C 完成初始化，由于指定地址为 SLAVE_ADDRESS，所以该板子将作为 I²C 从机。要让 I²C 从机好好工作（接收或者发送数据），程序中起码要有一个回调函数（前面讲的那两个），在本例中，两个都要用到。

第 14 行，创建一个回调函数，当接收到数据时，就会调用该回调函数。该回调函数用到在第 25 行声明的 receiveData() 函数，第二个回调函数是在从机向主机提供数据时调用，用到第 47 行声明的 sendData() 函数。

为什么 loop() 函数是空的？这是因为程序只需响应 I²C 消息以及当缓冲区为空时才动作，所以 loop() 函数不需要做任何事。

第 25 行，声明 receiveData() 函数。由于回调函数的原因，所以每次接收到数据时 receiveData() 函数就要被调用一次。它需要一个参数——接收的字节数（byteCount）。由于本示例的要求，在某一时刻只有 1 个字节被接收，所以接收到的每一个字节都会立即处理。在其他的项目里，可能用来区别传输类型。

第 27 行，程序运行到 while 循环中，只要缓冲区中数据非空，就一直重复。第 29 行，Wire. read() 函数把数据读入到变量 data 中。最后，如果接收到的数据是 1，则 LED 亮，反之，则灭。

第 47 行，定义了 sendData() 函数，我们不难看出该函数十分简单，它就是当接收到请求时，发送出 LED 的状态（1B）。因为这只是一次应答，所以无须创建一个消息，程序将免费发送 1 个字节给主机。

编完从机，接下来编写主机程序，如清单 8-2 所示。

清单 8-2：主机程序 （文件名：Chapter8Master. ino）

```
1    #include <Wire.h>
2
3    #define SLAVE_ADDRESS 0x08
4    int data = 0;
5    int state = 0;
6
7    void setup()
8    {
9      pinMode(13, OUTPUT); // 内部LED
10     Serial.begin(9600);
11     Wire.begin(); // 初始化为I²C主机
12   }
13
14   void loop()
15   {
16     Wire.beginTransmission(SLAVE_ADDRESS); // 准备消息到从机
17     Wire.write(1); // 发送一个字节,LED亮
18     Wire.endTransmission(); // 结束消息,传输
19     digitalWrite(13, HIGH); // 打开LED
20
21     delay(10); // 给从机时间做出反应
22     printLight(); // 从机的状态是什么
23
24     delay(1000);
25
26     Wire.beginTransmission(SLAVE_ADDRESS); // 准备消息到从机
27     Wire.write(0); // 发送一个字节,LED灭
28     Wire.endTransmission(); // 结束消息,传输
29     digitalWrite(13, LOW); // 关闭LED
30
31     delay(10); // 给从机时间做出反应
32     printLight(); // 从机的状态是什么
33
34     delay(200);
35   }
36
37   void printLight()
38   {
39     Wire.requestFrom(SLAVE_ADDRESS, 1); // 从从机请求1个字节
40
41     data = Wire.read(); // 接收1个字节的数据
42     switch (data)
43     {
44       case 0:
45         Serial.println("LED is OFF");
46         break;
47       case 1:
48         Serial.println("LED is ON");
49         break;
```

```
50      default:
51        Serial.println("Unknown status detected");
52        break;
53    }
54  }
```

和从机程序一样，首先包含 Wire 库头文件和定义从机地址。除了第 11 行外，setup ( ) 函数也和从机一样。因为这是主机程序，所以 begin ( ) 函数无须地址参数。

和从机不同的是，主机的 loop ( ) 程序。它需要通知从机打开板载 LED，等待几毫秒，然后再关闭。每次传输后，主机都要发送请求，获知 LED 的当前状态。

第 16 行，开始创建一个消息。Wire. beginTransmission ( ) 函数有一个参数——目标地址。创建的消息在缓冲区中，但是不发送。Arduino 将自动转换成所需格式。第 17 行，往信息中添加数值 "1"（根据项目要求，给从机发送 1 是打开 LED）。添加了指令，但是消息还不完整，还需要一步：Wire. endTransmission ( ) 函数。第 18 行，就完成得非常漂亮。通过默认设置，发送消息，释放 I^2C 总线。

为了说明发生了什么，主机还会打开和关闭 LED。这是第 19 行所做的操作。在第 22 行，printLight ( ) 被调用。此函数在第 37 行声明。它从从机请求一个字节，并以可读格式打印结果。

调用 Wire. requestForm ( ) 函数，便可获得来自从机的请求数据，本示例在第 39 行实现。该函数第一个参数是地址，在本示例中，就是从机的地址。第二个参数是返回的字节数，本示例中，就只有一个字节。当命令发送后，就开始读数据（第 41 行）。然后数据进入 switch 语句中，执行相应操作。

当程序实现了打开从机板载 LED 后，发送关闭指令，重复整个过程。

4. 练习

通过发送 1 个字节就可以控制一个 LED，发送 2 个字节，就可以控制几个 LED。试着修改程序，以此来控制多个 LED。记住，I^2C 协议可以发送多个字节。怎样把你的想法告诉从机，由你决定。你想到了什么解决办法了吗？

8.5   陷阱和缺陷

I^2C 协议并不简单，因此出现问题在所难免。好在这些问题比较容易解决，并且大多数电子元件都是用的标准 I^2C 版本，也无形中简化了使用。

8.5.1   不同电压

大多数 Arduino 采用 5V 电压，但是有些 I^2C 电路只需要 3.3V，有时甚至更低。如果你需要用到 3.3V 设备（如本章示例），你有三种选择。其一，你可以使用 3.3V 的 Arduino Due，本章便是如此；其二，你也可以使用一个电平转换器，它可以把 3.3V 转为 5V；其三，你还是可以冒险使用 5V 设备，只不过容易出现意想不到的问题。

I^2C 是开漏型总线，这就表示其工作的能量来自于自己的上拉电阻。Arduino 的 I^2C 引脚内部有上拉电阻，所以将自动把总线上拉到 5V 电平。如果包括 3.3V 外部上拉电阻（比如由 Arduino 提供），那么最终电平就略微高于 3.3V，所幸大多数设备都可以处理高达 3.6V 的信号。

输入电压也是一个问题。Atmel AVR 规范指出当 I^2C 输入达到以及超过电源电压 0.7 倍就被认为是高电平。对于 5V 系统而言，也就意味着信号必须达到 3.5V，对于有两路 3.3V 外部上拉电阻的 I^2C 来说，没问题，但是几乎是没有多余的变化空间。几乎在所有情况下，它都可以正常工作，但是还是得注意。虽然我从未听说过 I^2C 设备或 Arduino 因此受到损坏，但是如果你有一个旷日持久的项目或者正在制作一个专业的开发板，你可能要考虑其他的技术来避开这样的问题。

8.5.2 总线速率

I^2C 中有太多总线频率；最初的总线速率是 100kHz，后来有 400kHz、1MHz、3.4MHz 以及 5MHz。使用极速模式传输（5MHz）的组件是很罕见的，同时也是相当的专业。大多数标准组件采用 100kHz 总线速率，但是不要混用总线速率。所有组件使用相同的总线速率，这是由主机确定的。Arduino 使用 100kHz 时钟速率是可编程的，也可以改变该速率，只不过这就涉及 Arduino 编程环境的源代码了，已经超出了本书的范围。对于 Arduino 标准应用程序，总线速率限制在 100kHz 之内，对于大多数传感器来说，绰绰有余了。

8.5.3 I^2C 扩展板

有些扩展板要求要有 I^2C，这对部分开发板来说也会是一个问题。比如你是 Arduino Uno，它的 I^2C 引脚是 A4 和 A5，但是对于 Arduino Mega2560，它的 I^2C 引脚就是 20 和 21，所以在使用 I^2C 扩展板的时候要格外注意。

8.6 小结

在本章，你已经学会了如何连接 I^2C 设备，清楚了它们是如何通信的，你也知道了如何把 Arduino 配置为 I^2C 的主机或者从机。

在下一章，你将了解以太网协议和学习如何用它把计算机连入网络。我将教你如何把你的 Arduino 连入本地网络，如何配置开发板，以及讲解客户端和服务器之间是如何通信的。

第9章

Ethernet

本章主要讨论 begin( ) 函数，运行本章示例代码所需硬件如下：

- Arduino Uno
- Arduino 以太网扩展板
- 光敏电阻

你可以在 http：//www. wiley. com/go/arduinosketches 的 Download Code 选项卡下载本章的代码，代码存放在 Chapter 9 文件夹，文件名是

- Chapter9client. ino
- Chapter9server. ino

9.1　以太网的简介

早期的个人计算机没有互连，它们是彼此独立的设备，主要用于计算用户输入并把计算结果反馈给用户。当文件需要从一台计算机转移到另外一台计算机时，使用软盘来完成。

在计算机科学方面取得进展也意味着文件变大；因为计算机有更多的内存并可以做更快的计算，结果也可能会更大。很快，软盘显得太小，无法进行信息交换。检索数据时耗时太久；台式计算机根本无法存储所有它所需的信息，当一台计算机上的文件被修改时，其他计算机却并不知道。显而易见，这不得不改变，而且计算机必须彼此之间进行通信。

在计算机出现之前，串行通信被广泛使用，并且这也是连接两台计算机的早期方法。但是，它的速度使这种类型连接变得不切实际。此外，它最多只能连接两台计算机。虽然工程师使用串行连接设计了一些有趣的方式能够连接 3 台或者 4 台计算机，但直至今天，这项技术根本不能连接计算机。

此外，军事需求促进了计算机行业的快速发展。在 20 世纪 50 年代末，网络计算机的主要用途之一便是军用雷达。不久之后，航空部门接管，两家航空公司订票主机被连接起来。问题在于，有多少台计算机需要连接呢？几十个？数百个？可能数千个？当时，没有人能够想象到它们所做之事会带来什么样的影响，也不可能想到互联网。1969 年，三所大学和一

所研究中心都使用 50kbit/s 的网线连接在一起。研究成果能够共享，并且消息可以在研究人员之间传输。

越来越多的公司和机构认为有必要连接他们的办公室和实验中心，并将上千台机器联网接入一个小型的、独立的网络。随着同一网络上越来越多的计算机的需求产生，原始网络设计已无法满足流量的增长。网络架构成为系统管理员的噩梦；在某些情况下，在网络中添加一台计算机需要强制断开所有其他设备，然后再尝试重新连接。这使网络变得庞大并在远距离连接方面需要做进一步改善，1973 年，以太网标准在施乐帕克研究中心提出，并于 1980 年推向市场，1983 年标准化。最初的版本提出了高速吞吐量——10Mbit/s 数据。这样的速度，后来提高到 100Mbit/s，然后在家庭网络中最高速度为 1Gbit/s。以太网支持速度高达 100Gbit/s。

9.2　以太网

以太网描述了 2 台或者多台计算机之间的物理连接，设备之间的电信号和电缆的物理形式。其他几种网络技术已经被用于计算，如令牌环和 ARCNET，但以太网仍然处于主导地位。

9.2.1　以太网电缆

以太网电缆有双绞线和光纤电缆，但对于大多数家庭和办公室使用，只有双绞线。双绞线是两根导线互相缠绕来抵消电磁干扰，电缆有几个类别，但物理连接都相同，如图 9-1 所示。

以太网的特点是其灵活性，两端具有相同的连接器，任何一端都能连接到设备。从最短（用于连接开关）到最长（有时用于将两个建筑物在一起形成网络），电缆有各种长度。

6 型电缆是用于千兆网络，换句话说就是该网络每秒可以发送 10 亿比特的数据。6 型电缆有很好的电磁屏蔽措施，这就使得它们比 5 型和 5E 型电缆更重，更难以弯曲，

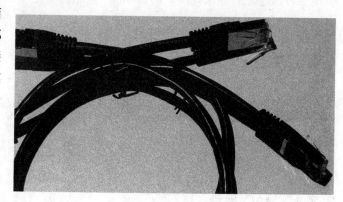

图 9-1　以太网线缆

同时它们也更为昂贵。5E 型电缆也可用于千兆网络，但它们的信号传输速率很低且很容易受到电磁干扰。通常，Arduino 以太网接口的传输速率是 10Mbit/s 或 100Mbit/s，所以采用 5E 电缆就可以了。

9.2.2　交换机和集线器

标准以太网电缆可将两台计算机连接在一起，但连接两台以上的计算机，你必须使用特

殊的设备。集线器是相对较老的技术，它可用于连接多台计算机或者设备。一个 8 口集线器能够连接 8 台计算机，甚至用于连接到多个集线器，支持大型设备网络。集线器很便宜，但有一个缺点：它们把数据包，即小片信息组合在一起，形成一个更大的信息，并将其转发到每个网络中的设备，甚至包括那些不应该接收此信息的设备。因此，所有在网络上的计算机筛选所有输入的流量，以及多个通信不可能在同一时间发生。为了避免这种情况，交换机应运而生。

交换机是接收数据包并检查数据包去向的网络设备。当有数据时，它将数据包发送到唯一正确的端口。此时，交换机上的所有其他设备都能自由通信。如今，集线器已经很难找到，但交换机却遍地开花。在你的调制解调器的后面，你可能会发现一些以太网电缆的 RJ45 连接器，那些通道的设备就是一个交换机。

9.2.3　以太网供电

以太网供电（PoE）是以太网电缆直接为远程设备供电的一种方式。供电通过一根绞线传输，正因为如此，使用 PoE 电缆通常不具备千兆传输能力。但也有例外的，只是目前的价格昂贵。

Arduino 通常没有 PoE 设备，并不能使用 PoE 供电电缆，除非增加一个可选模块。Arduino 的以太网有一个选项允许 PoE，让 Arduino 直接从电缆供电。这意味着你的 Arduino 不需要由电池、USB 或通过插座连接器供电，但它确实需要 PoE 交换机或供电器来给 Arduino 供电。可以想象，你家花园里的 Arduino 传感器不是采用市电供电，而是通过网线为其提供电力。

9.3　TCP/IP

以太网是将计算机连接在一起组成一个大型或者小型网络的物理手段，但允许程序彼此交互，还需要一个应用层，最常用的是 TCP/IP。

TCP/IP 相对复杂，但对于大多数常用部分，它又容易理解。每个设备都具有一个地址，数据发送到该地址即可。

9.3.1　MAC 地址

MAC 地址是网络接口的硬件地址。每个设备有其自己的特定的地址，理论上任何两个设备不可能有相同的 MAC 地址。

9.3.2　IP 地址

IP 地址由用户或网络管理员定义。它是用于标识网络设备，发送和接收信息的地址。当然可能会使用相同的地址，事实上，每天如此。你的调制解调器可能有类似 192.168.0.1 的本地地址，你的邻居可能也有这个地址。

IP 地址由 4 个字节组成。通常情况下，前 3 个字节表示网络，第 4 个字节是网络上的机器号。例如 192. 168. 0. XXX 是一个"内部"网络，被因特网屏蔽，但你可以添加任何设备。

9. 3. 3　DNS

人类善于记忆文字，但记忆数字却稍逊一筹。当你想连接到 Wiley 出版社网站并获取有关新书的更多信息，你可以在浏览器输入 http：//www. wiley. com。然而，机器间的相互连接只是通过它们的 IP 地址，上面的地址并不指定某一台机器。毫无疑问你肯定会记住 www. wiley. com，但你能记住 208. 215. 179. 146 吗？可能不会，为了解决这个问题，发明了 DNS。DNS，简而言之就是域名服务，这是一个将具有一定可读性的域名（如 www. wiley. com）翻译为更加困难的 IP 地址系统的数据库。所有本书提供的代码都可在 Wiley 网站上下载，你需要在浏览器中输入 Wiley 网址，你的浏览器可能不知道 Wiley 的 IP 地址，如果不知道，它会发送一个请求到 DNS 服务器，该 DNS 请求会说，"嘿，你能告诉我 www. wiley. com 的地址吗？" DNS 服务器将响应任何 IP 地址请求，如果不存在就使用错误消息来响应。然后，你的浏览器就可以与 Wiley 的服务器联系。

9. 3. 4　端口

要连接到服务器（一台能提供服务的设备），客户端（一些需要这项服务的东西）需要两件事情：服务器地址（或者稍后将被转换成 IP 地址的域名）和一个端口，端口并不是指物理端口，而是软件中的端口。

想象一下，你想创建一个 Web 服务器。你安装所需要的软件，并且你的计算机连接到因特网。你现在准备好了。计算机现在可以连接到你的服务器和浏览你的网页。现在假设你想在同一台计算机作为 Web 服务器上创建 FTP 服务器。你会怎么做呢？服务器如何了解客户端想要什么呢？这时就需要用到端口。

一个服务器程序创建一个端口，客户端连接到该端口。一些端口是标准的；其他的都随机生成。Web 服务器将始终打开端口 80，当你添加一个以 http 开头的因特网地址，你的互联网浏览器会自动尝试连接到端口 80。当使用安全 HTTP，浏览器会连接到端口 443，也可以告诉浏览器要连接到的指定端口，只需添加一个冒号，并在后面加上你需要连接的端口号。

端口号的范围为 1 ~ 65535。端口号 1024 及以下的保留，大多数计算机都需要管理员权限打开一个低端口。端口编号大于 1025 的是高端口，可以以非管理员权限打开。当玩多人游戏时，服务器都可以使用高端口，客户端知道要连接到哪个端口（例如，Minecraft 游戏默认情况下使用端口号 25565）。

9. 4　Arduino 上的以太网

大多数 Arduino 开发板不直接支持以太网。但 Arduino 以太网是一个例外；它仍然保持

Arduino Uno 的设计，包含一个以太网端口，可选的 PoE 支持。Arduino Yún 也有一个以太网接口，但 Arduino Yún 是两台设备合一。一个 Arduino 与 Atheros 处理器通信，并运行处理网络连接的 Linux 系统，Arduino 的 Tre 开发板也有类似的接口；一个 Arduino 与有一个以太网接口的 Cortex-A8 微处理器通信。本章的 Arduino 电路板与以太网芯片直接通过一个与 Arduino 兼容的微控制器解决：Arduino 以太网和任何带有以太网扩展板的 Arduino。

9.4.1　导入 Ethernet 库

为了导入 Ethernet 库，你可以使用 Arduino IDE，进入菜单 Go to Sketch ⇨ Import Library ⇨ Ethernet。这样就能导入很多与以太网相关的库。

```
#include <EthernetClient.h>
#include <EthernetServer.h>
#include <Dhcp.h>
#include <Ethernet.h>
#include <Dns.h>
#include <EthernetUdp.h>
#include <util.h>
```

根据你的应用程序，你可能并不需要以上所有库。有些项目可能不会使用以太网服务器或可能不需要 DNS，但最好先包含所有这些库，如果不需要，以后可以删除它们。

9.4.2　开始构建以太网

与其他库类似，Ethernet 库使用 begin() 函数初始化，该函数根据需求能以不同方式调用：

```
Ethernet.begin(mac);
Ethernet.begin(mac, ip);
Ethernet.begin(mac, ip, dns);
Ethernet.begin(mac, ip, dns, gateway);
Ethernet.begin(mac, ip, dns, gateway, subnet);
```

在任何情况下，begin() 函数需要一个 MAC 地址，该 MAC 地址是连接到 Arduino 或者以太网扩展板的黏合剂，或者你自己创建。

 警告 勿让多台设备使用相同的 MAC 地址，因为每一台设备的 MAC 地址是唯一的，如果同一网络中出现两个相同的 MAC 地址将导致这两个设备出现连接问题。交换机有一个内部 MAC 表，当接收到一个数据包时，就更新该表。然后，数据包将被转发到该主机，直到该交换机接收来自其他设备的数据包。在大多数的交换机中，这会导致数据时有时无，在一些高级的交换机中，这会导致一个设备将被停用，不能连接。

MAC 地址通常以 6 个十六进制字节数组表示：

```
// 该扩展板的MAC地址
byte mac[] = { 0xDE, 0xAD, 0xBE, 0xEF, 0xFE, 0xED };
```

对于将使用或出售多个设备的项目，可以考虑将 MAC 地址写在 EEPROM 中（EEPROM 已在第 6 章介绍）。

如果 begin( ) 函数未提供 IP 地址，它会发出自动配置自身的 DHCP 请求并返回一个整型数据；如果 DHCP 服务器已被连接并且接收到信息则返回 1，否则返回 0。对于其他任何情况，begin( ) 函数需要提供 IP 地址，但不返回任何东西。要使用此功能，你必须导入 "Dhcp. h" 并确保你的路由器可以通过 DHCP 分配 IP 地址。

IP 地址以字节数组的形式提供。

```
// 该扩展板的IP地址
byte ip[] = { 192, 168, 0, 10 };
```

该 IP 地址将用于本地网络。DNS 和网关参数都是可选的；如果省略，它们默认与 IP 地址相同，最后一个八位字节设置为 1。子网参数也是可选的；如果省略，则默认为 255. 255. 255. 0。

当 IP 地址已被 DHCP 获得，你可以调用以太网函数 localIP( ) 获得 IP 地址。

```
Ethernet.localIP(); // 检索IP地址
```

如果没有参数声明，则 IP 地址默认以字符串形式返回。

```
Serial.println(Ethernet.localIP());
```

然而，通过声明以字节去读取就能获得字节形式的 IP 地址。

```
Serial.print("My IP address: ");
for (byte thisByte = 0; thisByte < 4; thisByte++) {
  // 打印IP地址每个字节的值
  Serial.print(Ethernet.localIP()[thisByte], DEC);
  Serial.print(".");
}
Serial.println();
```

DHCP 租约只在一段时间内有效；要保持一个 DHCP 租约，必须明确要求续约。在大多数的服务器中，将重新发出相同的 IP 地址，但在某些系统中，这可能会导致 IP 地址的改变。要续订 DHCP 租约时，调用 Ethernet. maintain( ) 函数。

```
result = Ethernet.maintain();
```

maintain( ) 函数返回一个字节，值取决于 DHCP 服务器，表 9-1 给出了该函数的返回值。

表 9-1　maintain( ) 函数的返回值

结　　果	描　　述
0	未发生任何情况
1	更新失败
2	更新成功
3	重新绑定失败
4	重新绑定成功

在之前的连接例程中，IP 地址被定义为字节数组。

```
byte ip[] = { 192, 168, 0, 10 };
```

可使用 IPAddress 类简化写入 IP 地址列表。IP 地址类有四个参数，即 IP 地址的四部分。

```
// DNS服务器IP
IPAddress dns(192, 168, 0, 1);
// 路由器的地址（网关）
IPAddress gateway(192, 168, 0, 1);
// IP子网
IPAddress subnet(255, 255, 255, 0);
// Arduino的IP地址
IPAddress ip(192, 168, 0, 10);

Ethernet.begin(mac, ip, dns, gateway, subnet);
```

9.5　Arduino 作为客户端

Arduino 是一个非常好的以太网客户端；它可以可靠地发起连接到服务器，从传感器发送数据，并从服务器接收数据。当使用 Arduino 作为客户端时，你必须使用 EthernetClient 对象。

```
EthernetClient client;
```

客户端连接到服务器。术语"服务器"表示一个客户端连接到获取或上传信息的任何网络连接的设备。在家庭网络中，这可以是任何东西。大多数家用调制解调器有一个内部的 Web 服务器，它允许你配置它，并查看统计数据。你的计算机可能安装有服务器应用程序（无论是 Web 服务器或 FTP 服务器），即使你的计算机是调制解调器客户端，它仍然是一台用于其他设备的服务器。

因此，一台服务器可以是任何东西——一台计算机，一个网络设备，甚至是另一个 Arduino。客户端也可以是任何东西，甚至是一个需要由服务器提供服务的硬件。客户端必须连接到服务器，在 Arduino 中使用 connect() 函数建立连接。要连接到服务器，需要具备以下两种条件之一：服务器的 IP 地址（也可是域名）和端口。

```
result = client.connect(ip, port);
result = client.connect(dns, port);
```

参数 ip 是一个 4B 数组或者 IPAddress 对象。参数 port 是一个整型数据，表示你想连接到的服务器端口。参数 dns 是一个字符串，表示要连接的域名，它会通过 DNS 请求自动转化为 IP 地址。

connect() 函数返回一个布尔型值，连接成功返回 true，否则返回 false。

可以调用 client. connected() 函数检查连接状态。

```
result = client.connected();
```

此函数不带任何参数，如果客户端仍连接则返回 true，如果断开连接则返回 false。注意，如果数据在等待被读取，则该函数返回 true，即使该连接被切断。

从服务器断开，可使用 stop( ) 函数。

```
client.stop();
```

这个函数没有参数，也没有返回任何数据。它只是断开网络连接。

9.5.1　发送和接收数据

发送和接收数据通过数据流来完成；数据可以用二进制格式或以文本格式进行写入。发送文本数据，使用 print( ) 和 println( )。

```
client.print(data);
client.print(data, BASE);
client.println();
client.println(data);
client.println(data, BASE);
```

print( ) 和 println( ) 函数之间的区别是，println( ) 在字符串的结尾处换行。数据参数是字符串或数据，可选参数 BASE 是使用的数值系统，data 参数为字符串或字符数组。

写二进制数据，使用 write( ) 函数。

```
client.write(val);
client.write(buf, len);
```

参数 val 是一个通过 TCP/IP 链路发送的字节，参数 buf 是一个字节数组，参数 len 声明要发送的字节长度。

从网络套接字读取数据，使用 read( ) 函数。

```
data = client.read();
```

此函数不带任何参数，并在数据流中返回下一个字节，如果没有数据则返回 –1，要检查数据是否被读取，使用 available( ) 函数。

```
result = client.available();
```

此函数不带任何参数，返回缓冲区中等待的字节数。

这允许 Arduino 连接到一个服务器并交换信息流，但是这对你的应用程序有什么作用呢？

几乎所有的协议，都依靠流信息交换，包括 HTTP、FTP 等常见协议。

连接到 Web 服务器

Web 服务器中也是流数据。每个到 Web 服务器端口 80 的连接都可以使用明文完成。毕竟，图像界面之前，所有的网络都被看作简单的文本。

为了举例帮助理解，我已经上传一个文件（loarduino. html. ）到我的 Web 服务器，它位于以下地址：http: //packetfury. net/helloarduino. html。

如果你在 Web 浏览器中打开这个文件，你将看见简单的一句话：Hello, Arduino! 为了理解一个 Arduino 和 Web 浏览器的工作原理，尝试使用 telnet 连接到 Web 服务器，telnet 是一个使用面向文本消息来连接到服务器的协议。它在 Linux 和 Mac OS 系统上都是标准协议，并且可以通过打开终端窗口并输入 telnet 作为命令来运行。IP 是要连接到服务器的 IP 地址，端口是要连接到的服务器端口。对于 Web 浏览器，端口号是 80。对于 Windows 计算机，需要下载 PuTTY。PuTTY 是一个很不错的、免费的应用程序，可让你连接到服务。可在 http：//www.putty.org 下载。

```
telnet packetfury.net 80
```

这个程序在指定端口创建一个到特定主机的连接。本程序中，你将连接到端口 80 的 packetfury.net 地址。通常情况下，一个 Web 服务器会监听 80 号端口，你应该得到一些类似下面这样的内容：

```
jlangbridge@desknux:~/Downloads$ telnet packetfury.net 80
Trying 195.144.11.40...
Connected to packetfury.net.
Escape character is '^]'.
```

短暂等待之后，你会看到另一条消息：

```
HTTP/1.0 408 Request Time-out
Cache-Control: no-cache
Connection: close
Content-Type: text/html
<html><body><h1>408 Request Time-out</h1>
Your browser didn't send a complete request in time.
</body></html>
Connection closed by foreign host.
```

在创建连接后，Web 服务器期待一个相当快的请求。它保持较少的连接数量，当用户指定一个地址后，Web 浏览器应该快速连接。你仍然还有几秒钟的时间发送消息。

为了获取一个网页，你必须通知 Web 服务器你想 GET 一个文件。先指定文件名，然后指定协议，这种情况下，使用 HTTP/1.1 协议。最后，指定主机。不过请记住，某些 Web 服务器承载多个网站。例如，你想从我的网站 GET 名为 helloarduino.html 网页。你首先告诉服务器这是一个 GET 请求，然后指定网页本身，随后是协议。在第二行，你需要指定页面的来源。格式化的 http 请求如下：

```
GET helloarduino.html HTTP/1.1
Host: packetfury.net
```

要做到这一点，打开 telnet 应用程序。telnet 需要两件事：需要连接的服务器和一个端口。服务器是网站的名称：packetfury.net，端口号是 80，然后输入请求文本：

```
GET helloarduino.html HTTP/1.1
Host: packetfury.net
```

请记住，你几乎没有时间来做到这一点。你可能想复制文本，然后再粘贴到你的 telnet 客户端。通过按 Enter 键两次验证你的需求。Web 服务器需要空行来运行请求。如果运行正确，你应该会获得下面的信息：

```
HTTP/1.1 200 OK
Date: Mon, 28 Apr 2014 15:02:17 GMT
Server: Apache/2.2.24
Last-Modified: Mon, 28 Apr 2014 14:46:54 GMT
ETag: «6181d54-10-4f81b62f60b9b»
Accept-Ranges: bytes
Content-Length: 16
Vary: Accept-Encoding
Content-Type: text/html

Hello, Arduino!
```

　　现在你已经知道如何获取一个网页，你也可以为你的 Arduino 写一个程序直接从网页获取信息。你当然也可以在你的本地网络上建立自己的 Web 服务器。你甚至不需要任何复杂的软件；虽然你可以创建一个真正的 Web 服务器，但你还可以从 Python 脚本获得更大的好处。你的 Python 脚本可以通知你家客厅的 Arduino 你需要的温度或者打开自动喷水灭火系统。

9.5.2　示例程序

　　你已经从 Web 服务器获取了一个网页，现在该让 Arduino 做同样的事情。程序如清单 9-1 所示。

清单 9-1：读取（文件名：Chapter9client.ino）

```
1   #include <SPI.h>
2   #include <Ethernet.h>
3
4   // 如果你的Arduino有MAC地址，请改为你的MAC地址
5   byte mac[] = { 0xDE, 0xAD, 0xBE, 0xEF, 0xFE, 0xED };
6   char server[] = "www.packetfury.net";    // name of server
7
8   // 如果DHCP无法分配，请设置要使用的静态IP地址
9   IPAddress ip(192,168,0,42);
10
11  // 初始化以太网客户端库
12  EthernetClient client;
13
14  void setup()
15  {
16    // 打开串行通信并等待端口打开
17    Serial.begin(9600);
18
19    // 启动以太网连接
20    if (Ethernet.begin(mac) == 0)
21    {
22      Serial.println("Failed to configure Ethernet using DHCP");
23      // 不能得到一个IP,所以使用另一个
```

```
24      Ethernet.begin(mac, ip);
25    }
26    // 给以太网扩展板一些时间进行初始化
27    delay(2000);
28    Serial.println("Connecting...");
29
30    // 我们连接了吗
31    if (client.connect(server, 80))
32    {
33      Serial.println("Connected");
34      // 发出HTTP请求
35      client.println("GET helloarduino.html HTTP/1.1");
36      client.println("Host: www.packetfury.net");
37      client.println();
38    }
39    else
40    {
41      // 如果没有连接,则发出警告
42      Serial.println("Connection failed");
43    }
44  }
45
46  void loop()
47  {
48    // 检查传入的字节
49    if (client.available())
50    {
51      char c = client.read();
52      Serial.print(c);
53    }
54
55    // 如果服务器断开连接,则停止客户端
56    if (!client.connected())
57    {
58      Serial.println();
59      Serial.println("Disconnecting.");
60      client.stop();
61
62      // 现在休眠直到重置
63      while(true);
64    }
65  }
```

　　该程序需要两个库，SPI 库和 Ethernet 库，分别在第 1 行和第 2 行导入，第 5 行创建 MAC 地址。所有以太网设备都有一个唯一的 MAC 地址。如果你的 Arduino 有一个 MAC 地址，请使用该值来代替。第 6 行，定义服务器名，这是需要连接的服务器。Arduino 将尝试与一个 DHCP 服务器通信并自动获取网络信息。如果通信失败，程序会告诉 Arduino 使用默认的 IP 地址；IP 地址在第 9 行指定，可根据需要进行修改。

　　第 12 行声明 EthernetClient 对象，因为 Arduino 会连接到服务器，所以它作为客户端使

用，因此需要初始化 EthernetClient 对象，得到的对象称为 client。

第 14 行声明 setup( ) 函数，和之前的程序类似，它首先初始化串口通信通道，然后就可以连接并观察变化，这也是网页内容显示的结果。第 20 行，程序调用以太网 begin( ) 函数，返回结果用于告诉 Arduino 是否已经从 DHCP 服务器接收到消息。如果有，则通过串口打印一条消息；如果没有，Arduino 将尝试使用默认地址。这在第 24 行进行。

一旦网络配置完成，下一步是连接到服务器，第 31 行使用 connect( ) 函数连接服务器，返回的结果再次用于查看 Arduino 是否连接成功，如果是，则在第 35～37 行中程序向服务器发送三行内容。第一行，GET 指令；第二行，服务器名；第三行，通知服务器不再需要推送任何内容。之后，服务器会应答。如果连接未建立，串口将输出错误消息。

第 46 行，声明 loop( ) 函数。首先，它使用 available( ) 函数检测缓冲区是否有数据。如果有数据，则读取每个字节并打印到串口，在第 51 行和第 52 行实现。第 56 行，程序检测客户端是否仍然和服务器连接，一旦服务器使用网页响应，就可以在服务另一个客户端之前终止连接。如果服务器已终止了连接，则将一个消息打印到串口，并且该程序将休眠直至复位唤醒。

9.5.3 Arduino 作为服务器

你可以使用 Arduino 作为网络客户端，同时它也是一个有功能的网络服务器。它并不连接到服务器，而是充当服务器的角色，然后在发送和接收数据之前等待客户端连接。

使用 Arduino 作为网络服务器之前，你必须先初始化 EthernetServer 对象。

```
EthernetServer server = EthernetServer(port);
```

它需要一个参数，传输连接的监听端口。Web 服务器连接到端口号 80 和 telnet 端口 23。记住，低于 1024 的端口号被保留用于特定的应用，大于 1024 的端口号可随意使用。如果想创建自己的协议，可以使用一个高端口号。

监听一个客户端，你必须创建一个 EthernetClient 对象。

```
EthernetClient client;
```

这是一个非阻塞函数，也就是说，如果客户端不可用，对象仍然会被创建，其他程序会继续运行。要验证客户端是否实际连接，需要测试客户端对象。如果客户端已经连接，则返回 true。

```
if (client == true)
{
  // 客户端已连接,发送数据
}
```

此时，可以使用 client( ) 对象发送和接收数据。服务器只负责打开一个端口并在该端口接受连接，然后，数据将被读取或写入到 client 对象中。

在等待另一连接之前，服务器会花费大部分时间等待连接和响应连接。因此，通常在执行之前将其放在 loop( ) 函数中等待连接，当交换完成时，使用 stop( ) 函数关闭连接。

```
client.stop();
```

等待连接，发送数据，然后关闭连接，可以使用如下代码来完成此功能：

```
void loop()
{
  EthernetClient client = server.available();
  if (client == true)
  {
    // 客户端已连接,发送数据
    client.println("Hello, client!");
    client.stop();
  }
}
```

网页服务

Web 服务器是通过网络连接到 Arduino 去获得数据最明显和有趣的方式。它们可以在计算机、平板计算机和移动电话上看到，可以很容易地调整来生成一些视觉上的接口。

当 Web 浏览器连接到 Web 服务器时，它需要某些特定信息。它不仅仅只是收到一个网页，也有一些你通常不会看到的标题。服务器通知 Web 浏览器页面是否可以访问（还记得我们偶尔看到的 404 错误消息吗），发送的数据类型以及数据传送后的连接状态。如果必要，还可以添加附加的头文件。

一个典型的数据交换可能如下：

```
HTTP/1.1 200 OK
Content-Type: text/html
Connection: close
```

200 返回代码意味着该页面被找到并可用。本页面内容类型是 HTML，发送文本数据。最后，当该页面已发送，连接将被关闭。如果 Web 浏览器需要另一个页面，则必须重连。为了告诉浏览器将要发送数据，服务器会发送一个空行，然后发送 HTML 数据。

9.5.4　示例程序

对于此方案，你使用了 Arduino Uno 开发板和以太网扩展板，延续前一章，仍然使用光线传感器。现在，你可以从一个 Web 服务器实时读取 Arduino 上的光强度值。

当建立连接后，Arduino 先读取 A3 引脚上的模拟值，然后在 HTML 中显示。

现在是时候写服务器的程序，如清单 9-2 所示。

清单 9-2：服务器程序（文件名：Chapter9server. ino）

```
1    #include <SPI.h>
2    #include <Ethernet.h>
3
4    // 在下面输入你的控制器的MAC地址和IP地址
5    // IP地址将取决于你的本地网络
6    byte mac[] = { 0xDE, 0xAD, 0xBE, 0xEF, 0xFE, 0xED };
```

```
 7    IPAddress ip(192,168,0,177);
 8
 9    int lightPin = A3;
10
11    // 初始化以太网服务器以侦听端口80上的连接
12    EthernetServer server(80);
13
14    void setup() {
15      // 打开串行通信
16      Serial.begin(9600);
17
18      // 启动以太网连接和服务器
19      Ethernet.begin(mac, ip);
20      server.begin();
21      Serial.print("Server up on ");
22      Serial.println(Ethernet.localIP());
23    }
24
25    void loop() {
26      // 侦听接入的客户端
27      EthernetClient client = server.available();
28
29      if (client)
30      {
31        Serial.println("New connection");
32        // 等到请求已经变成,HTTP请求以空白行结束
33        boolean currentLineIsBlank = true;
34        while (client.connected())
35        {
36          if (client.available())
37          {
38            char c = client.read();
39            Serial.write(c);
40          // 如果你已经到了行尾 (接收到换行符) 并且该行为空, 则HTTP请求已经结束, 因此你可以发送回复
41
42
43            if (c == '\n' && currentLineIsBlank) {
44              // 发送标准的HTTP响应头信息
45              client.println("HTTP/1.1 200 OK");
46              client.println("Content-Type: text/html");
47              client.println("Connection: close");
48              client.println("Refresh: 5");
49              client.println();
50              client.println("<!DOCTYPE HTML>");
51              client.println("<html>");
52
53              // 获取光照强度读数
54              int light = analogRead(lightPin);
55
56              // 将此数据作为网页发送
```

```
57          client.print("Current light level is ");
58          client.print(light);
59          client.println("<br />");
60
61          client.println("</html>");
62          break;
63        }
64        if (c == '\n') {
65          // 你正在开始一个新行
66          currentLineIsBlank = true;
67        }
68        else if (c != '\r') {
69          // 你在当前行有一个字符
70          currentLineIsBlank = false;
71        }
72      }
73    }
74    // 等待1s,客户端接收数据
75    delay(1);
76
77    // 关闭连接
78    client.stop();
79
80    Serial.println("Client disonnected");
81    }
82 }
```

9.6 小结

在本章中，你已经了解了以太网的工作原理，以及服务器和客户端之间的区别。你也知道如何用一个 Arduino 连接到 Web 服务器，以及如何设计一个用于其他设备连接和检索数据的服务器。

在第 10 章，你将知道 Arduino 如何使用 WiFi 技术创建无线连接。你还将知道与以太网之间的区别，以及如何创建一个无线客户端和服务器。

第10章

WiFi

本章讨论 WiFi 库中的以下函数：

- begin( )
- macAddress( )
- BSSID( )
- RSSI( )
- scanNetworks( )
- SSID( )

- encryptionType( )
- disconnect( )
- config( )
- setDNS( )
- WiFiClient( )
- WiFiServer( )

所需硬件包括：

- Arduino Uno
- SainSmart WiFi 扩展板
- DHT11 温湿度传感器

- 面包板
- 导线
- 10kΩ 电阻

你可以在 http://www.wiley.com/go/arduinosketches 的 Download Code 选项卡下载本章的代码，代码存放在 Chapter 10 文件夹，文件名是 chapter10.ino。

 注意 WiFi 是无线技术的简称（采用连字符标记），但是在 Arduino 库中，是不能使用连字符的，所以就使用 WiFi。在本章，WiFi 涉及的技术和 Arduino 库中的 WiFi 都能使用 WiFi 卡。

10.1 引言

如今，计算机的各方面发展都日新月异，新技术也层出不穷。10 年前的高端计算机，在今天很容易被一台移动电话超越。处理器、内存以及存储器都大大地提升，但是组件的尺寸却大幅下降。在过去，移动计算机十分罕见，但是今天，笔记本电脑、平板计算机、智能手机以及智能手表也都是随处可见。对可移动性的需求一直推动着该行业的发展，但是对数据的需求也同样更甚以往。

　　早期网络是电缆系统，速度慢、复杂难懂。如今，以太网技术遍布全球。在大多数网络调制解调器的背后，都是一个小型的以太网交换机，提供 4 个（甚至更多的）端口。连接起来也是十分方便，只需要简单将网线插入上述端口即可。如果需要添加其他计算机，只需要将另一根网线插到下一个空的端口。无论是在家里还是有几千台计算机的大型公司，该技术都是相当有用。直到最近，网络已经变得快速、可靠，但是物理布线和可移动性需求的矛盾也更加明显。

　　然而，为了访问互联网，或者只是传递文档，人们不得不把自己的笔记本电脑连入公司的网络中。为了以防有人急需使用网络，大多数会议室都有以太网接口和网线。移动设备一天不摆脱电线的束缚，就不能成为真正的移动设备，所以，WiFi 就诞生了。

10.2　WiFi 协议

　　WiFi 标准设备使用无线局域网（LAN）。这项技术是由 WiFi 联盟负责管理，该组织是由无线和网络产品领域的领军企业组成，实际上该技术并非是它们发明的。

　　1985 年，美国联邦通信委员会开放了一部分未经授权使用的无线频谱。最初的无线协议被称为 WaveLAN，是由出纳系统的 NCR 发展而来的。将无线发射部分隐藏，驱动、WaveLAN 卡通过导线机制连接在一起，这就使得该设备安装和使用都十分方便。

　　1997 年，第二代无线通信 802.11 问世。具有 1～2Mbit/s 的数据速率，并且传输距离能够达到 60ft。但是很快就发现存在交互性问题，这是因为美国电气电子工程师学会（IEEE）只是创建了标准但并没有做测试认证。所以早期的 802.11 并没有得到广泛的应用。新版 802.11b，是由无线以太网兼容性联盟（WECA）创造，并且还提出了严格的认证流程。销售的所有设备都有 WiFi 标识符，也都是兼容的。消费者很喜欢这项技术，之后 WECA 就更名为 WiFi 联盟。

　　802.11b 提供更快的数据速率：1Mbit/s、2Mbit/s、5.5Mbit/s 和 11Mbit/s。虽然这些网速用来浏览网页已经绰绰有余了，但是如果要看视频或者大量数据传输，仍然十分吃力。

　　802.11g 的数据速率可达到 55Mbit/s，当然它也和 802.11b 兼容（注意，当提到 802.11b 设备时，它的最大传输速率是 11Mbit/s）。最新版本可以有更快的数据速率，802.11n 的速率可以达到 150Mbit/s，802.11ac 高达 866.7Mbit/s，而 802.11ad 达到令人惊愕的程度，可以达到 6.75Gbit/s。

10.2.1　拓扑

　　WiFi 有好几种网络拓扑结构，但是常用的就两种：ad-hoc 和 infrastructure。

　　ad-hoc 模式是一种非托管、分散式模式。无线节点可以自由连接其他节点，所有节点共同管理网络。无线设备通过转发数据包给其他需要的设备来维持网络的连通性。所有网络节点地位相同，并且网络和主机的参数（传输功率、干扰以及链路长度）一样可靠。ad-hoc

网络经常是封闭的，所以节点无法和网络以外的设备进行通信。

　　infrastructure 模式是一种托管模式。这种拓扑需要一个或几个设备来管理网络，同时也允许节点连接（也可以通过安全设置拒绝连接）。节点不能和自己通信，但是它们可以发送数据包到接入点（网络管理设备的一种），infrastructure 接入点常常充当其他网络的接入点，最常见的就是有线网络或互联网。有线网络中可以有多个接入点，这就允许多个区域和"热点"可以无线连接。

10.2.2　网络参数

　　一个网络要正常运行，需要几个参数。想象一个公寓楼，其中一些邻居距离很近。每一个家庭都有互联网接口，他们也都想让自己的笔记本电脑、平板计算机以及手机连上无线网络，同时还要保证这些设备是安全的。并非要创建一个大的无线网络，而是每一个家庭都有自己的小型无线网络，这样既安全也高效，同时还可以允许邻居接入自家的无线网络。

1. 信道

　　WiFi 有两种基本工作频率：2.4GHz 和 5GHz。但是，实际上不止这两种，2.4GHz 包括 2.412 ~ 2.484GHz。这个频谱分为不同的频率或信道。如果所有的无线网络都采用同一频率，那么该频段很快就将达到饱和，小型无线网络就开始和其他网络相互竞争。值得一提的是，不止 WiFi 这一种无线技术采用 2.4GHz 频段，蓝牙也是采用该频段。基于此，所以就提出了信道的概念。

　　信道是供特定无线网络使用的一种特定频率。信道的工作方式和你家电视机一样，无线接收信息，然后发送到 TV 天线。通过选择特定的信道，你就可以收听某一范围内的特定信号，并把其他信道信息屏蔽掉。当你换台时，你可以选择其他信道。WiFi 信道和这个基本一样，只不过 WiFi 信道可以彼此重叠。每个无线控制器（因特网调制解调器或接入点）占用专门的信道，解析网络之前初始化并自动选择空闲信道。

2. 加密

　　尽管大多数人没有想那么多，但是 WiFi 还是有一个问题。比如说，在家里，你正在逛淘宝，刚好看上了某件衣服，已经拍下，开始付款，然后进入支付宝。理论上，无线信息可以被任何人看到，就像一次再平常不过的对话，如果有一个人离你很近，就会听见你的谈话内容，然后他就可以访问这些信息。为了避免这样的事情发生，通常 infrastructure 无线通信需要加密。任何人都可以听到你的谈话，但是却不知道你说的什么话，这是因为该谈话是用特殊密钥加密了，所以其他人就听不懂你的谈话。

　　有两种加密形式：WEP 和 WPA2。WEP（有线等效保密）是一种早期无线加密方式，现如今，这种方式已经过时了，在 WiFi 网络中更加推崇 WPA2 加密方式。

　　WPA2（WiFi 访问保护第 2 版）是一种针对 WEP 加密不足情况的改进加密方式，也是 WPA 的增强版。它要么采用 64 位的十六进制字符作为密码，要么采用 8 ~ 63 位可打印的 ASCII 码作为密码，这样使得 256 位的 AES 加密更加强大。同样，现在有好几个版本，但是主要的也就两个版本：WPA2 个人版和 WPA2 企业版。WPA2 个人版需要个人密码，特别适合家庭或者小型办公室使用。WPA2 企业版需要一个专门的服务器，以此来防御更高级的网络攻击。

加密不仅使得通信更加安全，同时也让网络更加安全。有了加密保护，没有密码就无法连接了。

3. SSID

SSID（服务集标识）本质上就是"网络名"。大家一定不会陌生，当你刷新你的无线网络列表和试图连接到设备时，就是显示的这个名字。有时候 SSID 是隐藏起来的，但是它并没有消失。隐藏的 SSID 还是照样工作，即设备可以连接到隐藏的 SSID，只是设备无法看到该名字而已。

4. RSSI

RSSI（接收信号强度指示）是用来指示信号强度的。单位任意，有些设备描述信号强度用百分比，有些是 dBm，或者是 dB/mW。这个指标只是信号强度的描述，而不是距离上的描述。因为信号在传播过程中可能遇到障碍物（如建筑物）、电磁干扰等而改变其信号强度。

10. 3　Arduino WiFi

Arduino WiFi 库创建的目的就是通过一个简单系统来处理大量的网络控制器，使其协调工作。WiFi 库通过 SPI 总线和 WiFi 扩展板"交流"，通信是由一个微控制器来处理，把 SPI 总线上的信息"翻译"给网络控制器。

除了官方推出的 Arduino WiFi 扩展板外，还有很多其他供应商提供的 WiFi 扩展板。它们都各有千秋，独树一帜。有的主打外部天线，有的是超低功耗，还有的支持桥连等，这都得看你的项目需要。在本章，我们只讨论标配，不涉及外部组件或天线。

WiFi 库可以用于各种 WiFi 标准，常见的比如 B、G 和 N 网络。该库支持 WEP 和 WPA2 个人加密，但是无法连接到 WPA2 企业版网络，还有就是它无法连接到已经隐藏了 SSID 的网络。

WiFi 库采用 SPI 总线，并且要求 SPI 引脚是空闲的。对于 Arduino Uno 而言，SPI 引脚是 11、12 和 13；Arduino Mega 是 50、51 和 52。10 脚一般是从机选择脚，7 脚是数字应答脚，这些引脚都是专业引脚，程序中不要随意使用。

WiFi 库和 Ethernet 库差不多，很多函数基本一样，只是处理无线网络时做了细微的改变。

 交叉参考 以太网内容见第 9 章。

10. 3. 1　导入库

在使用 WiFi 库之前，首先要导入库。在 Arduino IDE 中，通过菜单 Sketch ➪ Add Library ➪ WiFi 即可导入，或者手动添加：

```
#include <WiFi.h>
```

根据项目需要，还需导入以下库：

```
#include <WiFiServer.h>
#include <WiFiClient.h>
#include <WiFiUdp.h>
```

若 Arduino 是作为服务器，就要用到 WiFiServer. h 头文件，若是客户端，就需要 WiFi-Client. h 头文件，若是用到 UDP 通信，就要添加 WiFiUdp. h 头文件。

10.3.2　初始化

我们要用 begin( ) 函数来初始化 WiFi 模块。根据不同配置，所需参数也不尽相同。只需要调用 begin( ) 函数就可以启动 WiFi，此时不用任何参数（比如，网络 SSID、密码），begin( ) 函数调用如下：

```
WiFi.begin();
```

如果要连接到开放式 SSID（无需密码），则只需 ssid 一个参数：

```
WiFi.begin(ssid);
```

如果要连接到受保护的 WPA2 个人网络时，除了要指明 SSID 外还需要指明密码：

```
WiFi.begin(ssid, password);
```

如果要连接到受保护的 WEP 网络时，还需要其他参数——密钥。受保护的 WEP 网络有 4 个密钥，你必须指明具体是哪个：

```
WiFi.begin(ssid, keyIndex, key);
```

其中密钥和 SSID 可以是一组字符串：

```
char ssid[] = "yourNetworkSSID";
char password[] = "MySuperSecretPassword";
```

10.3.3　状态

当然，初始化时是假设 WiFi 扩展板已经正确连接，但是有时候难免事与愿违，所以可以调用 status( ) 函数来测试 WiFi 扩展板的状态：

```
result = WiFi.status();
```

该函数无需任何参数，返回值是表 10-1 的常量之一。

表 10-1　状态更新返回代码

常　　量	含　　义
WL_IDLE_STATUS	WiFi 扩展板空闲，没有任何指示
WL_NO_SSID_AVAIL	没有要连接的网络
WL_SCAN_COMPLETED	初始化的 SSID 扫描已完成，WiFi 扩展板知道可用的 SSID
WL_CONNECTED	WiFi 扩展板已成功连接到 SSID

（续）

常　量	含　义
WL_CONNECT_FAILED	WiFi 扩展板无法连接。加密密钥错误，或连接被接入点拒绝
WL_CONNECTION_LOST	WiFi 扩展板以前已连接过，但该连接已丢失（超出范围式受干扰）
WL_DISCONNECTED	WiFi 扩展板已成功从网络断开连接
WL_NO_SHIELD	Arduino 找不到连接到电路板的 WiFi 扩展板

与以太网扩展板不同，WiFi 扩展板有一个固定的 MAC 地址。我们可以调用 macAddress( ) 函数来获知 WiFi 扩展板的 MAC 地址。该函数不返回任何数据，但是它需要一个参数来存储 MAC 地址，该参数是一个 6B 的数组：

```
byte mac[6];
WiFi.macAddress(mac); // 接收MAC地址,存到mac数组中
```

可以调用 BSSID( ) 函数，来检索你所连接的接入点的 MAC 地址：

```
WiFi.BSSID(bssid);
```

和 macAddress( ) 函数差不多，BSSID( ) 函数没有返回值，也需要一个 6B 的数组作为参数，该数组用来存放 MAC 地址。

可以调用 RSSI( ) 函数，来接收信号质量指示器的 RSSI：

```
long result = WiFi.RSSI();
```

RSSI（接收信号强度指示）是对无线电信号接收功率的测量。指示值从 – 100 到 0 不等，越接近 0，就表示接收信号越强。该指标不能用于估算无线设备的覆盖范围，因为存在大量的干扰（电子设备、建筑物等）。

10.3.4　扫描网络

由于无线可移动的特质，所以你很容易发现你周围哪些无线网络是可以连接的。如果在无线信号覆盖范围内，那么放在车里的 Arduino 将可以自动连接你家里的无线网络，但是有时候可能会连接到其他无线网络，比如你邻居家的。在这个时候，Arduino 就会周期性扫描可用的无线网络直到找到它所能识别的为止。计算机上扫描无线网络特别频繁，打开你的无线控制面板，你将看见可用的无线网络列表。

可以调用 scanNetworks( ) 函数来完成初始化扫描：

```
result = WiFi.scanNetworks();
```

该函数无参数，返回一个整型值——检测到的无线网络编号。完成扫描一般需要几秒钟，当完成时，结果存放在无线芯片中，以备访问。芯片存储的信息包括：SSID 名、信号强度和加密类型。

可以调用 SSID( ) 函数，来检索网络的 SSID：

```
result = WiFi.SSID(num);
```

该函数有一个参数就是使用 scanNetworks( ) 函数扫描得到的网络编号, 返回一个字符串型数值即 SSID 的名字。

如果要获知基站信号的 RSSI, 使用 RSSI( ) 函数指定网络编号:

```
result = WiFi.RSSI(num);
```

RSSI( ) 函数通常用来获取当前网络的 RSSI, 返回一个长整型数值, 单位是 dBm。典型值是 -80 ~ 0, 数值越大, 信号越好。

无线网络传输十分安全, 如果还有加密的话, 就更加可靠了。要获得网络的加密方式, 可以调用 encryptionType( ) 函数来实现, 需指明网络编号:

```
result = WiFi.encryptionType(num);
```

该函数返回检测到的加密方式, 这是一个常量, 见表 10-2。

表 10-2　可能加密类型

VALVE	含　　义
ENC_TYPE_WEP	WEP 加密
ENC_TYPE_TKIP	WPA 加密
ENC_TYPE_CCMP	WPA2 加密
ENC_TYPE_NONE	不加密, 开放网络
ENC_TYPE_AUTO	可能的多种加密方式

10.3.5　连接和配置

在 "初始化" 部分我们知道可以调用 begin( ) 函数连接无线网络, 如果要断开连接的话, 就需要调用 disconnect( ) 函数:

```
WiFi.disconnect();
```

该函数无需入口参数, 也不返回任何信息, 直接断开当前网络。

在默认情况下, WiFi 扩展板使用 DHCP (动态主机配置协议) 来获得 IP 地址和网络设置。一旦调用 begin( ) 函数, 连上网络后就开始 DHCP 协商。有些无线网提供 DHCP 功能, 有些没有的还需要手动配置。这个时候就可以调用 config( ) 函数来完成手动配置。有以下四种调用方式:

```
WiFi.config(ip);
WiFi.config(ip, dns);
WiFi.config(ip, dns, gateway);
WiFi.config(ip, dns, gateway, subnet);
```

从上面可以看到, config( ) 函数至少需要一个参数即 IP 地址。这是一个 4B 的数组, 也可以使用一个 IPAddress 对象, 该对象需 4B, 即 IP 地址, 如下:

```
IPAddress ip(192.168.0.10);
```

想把可读文本翻译成 IP 地址，那么域名服务器必须指定一个参数 dns，同上，该参数也是一个 4B 的数组，或者是 IPAddress。数据包要从当前网络到另一个网络，必须指定一个参数 gateway 作为网关的 IP。最后，要改变子网，还需指明 subnet IP（一般默认为 255.255.255.0）。

在 begin( ) 函数之前调用 config( ) 函数将会强制 WiFi 扩展板使用指定设置，在 begin( ) 函数之后调用 config( ) 函数会再次强制 WiFi 扩展板使用指定设置，但是 begin( ) 函数会预先尝试连接 DHCP 服务器，这就可能更改 IP 的值。

使用特殊的 DNS 有一个缺点就是，你必须指定 IP 地址。有些计算机偏向使用一个外部 DNS（比如谷歌，允许用户使用他们自己的 DNS 代替互联网提供商的 DNS），可以调用 setDNS( ) 函数实现该功能。

```
WiFi.setDNS(dns_server1);
WiFi.setDNS(dns_server1, dns_server2);
```

该函数需要一个或两个 DNS 服务器地址作为入口参数，无返回值，可以立即设置 DNS 服务器的值而无须改变 IP 地址。

10.3.6　无线客户端

和 Ethernet 库类似，WiFi 库也有自己的客户端类。什么是客户端？它是一种以特定端口连接服务器的设备。服务器一直在侦听客户端连接。

在连接服务器之前，客户端必须先创建一个客户端类，在 WiFi 库中，只需调用 WiFi-Client。

```
// 初始化客户端库
WiFiClient client;
```

这个库和 Ethernet 库除了某些技术方面（处理无线连接方面）有些区别，其他完全一样。和 Ethernet 库一样，我们可以调用 connect( ) 函数来给服务器创建一个接口：

```
result = client.connect(server, port);
```

该函数有两个参数：port 和 server。参数 port 是整型数据，表示你想连接的端口；参数 server 要么是一个 4B 的数组——IPAddress，要么是一个字符串型的服务器名字。返回值是一个布尔型数值，true 表示连接成功，false 表示连接失败。

10.3.7　无线服务器

无线设备也可以当作服务器，先等待客户端连接，然后响应请求。同样，WiFi 库有自己特定的对象：WiFiServer，使用格式如下：

```
WiFiServer server(port);
```

参数 port 是你想打开的端口，是整型值。端口打开后，服务器就等待输入连接，该连接使用 begin( ) 函数来实现：

```
server.begin(); // 等待客户端连接
```

10.4　示例应用

我不太喜欢养盆栽，其实照料起来也并不麻烦。我只需要保持土壤潮湿，避免阳光直接照晒（足够光合作用），还有就是要不定时地换土。但是保持土壤潮湿对我来说很麻烦，要是可以用什么技术来代劳，就好了。

DHT11 是一个性价比很高的温湿度传感器，简单、易用、实惠。它是塑料封装，所以可以用在很多地方。只要你不直接把它放在水里，它都可以和你的盆栽"愉快地生活"，如图 10-1 所示。

DHT11 确实有一些独特的本领。从前几章提到的串口通信可以知道，有些串口通信不止需要两根线，而有的只需要两根就可以实现通信，比如 I^2C。DHT11 更加别致，只需要一根线，数据收发都是用这一根线。此外还需要电源线和地线。是不是感觉单总线听起来很复杂，一根线怎么就能完成数据的接收和发送呢？其实单总线并不复杂（在此不做深入介绍，会用就行）。DHT11 有一个缺点就是，你只能 2s 读一次数据，不过话说回来，我的盆栽土壤温湿度变化并不是十分剧烈，所以 DHT11 已经绰绰有余了。

图 10-1　DHT11

本例采用 Arduino Uno 和 SainSmart 无线扩展板。DHT11 传感器接在开发板上，可以提供精确的温湿度值。由于我并不怎么喜欢养盆栽，所以我无须频繁地读取温湿度的值。这就意味着，该设备必须要和外界通信，发送一些警报信息。一旦检测到土壤温湿度低于某个给定值（自己设定的阈值）就发送 e-mail。为此，必须联网。但是我身边没有有线接口，所以就用无线网络来发送 e-mail。

本例中需要几个服务器。首先，就是 DHCP 服务器，大多数网络调制解调器都有它们自己的 DHCP 服务器，所以它应该和大多数无线接入点兼容。其次，本例还需要一个 SMTP 服务器，该服务器是用来发送 e-mail 的。大多数网络提供商提供给你电子邮件服务，但是他们可能会拒绝不是来自他们网络的邮件。你的网络提供商或者电子邮件服务商将给你提供如何访问邮件服务器的信息。

由于 DHT11 是单总线通信，所以就要求 I/O 口可以在输入输出之间任意切换，这对 Arduino 而言，不是问题。

DHT11 的通信协议相对来说会复杂一点。通常数据引脚保持高电平，但是要从 DHT11 读取数值的话，Arduino 必须先置数据线为低电平超过 18ms，然后恢复高电平保持 40μs。作为回应，DHT11 先置数据线为低电平 54μs，然后置为高电平 80μs。这其实就是一次握手应答，通知 Arduino，你的请求我已经收到了，接下来我就给你发数据了，然后 DHT11 就发送

5B 的数据（一共 40bit）给 Arduino。

对于初学者来说，时序部分很是晦涩，所以为了更好理解单总线，我们用时序图来详细说明，如图 10-2 所示。通信最后，DHT11 要置数据线为高电平。

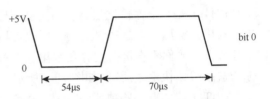

10.4.1　硬件

本例的硬件连接相当简单，你只需要一个 Arduino Uno 开发板，WiFi 扩展板插在 Arduino 开发板的上面，DHT11 连接 +5V 电源和地线，还有就是 DHT11 的数据引脚和 Arduino 的 10 号数字引脚相连，数据线有一个 10kΩ 的上拉电阻。13 号数字引脚控制一个内部的 LED，作为状态指示灯。如果 LED 亮，那么开发板就有问题。整体配置如图 10-3 所示。

图 10-2　DHT11 发送低电平 0 和高电平 1

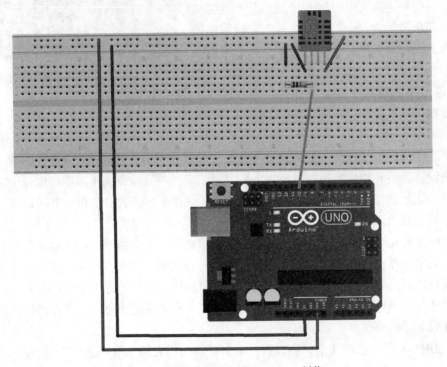

图 10-3　硬件原理图（使用 Fritzing 制作）

10.4.2　程序

是时候工作了！现在硬件也连接好了，是时候编写代码了，如清单 10-1 所示。

清单 10-1：无线传感器程序（文件名：Chapter10. ino）

```
1    #include <WiFi.h>
2    #include <WiFiClient.h>
3
4    const int DHTPin=10;
5    const int LEDPin=13;
6
7    const int MINHumidity=25;
8
9    char ssid[] = "yourNetwork"; // 你的网络SSID（名字）
10   char pass[] = "secretPassword"; // 你的网络WPA2密码
11   char server[] = "smtp.yourdomain.com"; // 你的SMTP服务器
12
13   boolean firstEmail = true;
14
15   int status = WL_IDLE_STATUS;
16
17   WiFiClient client; // 设置无线客户端
18
19   void setup()
20   {
21     Serial.begin(9600);
22
23     Serial.println("Plant monitor");
24     // 配置LED引脚，设置输出，高电平
25     pinMode(LEDPin, OUTPUT);
26     digitalWrite(LEDPin, HIGH);
27
28     // 是否安装了WiFi扩展板？
29     if (WiFi.status() == WL_NO_SHIELD) {
30       Serial.println("ERR: WiFi shield not found");
31       // 没有点继续sketch
32       while(true);
33     }
34
35    // 尝试连接WiFi网络
36     while ( status != WL_CONNECTED) {
37       Serial.print("Attempting to connect to WPA SSID: ");
38       Serial.println(ssid);
39       // 连接到WPA/WPA2网络：
40       status = WiFi.begin(ssid, pass);
41
42       // 等待10s连接
43       delay(10000);
44     }
45
46     // 如果来到这一步，那么连接是好的。将LED引脚置为低电平，并串行显示信息
47
```

```
48    digitalWrite(LEDPin, LOW);
49    Serial.println("Connected!");
50  }
51
52  void loop()
53  {
54    // 得到湿度读数
55    int val = getDht11Humidity();
56
57    // 将其打印到串行端口
58    Serial.print("Current humidity: ");
59    Serial.print(val);
60    Serial.println("");
61    if (val < MinHumidity)
62    {
63      // 低于最小湿度，发出警告
64      Serial.println("Plant is thirsty!");
65      sendEmail();
66      firstEmail = false;
67    }
68    else
69    {
70      // 所有OK
71      Serial.println("Humidity OK");
72      firstEmail = true;
73    }
74
75    // 等待半小时
76    delay(1800000);
77  }
78
79
80  int getDht11Humidity()
81  {
82    byte data[6] = {0};
83
84    // 设置变量
85    byte mask = 128;
86    byte idx = 0;
87
88    // 从DHT11请求样本
89    pinMode(DHTPin, OUTPUT);
90    digitalWrite(DHTPin, LOW);
91    delay(20);
92    digitalWrite(DHTPin, HIGH);
93    delayMicroseconds(40);
94    pinMode(DHTPin, INPUT);
95
96    // 是否会得到确认？
97    unsigned int loopCnt = 255;
98    while(digitalRead(DHTPin) == LOW)
```

```
99   {
100      if (--loopCnt == 0) return NAN;
101    }
102
103    loopCnt = 255;
104    while(digitalRead(DHTPin) == HIGH)
105    {
106      if (--loopCnt == 0) return NAN;
107    }
108
109    // 确认, 读取40bit
110    for (unsigned int i = 0; i < 40; i++)
111    {
112      // 引脚会变为低电平。等待直到变为高电平
113      loopCnt = 255;
114      while(digitalRead(DHTPin) == LOW)
115      {
116        if (--loopCnt == 0) return NAN;
117      }
118
119      // 当前时间是多少?
120      unsigned long t = micros();
121
122      // 引脚会变为高电平。计算高电平持续了多长时间
123      loopCnt = 255;
124      while(digitalRead(DHTPin) == HIGH)
125      {
126        if (--loopCnt == 0) return NAN;
127      }
128
129      // 是高电平还是低电平?
130      if ((micros() - t) > 40) data[idx] |= mask;
131      mask >>= 1;
132      if (mask == 0)    // next byte?
133      {
134        mask = 128;
135        idx++;
136      }
137    }
138
139
140    // 获取数据并返回
141    float f = data[0];
142    return (int)f;
143  }
144
145
146 boolean sendEmail()
147 {
148    // 尝试连接
```

```
149    if(!client.connect(server,25))
150        return false;
151
152    // 改成你自己的IP
153    client.write("helo 1.2.3.4\r\n");
154
155    // 改成你自己的email地址（发送者）
156    client.write("MAIL From: <plant@yourdomain.com>\r\n");
157
158    // 改成接收地址
159    client.write("RCPT To: <you@yourdomain.com>\r\n");
160
161    client.write("DATA\r\n");
162
163    // 改成接收地址
164    client.write("To: You <you@yourdomain.com>\r\n");
165
166    // 改成你自己的地址
167    client.write("From: Plant <plant@yourdomain.com>\r\n");
168
169    client.write("Subject: I need water!\r\n");
170
171    if (firstEmail == true) // 第一个email
172    {
173      client.write("I'm thirsty!\r\n");
174    }
175    else
176    {
177      int i = random(4);
178      if (i == 0)
179        client.write("You don't love me any more, do you?\r\n");
180      if (i == 1)
181        client.write("All I know is pain...\r\n");
182      if (i == 2)
183        client.write("I would have watered you by now...\r\n");
184      if (i == 3)
185        client.write("My suffering will soon be over...\r\n");
186    }
187
188    client.write(".\r\n");
189
190    client.write("QUIT\r\n");
191    client.stop();
192
193    return true;
194  }
```

  本程序一共 4 个函数：setup（）和 loop（）函数是每一个 Arduino 程序都有的，其他两个是 getDht11Humidity（）和 sendEmail（）函数。

  首先，程序包含 WiFi. h 和 WiFiClient. h 两个库。在第 4、5 行，定义了两个引脚：一个是连接 DHT11 的数据引脚，另一个是连接 LED。第 7 行，定义了传感器的报警阈值 MINHU-MIDITY，如果湿度低于该值（这是相对湿度），就报警。

第 9、10 和 11 行定义了三个字符数组变量，这三个值由你的网络设置而改变，其中包括 Arduino 将要连接的 SSID、密码、发送 e-mail 用的 SMTP 服务器。

第 13 行，定义布尔型变量 first Email，如果是 true，表示需要浇水；反之，无需浇水。第 15 行定义了一个整型变量 status，表示无线连接状态，后面会用到。

第 19 行，声明 setup( ) 函数。在函数中需要完成几件事：配置串口（第 21 行）、用串口打印调试信息（第 23 行）、设置 LED 引脚（第 26 行）、测试 WiFi 扩展板（第 30 行）以及尝试连接无线网络（第 37 行），如果连接成功，LED 熄灭并且向串口发送一条信息，如果没有连接成功，则一直连接。

第 52 行，声明 loop( ) 函数。在函数中只需完成一个简单的任务，从 DHT11 读取湿度值（第 55 行）并在串口显示出来，然后比较该湿度值和最小湿度值，如果小，则表示植物需要浇水并报警。第 58 行，向串口发送一条消息，然后调用 sendEmail( ) 函数。最后，变量 firstEmail 是被设置为 true。如果没达到最小湿度值，变量 firstEmail 设置为 false，表示盆栽活得很好，然后等 30min 开始下一次读数。

现在已经完成了 setup( ) 和 loop( ) 函数，接下来就开始编写读取湿度函数和发送 e-mail 函数。getDht11Humidity( ) 函数主要负责初始化 DHT11 通信、请求数据、接收并解析数据。这是一个复杂的函数，不过不用担心，其实它是只纸老虎。

首先，需要一些变量来保存数据。定义一个数组 data 以及 mask 和 idx。为了请求 DHT11 的数据，数据线必须置低电平至少 18ms，然后再置高电平，通过把引脚设置为 OUTPUT 就可以实现（第 89 行）。再置低电平 20ms，然后置高电平。程序延时 40ms，然后将 DHT 引脚改为 INPUT。现在，DHT11 就可以传输数据了。

首先，DHT 确认收到了 ACK 应答命令。根据数据手册可知，当 DHT11 是被要求发送数据时，需要置数据引脚低电平 80μs，然后置高电平 80μs，以此作为应答。然后再次置数据引脚低电平，准备发送数据。这就是单总线的应答方式，告诉微控制器接下来就发送数据了。程序一直等到数据线被置高电平，然后就一直等到数据线再次被置低电平（第 98、104 行）。程序有一个超时，如果超过 255 个周期，则程序时间溢出。此时时间已经超过 80μs，所以如果时间溢出，确实就有问题了，ACK 就没发送出去。

第 110 行，使用 for 循环，当 DHT11 完成应答后，就会发送 40bit 的数据。每次发送一位，重复 40 次，然后数据引脚置低电平。当数据发送完后，Arduino 会给 DHT11 发送信号，Arduino 将负责设置数字引脚的状态，要达到此目的，该引脚必须置低电平并且切换到输入状态。

第 114 行读取输入状态，如果引脚值一直是低电平，就一直循环（除非产生时间溢出），一旦该线由 DHT11 置为高电平，程序就开始工作了。首先，当前系统时间存入到一个变量中，该值表示系统已经运行了多少微秒。第 124 行使用 while( ) 循环，只要引脚是高电平，就一直循环。一旦 DHT 置低该引脚，就得到另一个时间，这和上次得到的时间是有所区别的。如果数据线保持高电平 24μs，那么它是逻辑 0，如果数据线保持高电平 70μs，则是逻辑 1。Arduino 虽然无法准确地知道脉冲是什么时候开始、什么时候结束的，但是计数时间已经很准确了。对于此，最简单的做法是，把该值分开，也就是 40μs。如果脉冲计数超过 40μs，则 DHT11 发送逻辑 1，反之，发送逻辑 0（第 131 行）。之后，该值存入数据缓存区，一位一位地移动，直到该字节完成，然后进行下一个字节。

大家一定很疑惑 NAN 是什么？其实它是 Not A Number 的简称。如果发生错误，就返回该值。如果函数返回的数据不是数字，也就意味着我们得到的数据是错误的。

DHT11 发送相对湿度值，直接是百分数。在这里做了一次数据类型强制转换，把单精度型转换为整型并返回。

接下来要做的就是编写一个写 e-mail 的函数，第 146 行已经声明了。第 149 行，WiFi 客户端试图连接 e-mail 服务器，端口号是 25。这里使用一个 if 语句，判断的是一个函数结果而非一个变量。感叹号表示 NOT（非），如果函数返回值非真，则执行 if 语句中的内容。如果连接失败，那么函数返回 false。

尽管可能觉得 e-mail 很复杂，但是 SMTP 却十分简单。首先，用户必须认证，告诉服务器他是谁，他想和谁连接，然后发送数据，就这样！值得一提的是，有些服务器需要身份鉴定，这将在下面讲到。

该函数具备和 SMTP 服务器通信所需的接口，你必须指明你自己的"邮件来源"和"邮件去处"以及一些其他参数。还记得前面定义的变量 firstEmail 吗？现在就派上用场了。如果 firstEmail 为真，则程序是正在发送它的第一封邮件，所以一封完整的邮件应当被发送（第 173 行）。如果 firstEmail 为假，则本次不是第一次发送邮件，系统会给出提示。第 177 行，产生一个随机数，然后根据随机数的不同调用下面四条不同的信息。用户将收到警报，不是吗？在这种情况下，盆栽有权力要求发送更多的不同信息。

最后，客户端发送信息告诉 SMTP 服务器，它已经发送所有所需数据，然后退出。调用 client. stop( ) 函数可以断开 Arduino 和 SMTP 服务器的连接，该函数返回 true 则告诉程序一切顺利，圆满结束。

10. 4. 3　练习

sendEmail( ) 函数发送 SMTP 服务器所需的全部信息，SMTP 服务器也要发送一些信息，包括要用于断开连接的信息（如 e-mail 错误、服务器饱和等）。找一些 SMTP 的相关文档看看，同时也多看一些 SMTP 服务器是如何工作的例子，自己也可以编写一些函数，比如编写验证服务器已经发送了数据的函数等。网上有很多例程，包括一些用 SMTP 远程登录的例子，都很实用，建议多去涉猎。这里就有一个 SMTP 的例子，参考 http：//packetfury. net/in-dex. php/en/Arduino/tutorials/251-smtp。

当 Arduino Uno 和 WiFi 扩展板连接好后，内部 LED 就有可能被遮住，所以增加一个外部 LED，当发生错误时，LED 就被点亮，然后还需要另一个外部 LED 来指示盆栽是否需要浇水。

然而现在越来越多的 SMTP 服务器无需身份验证，但是要增加一个步骤。登录时需要三部分内容：用户登录名、密码（必须要有），同时还需要告诉服务器你是什么类型的身份验证。最常见的身份验证就是 LOGIN。服务器需要一个简单的登录名和密码，为了实现 LOG-IN 身份验证，必须发送一个新的程序行：

```
auth login
```

服务器将回应一串奇怪的字符，比如：

```
334 VXNlcm5hbWU6
```

这是什么？其实这就是一个 Base64 编码字符。这种方式包含特别的特征，如读音和 ASCII 中的非拉丁字母。首先，你要把你的登录名和密码转换成 Base64 编码，可以登录到 http：//packetfury. net/index. php/en/Arduino/250-base64. php，它可以帮你完成转化。

和服务器交流，看起来就像这样：

```
Client: auth login
Server: 334 VXNlcm5hbWU6
Client: <login>
Server: 334 UGFzc3dvcmQ6
Client: <password>
```

在你的程序中，添加一些身份验证方式，看起来就像这样：

```
client.write("auth login");
client.write("<Base64 login>");
client.write("<Base64 password>");
```

10.5　小结

在本章，你已经知道如何安装和使用 Arduino WiFi 扩展板，如何扫描无线网络以及如何连接无线网络。我也介绍了如何利用单总线通信读取传感器信息，如何连接 SMTP 服务器发送 e-mail。在下一章，我们将介绍液晶，它们是什么？如何使用？如何利用 Arduino 来控制液晶显示？

第11章

LiquidCrystal

本章将介绍 LiquidCrystal 库的以下函数：

- LiquidCrystal( )
- begin( )
- print( )
- write( )
- clear( )
- home( )
- setCursor( )
- cursor( )

- noCursor( )
- rightToLeft( )
- leftToRight( )
- scrollDisplayLeft( )
- scrollDisplayLeft( )
- autoscroll( )
- noAutoscroll( )
- createChar( )

此外，还需要以下硬件：

- Arduino Mega 2560
- SainSmart LCD 扩展板
- HC-SR04 超声波距离传感器

你可以在 http：//www. wiley. com/go/arduinosketches 的 Download Code 选项卡下载本章的代码，代码存放在 Chapter 11 文件夹，文件名是 chapter11. ino。

11.1 引言

让计算机有效需要两个条件：一是输入数据，二是输出数据。数据输出的方式可能多种多样；有时它是无形的，与其他设备通信，如运输安全系统。它们使设备更安全，但你却永远看不到。当然还有其他一些可见的形式：为打开其他设备而设计的设备，如在一个特定的时间打开一个咖啡机的定时器。它们必须具备与外部世界交互的能力，但很难看到。

人类所有的感官，视觉可能是最强大的。用户与计算机进行数据通信的最好方法是视觉。灯通常作为小批量数据设备使用；电视机上的小灯可以告诉你，它正从一个遥控器接收信息，不言而喻，使用这种简单的红色灯供电的设备数量惊人。然而当需要显示更多的数据时，则需要使用其他方法。

　　一个显示数据的最常用的方法是液晶显示。液晶显示器（LCD）可用于数字手表、计算器、日程表和自动售货机，相同的技术也用于计算机屏幕。它们的名字源于包含在屏幕内的液晶薄膜。自然状态下，液晶内部的液体被扭曲，光就可以通过。当晶体受到电流刺激时，液体分子散开，挡住光线。这就是屏幕显示黑色的部分。

　　LCD 技术非常快速和可靠，并且功耗低。太阳能计算器只需要很少量的阳光便可进行计算，并且太阳能电池板给处理器和 LCD 屏幕供电绰绰有余。

　　最早的 LCD 屏幕用于显示数字，通常用于袖珍计算器和手表。为了简化设计，于是创建了一种格式，这种格式能够显示数字 0～9。当加入小数点后，它成为计算器的完美屏幕。一个示例如图 11-1 所示。

图 11-1　计算器 LCD 屏幕，显示数字

　　虽然这种 LCD 屏幕能完美地显示数字，但是显示字母却很糟糕。有些字母可以近似处理，有些单词可以猜想，但是，有多少人会使用计算器来写单词？例如，用计算器输入 77345993，然后把它倒过来看是 EGGSHELL？我就这样做过。

　　为了实现打印字母功能，对以前的系统进行了修改，增加更多的显示段。这确实有效，但它增加了 LCD 屏幕的复杂性，还需要电路对其进行控制，因此，仍然算不上完美，有一些字母可读性很差。例如字母 V，此外，它也不允许大小写字母同时存在；只有大写字母能显示出来，小写字母很难显示。一个例子如图 11-2 所示。

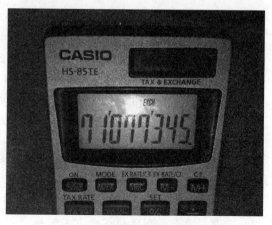

图 11-2　LCD 屏幕显示文本

电子元器件的尺寸逐渐变小，同时功能越来越强大，新产品技术使 LCD 屏幕更先进，新一代屏幕因此应运而生。

现代的 LCD 屏幕可以显示数字和字母，包括大写和小写。就像在计算机屏幕上，文本和数字可以使用点的矩阵写出。通过创建 5×7 个点的简单矩阵，每一个拉丁字母都能显示，并且这甚至适用于其他字母表。缺点是电子的复杂性，需要为每一个字母创建 5×7 的矩阵连接，但大多数显示器配备了集成控制器，使显示更容易。你只需要告诉要显示的内容，控制器就能帮你实现。

这种类型的 LCD 屏幕没有分辨率之说。台式机或笔记本电脑屏幕才有像素的分辨率，但这些屏幕会涉及可显示的字母个数；16×2 是指两行 16 个字母。它不谈分辨率，因为工作方式不同；它们是由几个小型的 5×7 屏幕组成，但各段之间留有空间。这种类型的屏幕不能显示图形。

11.2　LiquidCrystal 库

Arduino 的 LiquidCrystal 库专为一款控制器设计：日立 HD44780。许多电路板使用该控制器，这使它备受欢迎，以至于其他的控制器也部分兼容 HD44780。

使用该库之前，需要先导入。要导入库，先进入 Arduino IDE，选择菜单 Sketch ⇨ Import Library ⇨ LiquidCrystal。此外，你还可以手动添加库。

```
#include <LiquidCrystal.h>
```

使用 LiquidCrystal 库之前，你必须先创建一个名为 LiquidCrystal 的对象。许多参数必不可少，参数值取决于你将要使用的设备。

```
LiquidCrystal lcd(rs, enable, d4, d5, d6, d7);
LiquidCrystal lcd(rs, rw, enable, d4, d5, d6, d7);
LiquidCrystal lcd(rs, enable, d0, d1, d2, d3, d4, d5, d6, d7);
LiquidCrystal lcd(rs, rw, enable, d0, d1, d2, d3, d4, d5, d6, d7);
```

参数 rs（寄存器选择）表示引脚连接到 LCD 的 RS 输入端。参数 enable 表示使能 LCD 设备并且该引脚连接到 LCD 的 ENABLE 连接器。rw 是可选参数，用于表示向 LCD 屏幕写数据或者读数据。一些应用只需要向 LCD 屏幕写数据，此时该引脚可不连接，否则，该引脚必须连接。

剩下的参数是数据引脚，有两种选择：4 个或者 8 个数据引脚。这意味着与 LCD 控制器传输数据有 4 位模式和 8 位模式。最初，都使用 8 位模式传输数据。但 4 位模式允许程序员发送两个 4 位数据作为一个 8 位数据。这允许设计人员设计时使用 4 位模式来节省引脚。

注意　4 位模式和 8 位模式之间存在一些误解。其中之一就是传输速率，发送一个 8 位数据比发送 2 个 4 位数据速率会更快一些。但对 90% 的字母数字型 LCD 屏幕来说，速率不是问题。它们具有相对低的刷新速率，在刷新屏幕之前可以发送 2×16 个消息，即使使用 4 位模式也不例外。

当 LiquidCrystal 对象已正确地创建，还需要初始化，初始化使用 begin( ) 函数。

```
lcd.begin(cols, rows);
```

该函数需要两个参数：LCD 设备支持的行数和列数。典型的 LCD 屏幕是 2×16，但 LCD 屏幕尺寸多种多样，不可能询问每一个设备的尺寸，所以这些信息必须给出。

11.2.1　写入文本

字母数字型 LCD 屏的主要功能当然是显示文本。因为这些屏幕有一个内置的微控制器，它们的性能几乎可以和串行终端相媲美。只要你发送 ASCII 字符到控制器，它就能将这些字符打印到 LCD 屏幕。就像你计算机的串口终端，它能一直显示，除非你发送的字符数量超出显示范围或者你赋予新指令。

使用 print( ) 函数直接将文本内容输出到 LCD 屏幕。

```
result = lcd.print(data);
result = lcd.print(data, BASE);
```

变量 data 可以是任何数据类型；典型值是字符串，但也可以是数字。如果是数字，默认以十进制显示。当然也可以使用可选参数 BASE 配置显示类型，BASE 取值可以是 BIN（二进制）、DEC（十进制）、OCT（八进制）和 HEX（十六进制）。该函数返回一个字节，字节数据写入到 LCD 设备。

可使用 write( ) 函数打印单个字节。

```
result = lcd.write(data);
```

参数 data 是需要打印到 LCD 屏幕的字符。该函数返回一个字节：写入到 LCD 设备的字节数（本例中，1 表示写入数据成功，0 表示失败）。

可使用 clear( ) 函数清除屏幕内容。

```
lcd.clear();
```

该函数没有任何参数，不返回任何信息。它只是向 LCD 微控制器发送一条清除屏幕内容的指令，然后光标回到左上角。

11.2.2　光标命令

光标工作方式类似电子表格的游标；你可以将光标设置在任何位置，并且你输入的文本将打印在该位置。初始化完成时，光标显示在 LCD 屏幕的左上角，有数据更新时，光标显示在最后一个数据末尾。当增加新的显示文本时（多次使用 print( ) 函数），它将被添加到行尾。例如：

```
lcd.print("Hello, ");
lcd.print("world!");
```

以上两行代码只会输出一行结果："Hello，world!"。如果需要显示数值，多次调用 print( ) 会非常有效。

```
lcd.print("Temperature: ");
lcd.print("temp, DEC");
```

但是，你可以使用 home( ) 函数将光标返回到 LCD 屏幕的左上角。

```
lcd.home(); // 将光标返回到0行0列
```

你也可是使用函数 setCursor( ) 将光标精确地放在某个位置：

```
lcd.setCursor(col, row);
```

默认情况下，光标隐藏。如果要其显示（以下划线方式停放在下一个字符打印的位置），使用 cursor( ) 函数：

```
lcd.cursor();
```

隐藏光标可使用 noCursor( ) 函数：

```
lcd.noCursor();
```

以上两个函数不使用任何参数，不返回任何数据。

如果要获得闪烁光标，使用 blink( ) 函数：

```
lcd.blink();
```

如果要隐藏闪烁光标，使用 noBlink( ) 函数：

```
lcd.noBlink();
```

使用 cursor( ) 或者 blink( ) 函数可能出现位置结果，具体结果和屏幕制造商相关，请查看相关文档。

11.2.3　文本方向

文本既能从左到右显示，也能从右到左显示。默认情况下，LCD 屏幕配置为从左到右显示字母数字。启动时，光标放置在最左边，并且每个字符使光标向右移动一步。如果需要 LCD 屏幕配置为从右向左显示，使用以下函数。

```
lcd.rightToLeft();
```

以上函数不带任何参数，不返回任何数据。若要更改方向为从左到右，使用以下函数：

```
lcd.leftToRight();
```

以上两个函数不会影响已经显示的文字，光标的位置也不会被更新。

11.2.4　滚动

液晶显示器应用广泛，它们廉价并且十分稳定可靠。你经常可以在超市的收款机上看见它，LCD 能告诉你商品的名称和单价，最后，它为你提供了仔细检查商品总额的机会，假如你想打印商品总额并以美元为单位精确到小数点后两位，一个标准的 16×2 LCD 就足够使用，但如果还要显示公司名和其他文本内容，16 个字符绰绰有余，但看起来会很小。"Thanks for shopping with us；have a nice day！"对 16 ×2 LCD 来说，内容太长，即使两行也显示不完。

那么怎样才能全部显示刚才那些文本呢？答案是使用滚动方式，将当前字符移动并显示新内容。

文本可以以两种方式滚动：向左或向右。以下函数使用空格移动光标和文本，向左或向右。

```
lcd.scrollDisplayLeft();
lcd.scrollDisplayRight();
```

自动滚动使用一种更简单的方法。当一个新的字符打印到屏幕，旧的文本自动移动。自动滚动可以使用从左到右或从右到左的配置来完成并取决于当前位置。

使能自动滚动，调用 autoscroll( ) 函数：

```
lcd.autoscroll();
```

从此时开始，后续写入到屏幕的内容将导致以前的字符被自动移动。要禁用自动滚动，使用 noAutoscroll( ) 函数：

```
lcd.noAutoscroll();
```

注意，光标会也自动滚动；这会产生新字符总是写入相同位置的效果。

11.2.5　自定义文本

字母数字型 LCD 屏幕应用广泛，但制造前不可能考虑到每种用途。虽然大多数只显示时间或简短的文字，有时需要更高级的应用。想象一下，一个家庭无线电话机；LCD 屏幕被设计用于打印简单的文本、电话号码。为什么没有一个菜单系统来配置电话，而且制造商也想增加一些信息：当前电池电量。显示电池电量完全可以，以百分比显示或者超过 25% 直接不显示，你也许会想创建自己的字符显示类似电池电量这些信息。也许一个高层建筑的电梯具有智能系统。如果你想去 42 楼时，电梯会告诉你使用特定的电梯。例如，Floor 42，→。箭头指示你应该使用右边的电梯，它能比文本产生更好的视觉效果，使用这种方案可能更经济，因为它只需要更小的尺寸。LCD 屏幕已经能预先记录大量的字符，但仍然还有 8 个自定义字符的发展空间。

为了创建自定义字符，必须先创建一个二进制数组。这些数据排列成 8 行 5 位二进制数据，如下：

```
byte smiley[8] = {

  B00000,
  B10001,
  B00000,
  B00100,
  B00100,
  B00000,
  B10001,
  B01110,
};
```

现在，使用 createChar( ) 函数将这些数据整合成一个字符。

```
lcd.createChar(num, data);
```

变量 num 表示字符数量，取值 0 ~ 7；参数 data 是前面创建的数据结构。例如：

```
lcd.createChar(0, smiley);
```

最后，自定义字符需要调用 write( ) 函数以字节形式声明使用：

```
lcd.write(byte(num));
```

11.3　示例程序

在本例中，你首先需要搭建一个距离传感器：一个显示与自己最近物体距离的小设备，距离传感器在日常生活中经常可以看到。它们用于计算建筑工地两堵墙之间的距离，或者被房地产经纪人用于计算房间大小。它们被机器人使用来探测障碍物，也以完全相同的方式来帮助你的汽车进入一个狭小的空间。

有几种方法可以做到这一点，但它们都依赖相同的原则：反射波。发射出一种特定频率，设备计算特定频率来回所使用的时间。想象自己在一个很大的开放空间：体育场或者山上。当你发出声音后的一小段时间内会听到自己的回声。声音从你的口中发出并向前传播。当它撞击到固体表面后，开始反射并向不同方向扩散，一些声音能够返回到你的耳朵，因此你能够听见。通过计算听到回声的时间乘以声音的速度，就能得到大致的距离。但这种方法不适合短距离测量。声音的速度如此之快，因此对于人来说不可能用于计算一间房子内的距离，但对于电子产品，绰绰有余，HC-SR04 就是实现这种功能的一个设备。

HC-SR04 是一个超声波距离传感器，如图 11-3 所示。超声波距离传感器形状很容易辨认。当安装在一个机器人上，它看起来像两只"眼睛"，在某种程度上，它们确实是。一只"眼睛"是超声波喇叭，第二个是超声波麦克风。工作时，先发出超声波，然后计算接收到超声波时的时间。就能测量出十分精确的结果，有效距离可达 4m。

超声波距离传感器有 4 个引脚：一个是电源引脚，一个是接地引脚，一个是脉冲引脚，最后一个是距离读取引脚。输出结果不是二进制数据，也不以串行方式输出文本或者数据。其脉冲输出长度正比于传输距

图 11-3　HC-SR04

离所花的时间。幸运的是，Arduino 可以使用一个命令处理这个问题。

为了更简单地读取数据，将会使用 LCD 屏幕。这也可以很容易地通过串行设备实现，但这没有任何意义。串口能显示文本，LCD 屏幕也能。但 LCD 屏幕显示更加人性化。

本示例中使用 SainSmart LCD 键盘扩展板，这块小板包括漂亮的蓝色背光 16 × 2 LCD 屏

幕。它包含 LCD 屏幕使用的所有必要电路：电源、背光控制和连接 Arduino 的数字引脚。它使用 4 个数据引脚，因此是 4 位命令模式。本示例不特定于这块小板，但是如果你用在不同的屏幕上，确保你的代码和接线正确。

11.3.1　硬件

SainSmart LCD 键盘扩展板是一个相当大的设备。一个正常的 16×2 LCD 屏幕大约只需要一个 Arduino Uno，但它会消耗完 Arduino Uno 引脚资源，因此很难添加额外的外围设备。基于此原因，我们使用 Arduino Mega2560。它比 Arduino Uno 更长，除去 SainSmart LCD 键盘扩展板要使用的引脚，还有很多空闲引脚可供使用。HC-SR04 超声波距离传感器是一个比较小的设备，尺寸与 Arduino Mega2560 的扩展数字输出一样。为了创建一个自包含的设备，该传感器直接绕过面包板插在接口引脚上。

你可以在 http：//packetfury. net/attachments/HCSR04b. pdf 上阅读 HC-SR04 的数据手册。同时也可找到传感器供电的相关信息：一个接电源引脚，一个接地引脚。所使用的传感器最大工作电流为 15mA，通过 Arduino 的 I/O 引脚的最大电流不能超过 40mA。这已经是两倍以上，因此是一个很安全的工作范围。连接到传感器 VCC 的引脚设置为输出，输出电平为 HIGH（高电平）。连接到传感器 GND 的引脚设置为输出，输出电平为 LOW（低电平）。正如 LED 灯可以通过 I/O 引脚拉高供电，传感器将通过这些引脚供电。同样，GND 引脚低电平可以是 I/O 引脚拉低。该传感器会由开发板供电，但请记住，这只是一个追求简单而设计的原型。它可以实现相关临时功能，但如果你最终使用 LCD 屏幕和超声波距离传感器创建自己的小板，传感器最好由主电源供电，而不是由 Arduino 供电。

 警告 没准备好之前先不要连接传感器！原因稍后解释。

11.3.2　软件

程序如清单 11-1 所示。

清单 11-1：程序（文件名：Chapter 11. ino）

```
1    #include <LiquidCrystal.h>
2
3    const int vccPin=40;
4    const int gndPin=34;
5    const int trigPin=38;
6    const int echoPin=36;
7
8    // 初始化带接口引脚号的库
9    LiquidCrystal lcd(8, 9, 4, 5, 6, 7);
10
11   void setup()
12   {
```

```
13    Serial.begin (9600);
14
15    // 设置LCD的列和行数
16    lcd.begin(16, 2);
17
18    // 配置引脚
19    pinMode(trigPin, OUTPUT);
20    pinMode(echoPin, INPUT);
21    pinMode(vccPin, OUTPUT);
22    pinMode(gndPin, OUTPUT);
23
24    // 触发设置为低电平
25    digitalWrite(trigPin, LOW);
26
27    // VCC和GND
28    digitalWrite(vccPin, HIGH);
29    digitalWrite(gndPin, LOW);
30
31    // 准备液晶屏文字
32    lcd.print("Distance");
33  }
34
35  void loop()
36  {
37    long duration, distance;
38
39    digitalWrite(trigPin, HIGH);
40    delayMicroseconds(10);
41    digitalWrite(trigPin, LOW);
42
43    duration = pulseIn(echoPin, HIGH);
44    distance = duration / 58;
45
46    // 将光标设置为0列、1行 （第2行的开头）
47    lcd.setCursor(0, 1);
48
49    if (distance >= 400 || distance <= 0)
50    {
51      // 通知用户我们超出范围
52      lcd.print("Out of range");
53    }
54    else
55    {
56      // 告诉用户检测到什么距离
57      lcd.print(distance);
58      lcd.print(" cm          "); // 额外的空间覆盖任何文本
59    }
60
61    // 等待半秒钟重复
62    delay(500);
63  }
```

　　第 1 行开始，先导入 LCD 库。之后，定义 4 个引脚常量：vccPin、gndPin、trigPin 和 echoPin。这些引脚和 HC-SR04 传感器一一对应。vccPin 和 gndPin 是电源引脚，trigPin 和 echoPin 是数据引脚。初始化后，trigPin 引脚作为输出使用，echoPin 引脚作为输入使用。

　　第 9 行，配置 LCD 显示。创建一个 lcd 设备，该函数有 6 个参数，它告诉程序需要 4 根数据线，不需要可选的参数 rw。调用时使用 6 个整数：8、9、4、5、6 和 7。第一个整数值对应 RS 引脚，SainSmart LCD 键盘扩展板中，RS 在 8 脚，第二个值是使能引脚，连接到 9 脚，最后四个是数据引脚。这 6 个引脚都需要和 SainSmart LCD 键盘扩展板硬件连接。

　　第 11 行，声明 setup( ) 函数。第 13 行，初始化串口，本示例中没有使用到串口，如果需要可用于调试你的程序。LCD 设备已激活，程序知道 LCD 引脚怎么连接，但是不知道该设备有多少行和列，因此调用 begin( ) 函数来实现；LCD 设备有 16 行 2 列。第 19 ~ 24 行，配置传感器的 4 个引脚，echoPin 引脚配置为 INPUT（输入），其他三个引脚配置 OUTPUT（输出）。第 25 行，触发引脚拉低，第 28 行，vccPin 引脚置高，这样通过 vccPin 引脚 5 V 供电。第 29 行，gndPin 引脚拉低，现在它和地线连接。最后，第 32 行，LCD 屏幕显示一些文本内容："Distance"。该文本默认从屏幕的左上角（0，0）位置开始输出，该文本会一直显示，第二行的显示内容将会在 loop( ) 函数中刷新。

　　第 35 行，声明 loop( ) 函数。该函数实现读取传感器数据和显示文本内容的功能。最初先声明两个变量：duration 和 distance。HC-SR04 的 trigPin 引脚至少需要一个 10ms 的脉冲，为此，程序先置高 trigPin，使用 delayMicroseconds( ) 函数延时 10ms 后将 trigPin 拉低。

　　接收到脉冲后，HC-SR04 开始工作。它发出一串超声波并监听结果，计算完距离之后，结果通过 echoPin 引脚返回一定数量的脉冲。但是 Arduino 如何知道脉冲的长度？答案很简单：pulseIn( )。该函数在第 4 章有说明，简而言之，就是在某个设定的引脚等待脉冲的到来，它等待逻辑电平发生改变然后开始计时，当电平再次发生改变回到初始值就停止计数，并以 ms 为单位返回结果。第 43 行，将结果存入变量 duration。第 44 行，做一个小的运算：将 duration 除以 58。计算方法来自传感器的文档。除以 58 后得到的结果以 cm 为单位，除以 148 后得到的结果以 in 为单位。现在，你已经获得距离数据，接下来便是输出数据。

　　结果将在 LCD 的第 2 行显示，因此必须先设置坐标。第 47 行设置坐标：列为 0，行为 1。记住，大多数数字从 0 开始，所以实际上是从第 2 行第 1 列开始。HC-SR04 测量的最大距离是 4m，超过 4m 结果将忽略。在第 49 行使用 if 语句做一个快速检查，如果结果大于 400cm，或者为负数，即 distance 值超出范围，程序输出"Out of range"，如果在范围之内，则输出距离。输出距离需要两步：第一步，以十进制显示，第二步，在后面要显示的文本前后加空格，为什么？因为如果前面的文本显示"Out of range"，这之后的文本依然可见，导致在该行写入文本不会自动删除该行末尾的所有文本。就像在文字处理器中使用插入功能，每个按键删除一个字符，然后插入需要的字符，但不删除后面的文本。为了确保不显示后续文本，会多添加几个空格。

　　重复之前的显示过程还需要延时等待 500ms。程序在第 62 行实现，图 11-4 展示了完成的实物图。

图 11-4　完成的实物图

注意　连接器件之前，再次检查 Arduino 尤为重要。连接传感器之前将程序下载到 Arduino 是一件愉快的事，但是如果用于之前程序的引脚还用作其他用途呢？最坏情况下，VCC 和 GND 引脚可能被反接，完全改变了器件的极性，这可能损坏或者毁坏器件。我家里有很多 Arduino 开发板，但很难记住里面有什么程序。所以才需要在连接器件之前先下载当前应用代码。

11.3.3　练习

本项目使用廉价的硬件获得了十分精确的结果，几个简单的技巧可以让这个项目更好。目前距离结果以 cm 为单位，当距离大于 100 时，可以以 m 为单位。对于使用国际单位制的人，可以修改程序以 in 为单位，而非 cm。

11.4　小结

在本章中，你所看到的不仅是如何连接液晶显示器，而且你已经学会了如何为你的设备创建特殊字符，以及如何将数据显示在屏幕上。在下一章中，我会讲解 SD 库，它如何与 SD 卡通信，以及如何读取数据并将数据写入到 SD 卡上。你会看到一个数据记录的应用程序，它允许你将成千上万的样本数据写入一张卡里以及如何读取它们。

本章将介绍 SD 库中的函数，先预览一下：

- begin( )
- open( )
- exists( )
- close( )
- read( )
- peek( )
- position( )
- seek( )
- size( )

- available( )
- print( )
- println( )
- write( )
- mkdir( )
- rmdir( )
- flush( )
- isFolder( )

本章所需硬件如下：

- Arduino Uno
- 以太网扩展板（Arduino、SainSmart、或类似的板子）
- Micro-SD 卡

你可以在 http：//www. wiley. com/go/arduinosketches 的 Download Code 选项卡下载本章的代码，代码存放在 Chapter 12 文件夹，文件名是 chapter12. ino。

12.1 引言

我们都期望存储容量是呈指数增长。早期计算机没有硬盘驱动，所以操作系统和应用程序都是存储在软盘里面。第一块商业化软盘诞生于 1971 年，就是一个 8in 的软盘，它可以存储175KB 的数据。1976 年，标准尺寸是 5.25in（称其为 mini 软盘）。当时的原始模型可以存储87.5KB，但是新模型可以存储超过 1MB 的数据。当时台式机都有一个很大的插槽，用来安装 DVD 驱动器或者蓝光驱动器，所有的这些插槽尺寸都是由软盘的大小确定，所以在当时 mini 软盘成为一种标准。

技术日新月异，一路高歌猛进，软盘存储容量也有极大改善。当时 5.25in 的 mini 软盘已经过时了（尺寸实在是太大了），计算机行业已经把目光投向 3.5in 的软盘，也就是后来的微型软盘（micro-floppy）。同样，该尺寸的软盘原始模型可以存储 360KB，但是新模型既可以是单密度（720KB），也可以是双密度（1.44MB）。软盘存储技术的发展极大地促进了计算机整个产业的进步，主要体现在数据的存储和交换上。当时操作系统是刻在软盘上销售的，所以用户买回去的第一件事就是复制软盘数据，这样才能保护原始数据的安全性。一个软盘存放一个操作系统和一些应用程序还是绰绰有余的。下面是早期的三种不同类型的软盘，如图 12-1 所示。

图 12-1　软盘

技术仍不断向前发展，数字化的文件也越来越多。很多企业也发现自己已经淹没在软盘的海洋里，数据检索速度极其缓慢，因为要花费大量时间找到正确的软盘。所以，软盘可能不是最可靠的媒介（年纪大一些的读者可能记得声名狼藉的"中止"、"重试"、"忽略"等信息），在这样的背景下，硬盘就诞生了。

从本质上讲，硬盘驱动器就是一个无法移除的软盘。原始模型也只能够存储几 MB，但是当容量继续增加，比如从 20MB 到 40MB、120MB、340MB、540MB 等硬盘尺寸是不变的。在 20 世纪 90 年代早期，硬盘就突破了 GB（十亿字节）的难关。此时，大家都觉得软盘已经无用武之地了，但是软盘并没沉沦，操作系统、应用程序仍旧是和软盘捆绑销售的，数据备份也是用的软盘。然而，新问题也初露端倪。

提前进入数字化时代，计算机终结了一切——信件、书籍、图片和音乐。给内部存储容量耗尽的计算机增加一些硬盘也十分容易，但是数据交换速率却成了整个行业主要的问题。一个简单的 Word 文档也就几 KB，但是如果加几张图片就完全不一样了，其占用的存储空间可能会比此时唯一的数据交换媒介（软盘）的容量还要大。网络并非任何地方都是可用的，并且大多数网络传输数据的速率并不快。我们不得不为高速设备（如 USB）等上好几年。我还记得当年收到过包含数十张存有程序的光盘的包裹。

当时提出了一种解决方案即 CD 驱动器方案，它可以存储 650 ~ 700MB 的数据。应用程序可以装在单个 CD 上，并且应用程序大小增加意味着应用程序能够越来越面向多媒体。Microsoft Encarta 把整个百科全书刻在一张 CD 上，由此引发了一场技术革命。然而，对于一次写入多次读取的多媒体来说，这并不是最高效的数据交换设备。在这样使用 CD 后，CD 无法擦除，也就是说 CD 被"烧毁"。在这期间各种技术应用于此，比如可重写 CD 多媒体技术，然而，这种技术刚刚起步就被迫终止了，这是因为又有新技术出现了。

通用串行总线（USB）是一种用于个人计算机和移动设备的串口总线标准。兴起于 20 世纪 90 年代中期，在 1996 年 1 月，发布 USB1 的规范，在 USB 出现之前，购买很多外设简直就是一场噩梦。打印机、扫描仪和 Zip 驱动器都使用并口，鼠标、调制解调器和编程器使用的是串口，所以当时扩展口相当盛行。USB 的出现，使打印机、扫描仪、鼠标、调制解调器甚至一些软盘驱动器等都进行了更新换代。所有这些外设都能够使用 USB，它融入了这个行业。不仅如此，很多人也想把该技术用于其他方面。2000 年，USB 闪存问世，如图 12-2 所示。

第一个商业产品可以容纳 8MB 数据，是软盘的 5 倍还多。它坚硬短小，耐磨耐摔，能承受较大温度变化。和软盘相比，USB 的数据交换速率可谓高速（1MB/s），其他应用场合也优于软盘。

图 12-2　USB 闪存

2000 年，USB2.0 替代了 USB1.1，无论是速率还是性能都有较大提升。USB2.0 数据交换速率高达 35MB/s，大文件传输也是相当迅速和高效。第二代闪存软盘就是采用 USB2.0，其速率大约是 USB1.1 的 20 倍。

不仅是数据交换速率提升了，而且存储容量也提高了不少。由于技术的快速更新，16MB 版很快就被 32MB 版替换。14 年之后，兆兆字节（TB）的闪存盘（Flash drive）问世，尽管它们取得如此大的进步，但是闪存盘本身已经保持相对不变了，这是因为它们依赖于小型控制器和闪存的缘故。

闪存（Flash memory）和软盘、硬盘不同，软盘是由一种细小、灵活的磁性存储介质用塑料密封制作而成。软盘驱动器是一个微型电动机，用来转动软盘，磁头（head）是放在软盘表面，为了读取数据，磁头要放在指定位置并且电动机带动软盘运转。只有当磁头和软盘位置正确后，磁头才能读取软盘上的数据。硬盘的工作原理与之类似，唯一不同就是电动机在硬盘内部。

无论是硬盘还是软盘，都很容易损坏。比如，你的硬盘从你的兜里滑落，可能就损坏了。闪存和它们相比，因为没有可活动部分，所以面对撞击也就更能复原。闪存只需要一点点能量就可以运行，一些闪存读写速率比最快的硬盘还快。

USB 闪存器（USB flash drive）仍旧不是我们想要的答案，即使我们可以很从容地在两台计算机之间传输数据，但是，现在移动设备层出不穷，比如手机、数码相机、便携式摄像机以及 mp3 播放器等都需要存储数据。早期的设备都是固化存储，这也可以满足大部分人的需求，但是还有很多人仍旧不够用。比如，我的第一台数码相机有 16MB 内存，对于专业摄影已经绰绰有余，但是一到假期就不够用了。有需求，就会有市场；有市场，就会有人做，所以很多公司就把注意力移向 USB，对 USB 本身进行改造。所以很多可移动存储设备应运而生，最具优势的形式就是 SD 卡。

12.2　SD 卡

安全数字（SD）卡，是从多媒体记忆卡（MultiMediaCard）进化而来。SD 卡协会负责管理格式、规范和迭代更新，并使用商标来标示兼容性。如果你的设备和 SD 卡有同样的商标，你就知道它们是兼容的。

　　从外形上来说，SD 卡有三种规格：标准、Mini 和微型（见图 12-3）。如今，大多数设备要么使用标准规格，比如相机、摄影机和个人计算机等；要么使用微型规格，比如电子书阅读器、电话和 mp3 播放器等。

　　SD 卡不仅用于数据存储，也用于数据交换。你可以把你相机中的照片通过 USB 线发送到计算机上，也可以直接把 SD 卡拔出来插入计算机中。很多台式机和笔记本电脑都有 SD 卡读卡器。对于 micro-SD 卡，你有几种选择。比如选择可以读取多种类型的 SD 卡读卡器或者选择可以接受 micro-SD 卡的 USB Key，它也可以作为常规的 USB 闪存驱动。适配器也可以把 micro-SD 卡转为标准尺寸的 SD 卡。

图 12-3　SD 卡、micro-SD 卡和 SD 卡读卡器

12.2.1　容量

　　从 1999 年发布到现在，SD 卡可以说是一路坎坷，变化巨大。最初的 SD 协议允许卡容量达到 2GB。当突破 2GB 的关卡时，SD-HC（SD 大容量）问世，它指定了一种能够存储 32GB 数据的标准，它不仅仅是增加集成空间，还需对协议进行修改才能支持更大容量。这个时候尺寸又成为新的问题，在此期间，SD-XC（扩展容量）诞生。该标准允许新版 SD 卡兼容旧的 SD 卡，但是反过来就不行了，旧版不能兼容新版，即使能够插入对应的卡槽，也是无法使用的。

　　卡容量成为唯一掣肘之处。要使用卡的存储空间，通常需要使用文件系统（文件系统是在物理存储媒介中准备空间来存储文件或文件夹的一种方式，其中物理存储媒介常见的有 SD 卡、软盘或者硬盘等）。SD 卡可用于不同协议的设备间交换数据。在各种各样的格式中，FAT 最为常见。

　　文件分配表（FAT），在早期的个人计算机上已经使用过。这几年 FAT 已经做了一些改变。最初的 FAT 版本——FAT8 现在已经不用了。FAT16 使用了 16 位的空间来表示每个扇区（Sector）的配置文件（存储文件信息的一种方法），并且仅限于 2GB 分区。在此之后，发布了 FAT32。理论上，FAT32 存储空间是增加了 2TB（兆兆字节），但是在实际应用中，很少有系统超过 32GB。新系统使用 exFAT 文件系统，但是新版是不兼容文件系统，它支持巨大的数据存储容量，理论上，可以达到 64ZB（泽字节）。做一个对比，在 2013 年，全世界数据总量大约是 4ZB，可以想象 64ZB 是一个什么样的情形。

　　FAT32 早就被其他文件系统超越了，比如 exFAT 和 NTFS，但 FAT32 仍有其自身的优势，所以现在还在使用。NTFS 增加了几个有意思的功能，比如日志、链接和配额，但是这些功能对于数码相机而言，并不适用。和 FAT32 文件系统交互所需的代码十分短小，所以

特别适合嵌入式系统。

12.2.2　速率

在选择 SD 卡时还需考虑的一个因素就是速率。SD 卡速率等级就是一种简单明了的描述方式，用它来理解 SD 卡的最小传输速率最好不过。字母 C 加数字就表示传输速率保证每秒能达到多少 MB；Class 2 级（C2）表示写数据速率不低于 2MB/s；Class 10 级为不低于 10MB/s。更新的速率等级是用字母 U 和数据一起表示，目前有两种，UHS-1（U1）保证读写速率不低于 10MB/s；UHS-3（U3）表示读写速率不低于 30MB/s。值得提醒的是，上面的标记都只表示最小速率，有时 2 级卡比 6 级卡速率还高，只是这并未得到认证而已。

12.3　在 Arduino 中使用 SD 卡

Arduino 本身无法使用 SD 卡，必须用扩展板来提供 SD 卡槽。很多以太网和无线扩展板都有 micro-SD 卡槽，现在市面上有很多数据采集扩展板（datalogging shield），它们也有 micro-SD 卡槽，并且还预留了安装传感器的位置，如图 12-4 所示。

图 12-4　带 micro-SD 卡槽的 SainSmart 以太网扩展板

12.3.1　公认的 SD 卡

Arduino SD 库支持 SD 卡和 SD-HC 卡，但最大容量不高于 32GB，这主要是因为 Arduino 只支持 FAT16 和 FAT32 文件系统，不支持最新的文件系统。一般 SD-XC 卡支持格式化为 exFAT，但是也有一些报告称 SD-XC 卡可以格式化为 FAT32。

Arduino 可以处理任何速率等级的 SD 卡，但是用 Arduino 写数据时，SD 卡速率将受到一定程度的限制。如果你要和个人计算机交换数据，你可能就要买一个更快速的卡。

12.3.2 限制

在 Windows 3.11 上处理文件名相当不容易，这些文件名是用 8.3 文件命名规则编写的，即文件名由 8 个字母组成，扩展名由 3 个字母组成。文件系统不区分字母大小写，都是用大写。文件被看作 WIN. COM、AUTOEXEC. BAT 和 RECIPES. TXT。如果你想给你的海边度假视频取名的话，你就要好好编一个名字，这样才能很好地区分文件。FAT 扩展名允许使用 LFN（长文件名），但是它只是一个扩展名，而不是 FAT 的特定部分。这也就是你的照相机给你的图片命名为 IMG_XXX. JPG 的原因，这可能是受到 8.3 文件命名规则的限制。Arduino 也可以使用 8.3 文件名。在照相机中的文件名都是数字编号，所以使用 8.3 文件命名规则不是问题；而 Arduino 中的文件也是一样，所以一般没什么问题。

和 SD 卡通信是通过 SPI 总线实现的。SS（SPI 从机选择）引脚配置必须正确无误，如果 SS 引脚不是设置成输出的话，SD 卡就不能工作了。

很多扩展板并不都是用同样的引脚来初始化 SD 卡，该引脚可以被修改。我们可以通过阅读扩展板的说明文档来知道哪个引脚是用于 SD 卡读卡器初始化的。

12.4 SD 库

Arduino 语言建立了一个 SD 库，该库是由三个其他的内部库构成，这三个内部库是用来处理卡和特定文件系统的函数集，经过抽象，使得该库更加易于使用。我将在 12.4.7 节介绍如何使用另外的库。

12.4.1 导入库

要使用 SD 库，首先是导入库。你可以用 Arduino IDE 自动添加（步骤：Sketch ⇨ Import Library ⇨ SD 菜单项），也可以手动添加：

```
#include <SD.h>
```

Arduino 和 SD 卡通信采用 SPI 协议，所以你还需导入这个库：

```
#include <SPI.h>
```

12.4.2 连接 SD 卡

和许多 Arduino 库一样，你必须调用 SD. begin() 函数来初始化库。

```
result = SD.begin();
result = SD.begin(csPin);
```

如果识别到 SD 卡且 SD 库初始化完成，SD. begin() 函数返回 true，反之，返回 false。如果你的项目中不使用默认的 SS 引脚，你就可以用可选参数 csPin 来配置你使用的从机选择引脚。但是大多数情况下都是使用默认引脚。

```
// 看卡是否存在,可以初始化
if (!SD.begin(chipSelectPin)) {
  Serial.println("Could not initialize SD card.");
  // 优雅地完成sketch
  return;
}
Serial.println("SD Card initialized.");
```

12.4.3　打开和关闭文件

在 FAT16/32 文件系统中，SD 库可以完成创建、更新和删除文件操作。SD 库（对于大多数编程环境）不区分创建文件和打开文件。系统要打开一个文件，如果文件存在，则打开；如果不存在，则创建并打开该新建的空白文件，可以调用 SD. open() 函数来打开文件。

```
file = SD.open(filepath);
file = SD.open(filepath, mode);
```

参数 filepath（一个字符数组）是要使用或创建的文件名。如果文件不存在，则新建，但是该函数无法创建文件夹。可以使用斜杠（/）来指定文件夹。参数 mode 可以是两个常量 FILE_READ 和 FILE_WRITE 之一。FILE_READ 常量告诉程序文件是以只读方式打开，如果你没有更改参数 mode 设置，则默认为只读。FILE_WRITE 常量则是以读/写方式打开文件。SD. open() 函数返回一个 File 对象，用来描述一些事情和指向一个文件。它是作为阅读、更新或关闭文件的参考。要打开文件，首先你必须创建 File 对象，然后把该对象用于接下来的文件动作中：

```
File myFile;
myFile = SD.open("data.dat", FILE_WRITE);
```

可以调用 SD. exists() 函数事先检查文件是否存在。

```
result = SD.exists(filename);
```

该函数返回 true 则表示文件存在，反之，就不存在。你在执行完读或写操作之后，必须关闭文件。可以从文件类（File class）中调用 close() 函数来关闭文件。

```
file.close();
```

当打开文件时，File 对象就被创建。该函数无参数、无返回值。

```
File myFile;
myFile = SD.open("data.dat", FILE_WRITE);
// 在这里执行任何读取或写入操作
myFile.close();
```

12.4.4　读取和写入文件

通过一个指向文件位置的指针来读取文件。默认情况下，当一个文件是打开时，则该指针指向文件的起始位置（byte 0）。每读取一个字节，指针就自动增加，直到把文件读取完毕。你可以设置指针指向文件内部的任意位置。

写文件时分两种情形：其一，无论指针指向何处，都写在文件末尾；其二，写在指针指向的地方。

当读写文件时，你可以使用文件类（File class），它是从流（一种数据形式）那里继承而来的，和串口类似。

1. 读取文件

可以调用文件类中的 read( ) 函数从文件中读取一个字节。

```
data = file.read();
```

该函数每次返回一个字节（如果没有数据则返回 – 1）并自动更新指针。如果你不想更新指针的话，你可以调用 peek( ) 函数。

```
data = file.peek();
```

peek( ) 和 read( ) 函数功能一样，返回一个字节，但是指针不更新。多次调用 peek( ) 函数将返回同一数据。如果你想知道接下来该读取哪个位置的数据（即指针的值），可以使用 position( ) 函数。

```
result = file.position();
```

该函数无需任何参数，并返回一个无符号长整型（unsigned long）表示当前指针位置，也可以通过 seek( ) 函数来设定该位置。

```
result = file.seek(position);
```

该函数通过无符号长整型参数 position 来设定文件指针。可以调用 size( ) 函数获知当前打开文件的大小，返回一个无符号长整型数据，即文件的大小。

```
data = file.size();
```

如果你想知道是否还有更多数据可读取，可以使用 available( ) 函数。

```
number = file.available();
```

该函数返回一个整型，其数值是文件剩下的字节数。

2. 写入文件

有三个函数可以用来给文件写数据：print( ) 和 println( ) 函数的使用方式和同名的串口函数使用方式一样，write( ) 函数把数据写到文件指针所指的位置。

print( ) 和 println( ) 函数可以用来写有格式的数据，比如文本和浮点数以及二进制、十六进制和八进制，它们采用可选参数 base 表示。通过指定参数 BIN 为基本参数，print( ) 函数将是以二进制格式写入。使用 OCT 和 HEX，print( ) 函数将分别是以八进制和十六进制格式写入。println( ) 和 print( ) 函数不同在于前者将自动换行，它们都忽略文件指针和文件末尾的附加数据。

```
file.print(data);
file.print(data, base);
file.println(data);
file.println(data, base);
```

write( ) 函数可以直接往文件中写入数据，但是无法插入数据。如果当前指针没在文件末尾，则 write( ) 函数将重写所有数据。

```
file.write(data);
file.write(buffer, len);
```

参数 data 可以是字节型、字符型或者字符串型。参数 buffer 可以是字节型、字符数组型或者字符串型。参数 len 表示数据长度，即数据字节数。

write( )、print( ) 和 println( ) 函数都返回写入缓冲区的字节数，但是读取时可以不用返回字节数。

12.4.5 文件操作

如果没有指定具体文件夹，那么将对 SD 卡下的根文件夹进行操作。然而，也可以创建一些文件夹并在这些文件夹里执行操作。在 UNIX 操作系统中，文件路径是由斜杠（/）隔开，比如，文件夹/文件.txt。所有文件夹命名都必须来自于根文件夹，你不能够在没有指定第一个根文件夹的情况下，改变路径进入另一个文件夹。

文件夹和文件的处理方式不尽相同，当创建一个文件时，你必须"打开"该文件，如果该文件不存在，Arduino 将创建该文件。但是文件夹就不能这样操作，在创建文件之前，你要先创建一个文件夹。

可以使用 mkdir( ) 函数创建一个文件夹。

```
result = SD.mkdir(folder);
```

如果成功创建文件夹，则该函数返回值为 true，反之，返回 false。该函数有一个字符串参数，也就是要创建的文件夹（配有斜杠）。如果需要的话，该函数还可以创建中间文件夹：

```
SD.mkdir("/data/sensors/temperature"); //将创建所有文件夹
```

可以使用 rmdir( ) 函数删除文件夹。

```
result = SD.rmdir(folder);
```

当文件夹为空时，就可以从文件系统中删除该文件夹。若删除成功，则返回 true，反之，返回 false。

事实上，文件夹也就是一个文件集，所以它们可以用 open( ) 函数打开，如果"文件"是常规文件或是一个目录，你可以使用 isDirectory( ) 函数来判断。

```
result = file.isDirectory();
```

该函数无需参数，返回值是布尔型，如果该文件是一个文件夹，则返回 true，如果该文件是一个常规文件，则返回 false。

12.4.6 SD 卡操作

数据是被缓存起来的。也就是说，当程序需要存储数据时，数据并不是立即写入 SD 卡中。这是因为 SD 卡中嵌入了一个控制器，写操作可能要等待，即实际写操作要延时几秒。当 SD 卡的嵌入式控制器收到多个写操作时，后面的写操作必须等到当前的操作完成后才会执行。可以使用 flush( ) 函数强制所有数据写入一个文件中。

```
flush(file);
```

当文件通过 close( ) 函数关闭后，该函数可以自动进行。

12. 4. 7　高级用法

前面提到 SD 库中包含三个内部库：Sd2Card、SdVolume 和 SdFile。SD 库中的所有函数是由这三个库中的函数封装而成。SD 库吸取 Arduino 的设计理念，即简单的方法实现高级的应用。当然，你也可以使用这三个库中的函数，以此进行更加高级的开发。

```
Sd2Card card;
SdVolume volume;
SdFile root;
```

这些库中，有许许多多的函数，大多数都超出了本书的范围，但是有几个函数可能会令人感兴趣。

要知道 SD 卡的大小信息，你可以得到 SD 卡的几何数据，也就是簇数（cluster）和每簇的块数（block）。

```
unsigned long volumesize = volume.blocksPerCluster();
volumesize *= volume.clusterCount();
volumesize *= 512;
```

在 SD 卡中，块一般是 512B。你可以得到每簇中块的数量以及 SD 卡中簇的数量。将以字节为单位给出卡的大小。

CardInfo 例程中有更多实用的函数。在 Arduino IDE 中按以下步骤查看：Files ➪ Examples ➪ SD ➪ CardInfo。

12. 5　示例程序

本例就是创建一个记录数据的应用程序。旨在了解一天之中日光的变化情况。为此，你需要准备几个组件，其中要用到的传感器是光敏电阻（LDR）。LDR 的检测原理就是接收到的日光（灯光）量不同，电阻值就不同。本例需要一个由下拉电阻制作而成的分压器（voltage divider），如图 12-5 所示。输入电压为 5V，输出电压由 LDR 接收到的光亮决定，其范围是 0 ~ 5V。

当没有光时，LDR 电阻值很大，参考电压将接近于 0V。当光线很强时，LDR 阻值很小，参考电压接近于 5V。参考电压是由 Arduino 上的 A3 引脚的 ADC 读取。ADC 将采集的电压换算成 Arduino 运行的 5V 电压。ADC 将返回 0 ~ 1023 之间的值，这取决于你所使用的组件，也可以将该值转换为流明（lm）值（流明指可见光的单位）。

知道当前光量并无多大用处，我们更想知道一天中光量的变化情

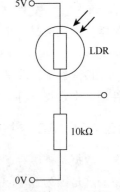

图 12-5　LDR 分压器

况。为此，数据必须要记录下来。你可以使用内置的 EEPROM，但是 EEPROM 存储是有限的，并且将数据传给 PC 也相当复杂，相比之下，SD 卡存储容量大，并且可以很方便地从 Arduino 上取下来，插在计算机上读取其中的数据。使用 SD 卡还有另外一个好处就是，可以指定最终文件的格式。在本例中，你可以创建一个 CSV（逗号分隔值，由 ASCII 文本行组成）文件。该文件可以直接导入到任何电子制表软件中，可以用它来创建图表。

原理图很简单，完成本例操作只需要几个组件，但是必须要有 SD 卡槽。原理图如图 12-6 所示。

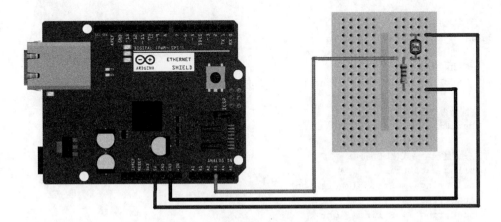

图 12-6　工程原理图（Fritzing 制图）

和多数扩展板一样，I/O 线是可访问的。你只需将网线直接插在以太网扩展板上，它就可以正常工作了。

程序代码如清单 12-1 所示。

清单 12-1：程序（文件名：Chapter12. ino）

```
1   #include <SD.h>
2   #include <SPI.h>
3   const int chipSelect = 4; // 根据需要更改
4
5   int light;
6   int lightPin = A3;
7   unsigned int iteration = 1;
8
9
10  void setup()
11  {
12    Serial.begin(9600);
13
14    Serial.print("Initializing SD card...");
15    // 对于SD库,芯片选择引脚需要设置为输出
16    pinMode(10, OUTPUT);
17
```

```
18     // 尝试初始化SD库
19     if (!SD.begin(chipSelect)) {
20       Serial.println("Card failed, or not present");
21       // 不用再做任何事
22       return;
23     }
24     Serial.println("Card initialized.");
25 }
26
27 void loop()
28 {
29     // 获取光强度读数
30     light = analogRead(lightPin);
31
32 // 打开SD卡数据文件
33 File dataFile = SD.open("light.txt", FILE_WRITE);
34
35 // 文件是否已打开
36 if (dataFile)
37 {
38     // 创建一个格式化的字符串
39     String dataString = "";
40     dataString += String(iteration);
41     dataString += ",";
42     dataString += String(light);
43     dataString += ",";
44
45     // 打印数据到串行端口和文件
46     Serial.println(dataString);
47     dataFile.println(dataString);
48
49     // 关闭文件
50     dataFile.close();
51 }
52
53     // 增加迭代次数
54     iteration++;
55
56     // 休眠1min
57     delay(60 * 1000);
58 }
```

程序开始需要导入库，本例中需要导入 SD 库和 SPI 库。定义三个变量和一个常量。常量 chipSelect 需要参考你的开发板上充当 SD 卡 CS 的那个引脚。在本章开始就指定了以太网扩展板，SD 卡和 4 脚连接。如果你不确信，你可以参考扩展板的说明文档。4 脚就是用来和 SD 卡通信的。变量 light 存储光敏传感器的值；lightPin 是用来读取传感器值的引脚；最后，变量 iteration 将显示读数，并且也将用于格式化你在电子制表软件中的数据。

在 setup() 函数中，首先是配置串口，这些你早都习以为常了吧。第 14 行，Arduino 发送了一条状态信息，通知用户即将初始化 SD 卡。第 19 行执行初始化动作，但是在此之前

（第 16 行），由于 SD 库需要，Arduino 默认的芯片选择引脚（数字引脚 10）被设置为输出。虽然该引脚没有和 SD 卡连接起来，但是如果没有它，SD 库将无法正常工作。

在第 19 行，通过使用先前定义的 chipSelect 引脚完成 SD 卡初始化。如果 SD 卡初始化失败，并且你的 SD 卡格式是 FAT32，这个时候你就要检查一下你所用的引脚编号对不对。如果初始化失败，程序将通知用户，否则，串口将打印一条初始化成功的消息。

在 loop( ) 函数中（第 27 行），程序首先读取 lightPin 引脚的值并存到变量 light 中。当数据一直被读取时，就打开 SD 文件（第 33 行），程序调用一个名为 light.txt 的文件。如果该文件存在，就直接打开；否则，就创建该文件。因为程序使用的是参数 FILE_WRITE，所以文件是可读写格式。第 36 行，程序检测文件是否打开，如果是，将创建一个字符串并写入数据，数据就是变量 iteration 和变量 light，中间用逗号隔开。第 46 行，串口打印字符串，然后使用 SD.println( ) 函数，将其添加到数据文件中。完成以上任务，就关闭文件，此时，所有数据都在 SD 卡中了。

你可能会问，为什么每次写入后就要关闭文件呢？很好，其实道理在前面也有提到，如果不需要操作文件时，就把文件关闭，毫无疑问这是一个不错的方式，更重要的是，一旦关闭文件，就会使数据强行写入 SD 卡。在嵌入式系统中，你不知道用户什么时候断电，因为什么时候都可能断电。如果这个时候文件是打开的，就存在安全隐患，比如数据泄露、丢失。关闭文件就可以确保数据尽快地写入到 SD 卡中，这样也使得 SD 卡在移除后不会存在什么问题。

程序运行结果就是创建一个可以导入电子制表软件（比如 Excel 或 LibreOffice Calc）的文件。我所在城市日出光量结果如图 12-7 所示。因为路灯的原因，刚开始就 200，但是在16min 的时候，可见光突然大幅下降，但只有 1min。这可能是由于传感器被一只猫挡住了，所以惊喜无处不在。

12.6　小结

在本章，你已经知道用不同的方法连接 SD 卡，如何初始化 SD 卡。我也介绍了 SD 卡的数据读写以及如何将数据可视化。在下一章，我将带你领略更震撼的视觉盛宴——TFT 屏幕。

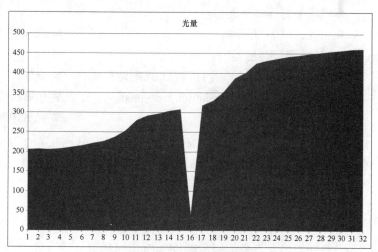

图 12-7　示例数据输出

本章讨论 TFT 库的以下函数：

- TFT( )
- begin( )
- width( )
- height( )
- background( )
- text( )
- setTextSize( )
- point( )
- line( )

- rect( )
- circle( )
- stroke( )
- fill( )
- noStroke( )
- noFill( )
- loadImage( )
- isValid( )
- image( )

本章示例需要以下硬件：

- Arduino Uno 开发板
- LM35 温度传感器
- Adafruit ST7735 TFT 转接板（链接地址：http://www.adafruit.com/product/358）

- micro-SD 卡
- 面包板
- 导线
- 10kΩ 电阻
- 光敏电阻

你可以在 http://www.wiley.com/go/arduinosketches 的 Download Code 选项卡下载本章的代码，代码存放在 Chapter 13 文件夹，文件名是 chapter13.ino。

13.1 引言

计算机发烧友喜爱他们的硬件，而他们最喜欢的（也是最担心的）设备之一便是貌不惊人的显示器。当你谈论一个显示器时，一些人瞬间想到早期的 CRT 显示技术。

阴极射线管（CRT）是过去几十年用于电视机和监视器的技术。简而言之，它是一个电子枪，设备一端发射高速电子到荧光屏。大磁铁使电子束发生偏移打在屏幕的特定位置，从而在屏幕上出现不同的亮点。当然，电子极易受到大气的杂质，甚至空气的干扰，因此将枪和屏幕包裹在真空的玻璃罩内。为了避免太脆弱，玻璃通常都很厚，同时也能防止大多数 X 射线辐射，玻璃类型主要是铅玻璃。这种设备可以做得很小，但往往很长（指设备前后的长度）。极端情况下，和宽度相当，大多数情况下只有宽度的 1/2。CRT 已被用于电视机，也用于示波器、数据输出、发信号、飞机座舱，或用于存储器件。

　　CRT 屏幕可用于显示美丽的图片，但是有代价的，代价是体积更大、更笨重。一台 27in 的 CRT 电视机可能重量超过 100lb（40kg）。最大和最重的是 40in 屏幕，重达 750lb（340kg）。如果你想要一个大屏幕，你确信你有朋友能够帮你安装它？

　　LCD 屏幕的到来飞速改变了家庭影院技术。LCD 与 CRT 相比更多优点；它相对便宜，重量轻，坚固，并且更易于回收。屏幕会突然增大，但讽刺的是，它们也可以变得更小。大的 CRT 屏幕有不实际的尺寸，但同样的，谁能够想象一个移动电话使用的是 CRT 屏幕？旧的移动计算机，虽然确实有 CRT 屏幕。但它们不是你今天所见的翻盖造型；相反，它们就像大砖头，并且一侧有一个 CRT 屏幕，另一侧有一个软盘驱动器。LCD 屏幕不仅使移动电话成为可能，同时也改变了移动计算机的使用方式。

13.2　技术

　　自 LCD 屏幕问世以来，很多屏幕技术也相继出现，每一代的寻址问题和以前的技术困难都逐渐解决。

　　其变化之一是引入无源矩阵寻址。这种技术允许单个像素通过寻址其 x 和 y 坐标来改变，并且像素会保持它们的状态直到命令改变。这种技术很可靠，但刷新速率很慢，随着屏幕分辨率增加，这种技术也不太实用。

　　双重扫描，称为 DSTN（双重扫描超扭曲向列），能得到更快的屏幕刷新速率，但会牺牲清晰度和亮度。DSTN 屏幕不太适合看电影，有明显的噪声，还会在屏幕上留下痕迹。我依然记得曾经的一次长途飞行中，每一个座位都安装了多媒体系统，但是却使用了 DSTN 屏幕（以前，飞行就像去电影院，一个单独小屋配一个大屏幕）。屏幕舒适感的缺乏让我放弃了看电影，转而阅读飞机上的杂志。

　　TFT（薄膜晶体管），是另一种显示技术。最初，它比 DSTN 面板更昂贵，但生产成本却随需求的增加而降低。TFT 能以精密的颜色显示清晰的文本和图形。TFT 面板几乎用在所有的移动设备和如电视机和监视器等非便携式设备上。

　　ST7735 是一个能够驱动小尺寸 TFT（128 像素×160 像素）显示的集成电路，Arduino 或者其他设备可以和 ST7735 通信。因为驱动含有用于存储视频缓冲器的板载存储器，一旦它发送命令到芯片，Arduino 的存储器就能处理程序和变量。

　　ST7735 型 LCD 屏幕可从众多的生产厂家获得，SainSmart、Adafruit 和 Arduino 都销售基于 ST7735 的 LCD 屏幕。

　　ST7735 的控制器可以处理大量的颜色，高达 252000 种离散值（但使用库不能够访问所有这些种类的颜色值）。

13.3　TFT 库

Arduino 拥有控制小型尺寸 TFT 屏幕的函数库，该库是 Adafruit 的良心之作。Adafruit 最初出售基于 ST7735 芯片的 TFT 屏幕并为其编写了两个库：一个专用于 ST7735 的库和一个适用于它的所有 LCD、TFT 设备的图形库。Arduino 的 TFT 库基于 ST7735 库和 Adafruit 的 GFX 库。Arduino 库和 Adafruit 库之间的主要区别是绘图命令使用方法。Arduino 的 TFT 库尝试模拟 Processing 的编程语言作为命令使用，它使用 SPI 总线通信，并且使用更简单。

 交叉参考　SPI 的介绍见第 7 章。

13.3.1　初始化

使用 SPI 库之前必须先导入，因为它依赖 SPI 通信。导入库可以通过 Arduino IDE（进入菜单 Sketch→Import Library→TFT）来自动完成或者手动导入。

```
#include <TFT.h>
```

接下来需要初始化 TFT 对象，基于此，还需要一些其他信息：用于和控制器通信的引脚。至少需要三个引脚：CS、DC、RESET。DC 引脚用于告诉控制器当前发送的是数据还是命令。CS 引脚是 SPI 总线片选引脚。最后一个 RESET 引脚用于必要情况下复位 TFT 屏幕。它也可以与 Arduino 的复位引脚连接。TFT 对象初始化如下：

```
#define TFT_CS    10
#define TFT_DC    9
#define TFT_RESET  8

TFT screen = TFT(TFT_CS, TFT_DC, TFT_RESET);
```

ST7735 是一个 SPI 设备。因此，它使用 MOSI、MISO 和 CLK 引脚。这些引脚已连接到 Arduino 的固定引脚，所以没有必要定义。如果需要，可以使用软件 SPI，使用软件 SPI 需要定义 MOSI 和 CLK 引脚。虽然硬件 SPI 在屏幕绘图时有更快的速度，但有时你可能需要将其中的一些引脚用于其他方面（控制器不需要 MISO 引脚）。使用软件 SPI，你需要声明以下引脚：

```
#define TFT_SCLK 4
#define TFT_MOSI 5
#define TFT_CS    10
#define TFT_DC    9
#define TFT_RESET 8

TFT screen = TFT(CS, DC, MOSI, SCLK, RESET);
```

注意 Arduino 的 Esplora 开发板已经为 TFT 屏幕设计了专用的插座。正因为如此，它才使用固定引脚而不需要以相同的方式初始化。有关 Esplora 的更多信息以及如何使用 Esplora 驱动 TFT 屏幕，参见第 21 章。

最后一件需要做的事是启动 TFT 子系统，使用 begin( ) 函数实现：

```
screen.begin();
```

该函数不带任何参数，不返回任何值。

13.3.2　屏幕准备

对于大多数图形显示，需要知道屏幕的尺寸，即分辨率。分辨率是屏幕宽度和长度所占用的像素数量。无论是在物理屏幕尺寸和像素方面，并非所有的屏幕大小都一样。不可能都知道屏幕的物理尺寸，但是能够知道屏幕的分辨率。有两个函数能够获取屏幕的宽度和高度：width( ) 和 height( )。

```
int scrwidth = screen.width();
int scrheight = screen.height();
```

无论这些函数带任何参数，都返回整型值，其表示像素大小。

使用屏幕之前，常常需要清除屏幕的文本和图形内容。当需要初始化 LCD 屏幕时，执行屏幕擦除操作是一种很好的方法。它可能是一种冷启动方式（系统在使用前处于断电状态），此时屏幕可能是空白的；如果是热启动（系统已上电复位），在这种情况下，屏幕可能显示文字和图形。要清除任何屏幕内容，使用 background( ) 函数。

```
screen.background(red, green, blue);
```

该函数需要三个参数：red、green 和 blue，实际使用这三种颜色的组合。red、green 和 blue 都是整型变量，每种颜色包含 8 位颜色值：0 ~ 255。但是屏幕不显示每个通道完整的 8 位色彩。红色和蓝色的值被调整为 5 位（32 步），而绿色被缩放到 6 位（64 步）。在函数库中缩放这些值的优点意味着 Arduino 可以读取 8 位分量的图形数据，而无需对它们进行修改。

13.3.3　文本操作

Arduino 的 TFT 库支持文本操作，能够让你无须做任何复杂的计算直接向屏幕写文本。写文本非常简单，只要指定文本和坐标。然后由 TFT 库完成剩下的任务。

向屏幕写文本，使用 text( ) 函数。

```
screen.text(text, xPos, yPos);
```

参数 text 是以字符形式写入到屏幕的文本，xPos 和 yPos 是整型数据的坐标，并以左上角为起始零点。

计算机屏幕上使用的是 x、y 坐标系，但和数学上的坐标不一样，计算机屏幕使用的方式略有不同。原点坐标或（0，0）是在屏幕的左上角。x 的值向右递增，而 y 值则向下递增，如图 13-1 所示。

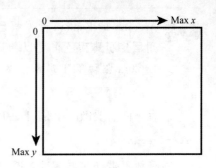

图 13-1　计算机屏幕坐标系

与串口终端不同，写入到 TFT 屏幕的内容不会自动换行，也就是说，如果写入屏幕的文本的长度比屏幕的宽度大，它不会自动放到下一行。你必须确保一行不写太多的数据。否则屏幕之外的文字将会被忽略。

如果需要以多种尺寸打印文本，可以使用 setTextSize( ) 函数。

```
screen.setTextSize(size);
```

参数 size 是一个 1～5 的整型数据。它对应文本像素的高度除以 10：文本 size 为 1 表示有 10 个像素高，文本 size 为 2 表示有 20 个像素高等。size 最大为 5 时，文本像素达到 50 像素。默认情况下，文本 size 设置为 1。该函数不改变屏幕上显示的内容，但可调用 text( ) 函数修改即将要显示的文本尺寸大小。

13.3.4　基本图形

Arduino 的 TFT 库还具有图形化的操作功能：画线、圆和点。正是凭借这些简单的工具，你可以创建高级图形、图表和接口。

所有绘图功能最基本的是绘点，即简单地将一个像素点放置在指定的坐标：

```
screen.point(xPos, yPos);
```

参数 xPos 和 yPos 是整型值，表示像素画在屏幕上的位置。

另一个绘图函数是绘制线条，它是将一对坐标彼此相连。使用如下调用方式：

```
screen.line(xStart, yStart, xEnd, yEnd);
```

参数 xStart 和 yStart 是声明起始点坐标的整型值。参数 xEnd 和 yEnd 是声明结束点坐标的整型值，然后将这两点之间以一条实现相连。

你也可以使用四条实线来绘制矩形，但 Arduino 提供了一种更简单的方式实现它——rect( ) 函数。

```
screen.rect(xStart, yStart, width, height);
```

就像 line( ) 函数，该函数需要一对整型的坐标，对应于矩形的左上角坐标。参数 width 和 height 对应于矩形的宽度和高度，以像素为单位。四条线会平行于屏幕边缘，所有四个角都是直角。

画圆使用 circle( ) 函数。

```
screen.circle(xPos, yPos, radius);
```

xPos 和 yPos 是圆的中心点坐标，为整型值。radius 是整型值，以像素为单位，表示圆的半径。

13.3.5　上色

所有的图形函数需要坐标和参数来定义它们的大小和形状，但不包含颜色参数。可通过不同的函数实现。原理是你告诉控制器需要使用的颜色，然后后续所有的绘图显示将使用该颜色。

颜色函数不仅用于线条也用于填充空间，矩形可以使用一种颜色限定其边界线，而矩形的内部可以是不同的颜色。通过指定填充颜色，任何出现在矩形内的颜色将由一种固定的颜色覆盖。颜色可以是任何 RGB 值，也可以声明为没有颜色，在这种情况下，颜色是"透明的"；其中，任何现有的像素将保持不变。

使用两个函数实现此功能：stroke( )、fill( )。可使用 stroke( ) 函数定义点和线的颜色：

```
screen.stroke(red, green, blue);
```

该函数有三个整型参数：8 位长度的 red（红色）、green（绿色）和 blue（蓝色）值。这些值被按比例缩小到 TFT 屏幕能够显示的范围内。当这个函数被调用，已经显示的绘图内容不会被修改；只有之后调用绘图元素才会受到影响。此函数仅适用于绘点、线和圆形以及矩形的轮廓。要指定填充圆形或矩形的颜色，使用 fill( ) 函数：

```
screen.fill(red, green, blue);
```

该函数仍然是三个整型参数：red、green 和 blue 值，都是 8 位长度。

要设置轮廓颜色为透明，使用 noStroke( ) 函数：

```
screen.noStroke();
```

要设置填充颜色为透明，使用 noFill( ) 函数：

```
screen.noFill();
```

13.3.6　图形图像

如果你是在一个 LCD 屏幕上创建一个带有图形图标的气象站，就可以创建一个基本的代表太阳的几何图像。但闪电会很难渲染，并且云朵显示会非常复杂。使用一个现成的图像在屏幕上加载和显示会更加容易，TFT 库可以从 SD 卡读取图像实现此功能。

大多数使用 ST7735 控制器的模块和扩展板也有一个可以读取 micro-SD 卡的插槽。它们是存储类似图像这类包含大量数据的一种很好的方式。由于 SD 卡控制器使用 SPI 通信，ST7735 设备也是一个 SPI 设备，因此很容易将两者结合起来：它们都共享 MOSI/ MISO/ CLK 线。此外还需要一个从机选择引脚。

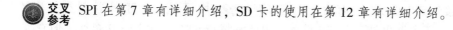

交叉参考　SPI 在第 7 章有详细介绍，SD 卡的使用在第 12 章有详细介绍。

如果要直接从 SD 卡加载一幅图像，使用 loadImage( )：

```
PImage image = screen.loadImage(name);
```

参数 name 是将要从 SD 卡加载的文件名。该函数返回 PImage 对象。PImage 对象是用于将位图图像绘制到 TFT 屏幕的基础类。它包含图像数据，并且可将图像显示在屏幕上的特定位置。当这个对象已经被加载，你就可以检索相关信息。可以使用两个函数来获得所述图像的宽度和高度，并使用另一个函数来验证数据的有效性。

```
width = image.width();
height = image.height();
```

以上两个函数在 PImage 对象中被调用，都返回整型值，分别对应以像素为单位的图像的宽度和高度。

```
result = image.isValid();
```

该函数在 PImage 对象中被调用，返回布尔型值；如果图像异常，返回 false，否则返回 true。

在指定坐标显示图像使用 image( ) 函数：

```
screen.image(image, xPos, yPos);
```

参数 image 是 PImage 对象使用 loadImage( ) 函数时所创建的量。参数 xPos 和 yPos 是图像从左上角开始显示的坐标。

13.4   示例程序

在前一章中，你已经创建了一个能够表示光照等级的数据记录系统，现在是时候更上一层楼，即创建一个可视化的数据采集应用。外面有多少光照？温度有多高？现在你可以把它们在 TFT 屏幕上视觉呈现出来。

温度需要实时读取，但光照等级将在一段时间内以曲线图显示。为了使显示更美观，使用了背景图片。图像从左至右显示，并且当图像显示到达最右侧时，屏幕刷新，图像再次重复显示。

13.4.1   硬件

本示例中使用的屏幕是 Adafruit ST7735 转接板。Adafruit 自身也销售 LCD 屏幕，不过这可能不是你所需要的。创建自己的设备时，无需任何额外硬件的屏幕可能是最好的选择，尤其是建立原型之后。但是要创建本例程，你得需要 ST7735 转接板，它有自己完整的 PCB，引脚已经放置到面包板上。此外，它还具有一个 micro-SD 卡槽，刚好用于本项目。

转接板必须连接到 SPI 总线。它有两个片选引脚：一个用于嵌入式 SD 卡控制器，一个用于 TFT 屏幕。SD 卡读卡器也是一个 SPI 设备，因此它将与 ST7735 共用 SPI 总线，但它需要自己的芯片选择引脚。该装置还具有一个 Lite 引脚，允许 Arduino 打开 TFT 背光。

为了读取温度，将 LM35 温度传感器连接到 Arduino 的 A0 脚，为了获取光照，将光敏电阻连接到 Arduino 的 A1 脚。

连接图如图 13-2 所示，SPI 的 MISO 脚、CLK 脚、MOSI 脚连接到 TFT 转接板的 SPI 脚。背光引脚连接到 5V 电压脚上，电源一上电就打开背光。该 SD 控制器片选引脚连接到 Arduino 的 D4 脚，TFT 芯片选择引脚连接到 D10 脚。还剩下的两个引脚：D/C 脚，与 SPI 脚连接，用于告诉 TFT 屏幕此时是命令还是数据，Reset 脚用于必要时复位 TFT 屏幕。

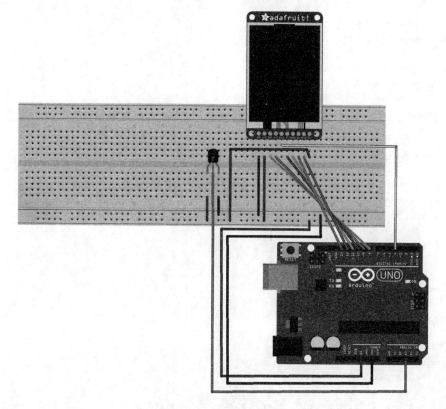

图 13-2　项目硬件连接图

13.4.2　程序

现在到了有意思的部分，把之前的一切融合在一起，程序代码如清单 13-1 所示。

清单 13-1：TFT 程序（文件名：Chapter13.ino）

```
1   // 所需头文件
2   #include <SD.h>
3   #include <TFT.h>
4   #include <SPI.h>
5
```

```
6    // 引脚定义
7    #define TFT_CS    10
8    #define SD_CS     4
9    #define DC        9
10   #define RST       8
11
12   int lightPos = 0;
13   int currentTemp = 1;
14
15   PImage backgroundIMG;
16
17   // 创建一个TFT库的实例
18   TFT screen = TFT(TFT_CS, DC, RST);
19
20   // 用于在屏幕上显示文本的Char数组
21   char tempPrintout[10];
22
23   void setup()
24   {
25     // 初始化屏幕
26     screen.begin();
27
28     // 首先将使用TFT屏幕输出错误信息
29     screen.stroke(255, 255, 255);
30     screen.background(0, 0, 0); // Erase the screen
31
32     // 初始化SD卡
33     if (!SD.begin(SD_CS))
34     {
35       screen.text("Error: Can't init SD card", 0, 0);
36       return;
37     }
38
39     // 加载并打印背景图像
40     backgroundIMG = screen.loadImage("bg.bmp");
41     if (!backgroundIMG.isValid())
42     {
43       screen.text("Error: Can't open background image", 0, 0);
44       return;
45     }
46
47     // 现在图像被验证,显示它
48     screen.image(backgroundIMG, 0, 0);
49
50     // 将字体大小设置为50像素高
51     screen.setTextSize(5);
52   }
53
54   void loop()
55   {
56
```

```
57    // 获取光照读数
58    int lightLevel = map(analogRead(A1), 0, 1023, 0, 64);
59
60    // 是否到达屏幕边缘
61    if (lightPos == 160)
62    {
63      screen.image(backgroundIMG, 0, 0);
64      screen.stroke(0, 0, 255);
65      screen.fill(0, 0, 255);
66      screen.rect(100, 0, 60, 50);
67      lightPos = 0;
68    }
69
70    // 设置线条颜色,画一条线
71    screen.stroke(127, 255, 255);
72    screen.line(lightPos, screen.height() - lightLevel,
73        lightPos, screen.height());
74    lightPos++;
75    // 获取温度
76    int tempReading = analogRead(A2);
77    int tempC = tempReading / 9.31;
78
79    // 温度读数是否有变化
80    if (tempC != currentTemp)
81    {
82      // 需要删除以前的文本
83      screen.stroke(0, 0, 255);
84      screen.fill(0, 0, 255);
85      screen.rect(100, 0, 60, 50);
86
87      // 设置字体颜色
88      screen.stroke(255, 255, 255);
89
90      // 将读数转换为字符数组,并打印
91      String tempVal = String(tempC);
92      tempVal.toCharArray(tempPrintout, 4);
93      screen.text(tempPrintout, 120, 5);
94
95      // 更新温度
96      currentTemp = tempC;
97    }
98
99    // 等待一段时间
100   delay(2000);
101 }
```

程序的前几行，导入本项目需要的函数库：用于 LCD 屏幕的 TFT 库，用于 SD 卡读取的 SD 库和 SPI 库，SPI 库还需要和其他库通信。

在接下来的程序行中，声明用于 TFT 屏幕的引脚，RST 是复位引脚，用于 TFT 子系统准备好时或者程序需要时复位屏幕。DC 引脚作为一个扩展引脚告诉 TFT 屏幕当前输入消息

是数据还是命令。此外，TFT 屏幕和 SD 卡读卡器都包含片选引脚。

第 12、13 行，声明 2 个整型变量：lightPos 和 currentTemp，两个变量分别表示图像位置和当前温度。

第 15 行，创建名为 background 的 PImage 对象，它允许将图像加载到内存中，并在屏幕上显示背景图像。

第 18 行，创建名为 screen 的 TFT 对象。使用三个参数初始化，三个引脚用于控制屏幕，SPI 引脚线不需要声明，因为它们是固定的引脚，不能被改变。

第 21 行，创建一个名为 tempPrintout 的字符数组变量，其用于存储显示在屏幕上的温度数据。

第 23 行，声明 setup( ) 函数，在 setup( ) 中需要配置很多参数，首先，第 26 行代码开始和屏幕通信。本项目中，TFT 屏幕用于调试消息，因此必须在进行其他操作之前设置为显示任何状态消息。第 29 行，调用 stroke( ) 函数，通知 TFT 屏幕之后用于绘图或者文本显示需要使用的颜色。为了确保文本可读，调用 background( ) 函数设置屏幕为黑色。

第 33 行，程序尝试初始化 SD 库。如果初始化失败，调用 text( ) 函数输出一个消息并设置坐标为 (0，0)，此时会在屏幕的左上角显示一些文本消息。如果 SD 库生效，下一步就是加载一幅图像。程序会在 SD 卡的根目录查找一个名为 bg. bmp 的文件，如果找到，将其放入 PImage 对象的 backgroundIMG 实例中，然后程序会验证 backgroundIMG 内容是否是一幅有效图像，如果内容无效，则在屏幕显示一则错误文本消息；如果内容有效，则在屏幕上从左上角的坐标 (0，0) 开始显示此图像。最后，设置文本大小为 5，即 50 像素高。

第 54 行，声明 loop( ) 函数。该函数用于读取 A3 脚的光照电压，模-数转换器的返回值范围是 0～1023，但是程序需要特殊的值，理想情况下，这些值不超过 64，因为屏幕占 128 像素，位于显示屏幕的下部位置，所以 64 是一个很好的最大值。实现此目的最优函数是 map( )。接下来程序需要在图像上打印新行，但是在这样做之前，有一个问题需要回答，图像是否到达屏幕的边缘？第 61 行使用 if( ) 语句进行检查，如果图像已到达屏幕的边缘，有几件事情需要做。首先，刷新背景图像，擦除屏幕上的任何内容。其次，边框和填充图形颜色设置为蓝色。然后，打印一个矩形，矩形里支持显示温度。最后，变量 lightPos 被设置为 0（在屏幕的左侧）。

第 72 行，在屏幕上绘制一条线。第一组参数是线条的 x 和 y 起始点坐标，第二组参数是线条的屏幕和 y 轴结束坐标。height( ) 和光照传感器的值决定 y 轴长度。

现在光照强度已经通过计算并绘制在屏幕上，接下来是显示温度。先读取 LM35 的温度，然后将其转换为摄氏单位值。程序检测温度是否变化，如果变化则擦除屏幕的一部分，再写入新的数字，但这会引起一瞬间屏幕的闪烁。因为温度变化不是很频繁，所以才加入温度变化检测，程序中的第 80 行使用 if( ) 语句来判断。第 85～88 行，如果温度和上一次读取的温度不一样，声明并改变背景颜色，屏幕的一部分被擦除。在显示文本之前，背景颜色将由黑色变为白色。

文本必须以字符数组形式使用，但是将其作为一个字符串打印会更容易。第 91 行创建一个名为 tempVal 的字符串对象，以字符串形式存储温度，下一行将字符串转换为字符数组，存入到 tempPrintout 中，然后将数组打印在与前面绘制的矩形匹配的坐标上。

最后，程序在重复刷新之前等待 2s。

13.4.3　练习

温度显示在屏幕上可见，但它可以做得更漂亮一些，甚至更加丰富多彩。根据温度来改变文本的前景色或背景色；15℃ 可以是一个凉爽的蓝色，35℃ 则是明亮的红色。

13.5　小结

在本章中，你已经了解了什么是 TFT 屏幕，它是如何服务于你的项目，以及 Arduino 如何与其通信。你已经看到了如何初始化屏幕，如何将文本和图片打印到屏幕上，以及如何显示黑白和彩色的基本图形。在下一章中，我们将讨论伺服电动机，以及如何利用 Arduino 和几行简单的代码来控制它们。

第14章

Servo

本章介绍伺服电动机的相关函数，具体如下：

- attach( )
- attached( )
- write( )

- writeMicroseconds( )
- read( )
- detach( )

运行本章示例所需硬件如下：

- Arduino Uno
- USB 线
- 面包板

- LM35
- HYX-S0009 或类似的伺服电动机

你可以在 http：//www. wiley. com/go/arduinosketches 的 Download Code 选项卡下载本章的代码，代码存放在 Chapter14 文件夹，文件名是 chapter14. ino。

14.1 伺服电动机的简介

大多数电动机都是比较简单的装置，只要有电流流过，电动机就会转动。当电动机转动时，我们很难知道它转过的角度或者它们的转速，所以要得到这些信息，需要使用传感器。伺服电动机可以根据需求调整它们的位置。大多数伺服电动机不能转动 360°，一般都有一个范围，最常见的就是 0°~180°，如图 14-1 所示。

为了获取精确的位置信息，伺服电动机使用了各种各样的技术。大多数使用精密电位器，来测量旋臂转动了多少，更先进一点的就是采用光学编码器，也可以获得旋臂转动的角度。

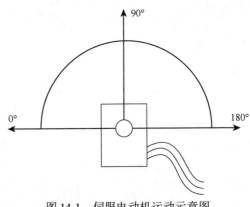

图 14-1 伺服电动机运动示意图

伺服电动机产生的背景是在残酷的战争年代。在二战时期，它们是被用于雷达和防空火炮上，雷达是要跟踪飞行器的运动路径并把该信息显示在屏幕上，所以它需要知道发射器和接收器之间的角度。防空火炮根据计算结果会转动一个精确的角度，伺服电动机和人力相比，可以更快速地把负载放到正确的位置，同时也更为可靠。

你可能会问，伺服电动机根本无法转动 360°，那它的用途是不是会受到很大的限制？事实上，伺服电动机用途相当广泛。在工业系统中，它们常用于电磁阀的通断；雷达或其他跟踪设备也在使用，这样可以实现高精度定位；机器人的手臂也是使用伺服电动机，以此实现精准角度的摆动和提高负载能力。远程控制汽车的发烧友对伺服电动机再熟悉不过了，因为伺服电动机要用于控制方向。当前车轮左转或右转时，伺服电动机就做相应的转动，以此保持正确的运动方向。

伺服电动机是一个装配有额外的传感器和逻辑控制器的电动机。简而言之，就是嵌入式微控制器读取轴的转动角度并控制一个小型电动机。

14.2　控制伺服电动机

大多数电动机只需要 2 根线：电源线和地线。步进电动机略有不同，需要好几根线才能让电动机转动一个特定角度，但仍旧不是智能的（见第 15 章）。伺服电动机需要 3 根线：一根电源线，一根地线，还有一根控制线。

伺服电动机使用脉宽调制（PWM）来接收指令。脉宽调制即采用简短且精确的数字信号来传递信息。有关 PWM 的知识在第 4 章已经介绍过。

伺服电动机期望每 20ms 一个脉冲，这样，它将转动一个特定角度。PWM 信号在 0.5 ~ 2.5ms 之间变化。0.5ms 脉冲使得伺服电动机转动最小角度，同理，2.5ms 则转动最大角度，1.25ms 就转动一半。

那么问题就来了，"在 Arduino 中如何实现呢？" Arduino 上的 PWM 接口和伺服电动机控制器计时标准是不同的，并且在 Arduino 中很容易出错，脉冲很容易就超出 2ms。幸运的是，Arduino 做了一定程度的抽象，只需几条指令就可以使伺服电动机使用起来十分方便。

大多数 Arduino 开发板可以在同一时间连接 12 个伺服电动机，但是 Arduino Mega 例外，它可以同时连接 48 个电动机，并且价格也很低。大多数 Arduino 开发板使用 Servo 库将自动失能 9 脚和 10 脚的 PWM 功能，Arduino Mega 仍旧例外，它还是可以从容驱动 12 个伺服电动机，不受影响。如果超出 12 个伺服电动机，那么 Arduino Mega 的 11 脚和 12 脚也将失能，无法使用。

 注意 Arduino 0016 及其之前版本只支持 2 个伺服电动机，分别是 9 脚和 10 脚。

14.2.1　连接伺服电动机

通常，伺服电动机只有三根线：红色电源线、黑色（或棕色）地线以及黄色（或橙色）

信号线。信号线直接和 Arduino 开发板上的数字引脚相连。通常 Arduino 可以直接给一个伺服电动机供电，但是，如果使用多个伺服电动机就需要单独供电，以此避免驱动能力不足的问题。虽然伺服电动机和普通电动机有很多区别，但是伺服电动机内部仍有一个小电动机并且吸收大量的电流，远远超过 ATmega 所提供的电流。

在使用伺服电动机之前，要先导入 Servo 库。你可以通过 Arduino IDE 菜单添加（Sketch ➪ Import Library ➪ Servo），也可以手动添加：

```
#include <Servo.h>
```

在程序中，首先你必须在发送指令前创建一个新的伺服对象，同时必须为每一个（一组）伺服电动机创建一个对象，以此进行控制。

```
Servo frontWheels;
Servo rearWheels;
```

可以调用 attach() 函数来告诉 Arduino 伺服电动机具体连接在哪个引脚上，指定引脚，以及指定脉冲大小的最大值和最小值。

```
servo.attach(pin)
servo.attach(pin, min, max)
```

默认情况下，最小值为 544μs（相当于 0°），最大值为 2400μs（相当于 180°）。如果你的伺服电动机关于最大值、最小值有特别设置，你只需要改变 attach() 函数中指定的时间间隔（μs）即可。例如，某个伺服电动机的最小值为 1ms、最大值为 2ms，则配置如下：

```
servo.attach(pin, 1000, 2000);
```

从那时起，Arduino 将自动根据目标角度计算脉冲长度，但是并非立马就发送指令，而是等一个专门的函数发送转动指令才开始转动。

14.2.2　转动伺服电动机

调用 write() 函数可以很容易地让伺服电动机转动一个指定角度。Arduino 将做所有必要的计算，即确定脉冲的长度和准时发送脉冲。

```
servo.write(angle);
```

参数 angle 是 0～180 之间的一个整数，单位是度（°）。

如果你需要精确定位，你可以使用 writeMicroseconds() 函数来指定脉冲的长度。这样就减少了 Arduino 的计算，并且精度更高，参数是一个整数，单位为 μs。

```
servo.writeMicroseconds(microseconds);
```

不知道原始位置没关系，伺服电动机将自动调整它的位置。Arduino 无需计算该值。这是因为在伺服电动机内部已经嵌入了一些设备，它们可以记录上一次的角度值，并且我们可以通过 read() 函数将该值读取出来：

```
int angle = servo.read()
```

记住，伺服电动机只能接收指令并不返回信息。read( ) 函数返回值是 Arduino 内部的值。当连接一个伺服电动机时，无法知道它的初始位置。在开始你的应用程序之前，把伺服电动机转到默认位置将有助于后面的控制。例如，遥控车有转向轮，默认值是 90°，无需调整方向盘，车将直线行走而不是以某个角度行走。

伺服电动机和其他的一些电动机一样，要达到指定位置，都需要花费一些时间，有些电动机运动速度快，有的慢，如果你不确信你需要多久时间，你可以看一下你的电动机使用手册。

14.2.3　断开

如果有需要，伺服电动机可以和内部程序断开。可以使用 detach( ) 函数来断开：

```
servo.detach()
```

随后调用 attached( ) 函数返回 false，直到再次调用 attach( ) 函数，才会有信号被发送。

在程序中，伺服电动机可以被连接、断开以及再次连接。有时程序需要知道此时设备的连接状态，可以调用 attached( ) 函数来检测：

```
result = servo.attached();
```

如果已经连接，则函数返回 1（或 true）；反之，返回 0（或 false）。值得一提的是，这并不是说你的伺服电动机物理上已经连接上了，只是在软件上已经连接了而已。

14.2.4　准确性与安全性

控制多个伺服电动机需要集中型处理器，如果你用一个 Arduino 控制很多伺服电动机，这就可能影响控制精度。在极端情况下，本来很小的角度失真，从伺服电动机上看就是一个最小角度值，一般是 1°～2°。

有些时候使用伺服电动机可能存在安全问题，比如用于机器人，对于机器人而言，胳膊的控制一直是重难点。想象一下，一个由伺服电动机提供动力的机器人胳膊要把一杯水放在用户手上，那么这个动作必须精准，不能高于或低于某个确定的角度。

使用 Servo 库无需暂停中断，你仍可以响应中断，时间函数（如 millis( )）仍旧工作，但是值得一提的是，由于执行中断服务程序，所以会花费一些时间，也就是伺服电动机的最终脉冲长度将被延长。比如你的中断服务程序费时 200ms，最坏的情况就是脉冲宽度延长 200ms，也就是说最终输出角度并不是你所期望的角度了。在下次发送脉冲时将纠正这一错误，也就可以使得伺服电动机运动到正确的位置。在大多数应用程序中，这都不是问题，不过应牢记一点，如果你的程序中有绝对限制，就不要超过该限制。

14.3　示例程序

伺服电动机应用相当广泛，从遥控汽车到机器人，应有尽有。为了简单起见，本章使用伺服电动机制作一个"复古"的温度计。在如今的数字时代，你可能都不记得这些设备是什么样子了。水银温度计就是一个长长的玻璃杆，上面有一些刻度；还有一些温度计是圆形的，和怀表类似。Arduino 利用传感器获得环境温度，然后驱动伺服电动机动作，那么温度计指针就指示出相应的温度值，并且这种温度计无论室内还是室外都是可以使用的。

本例使用 LM35。这是一个经济实惠、实用可靠的温度传感器，输出值单位是℃，如图 14-2 所示。有附加电阻和电压的情况下，它的温度采集范围是 - 55 ~ + 150℃；无附加电阻时，它的温度采集范围是 0 ~ 100℃。LM35 输出对应关系为 0V 即 0℃，1000mV 即 100℃，1℃对应 10mV。

图 14-2　LM35

通常，Arduino 的 ADC 转换范围是 0 ~ 5V，那么问题就来了，前面我们知道 LM35 输出低于 5V，要比较这个模拟值，Arduino 将把该输入值和参考电压进行比较。该参考电压由微控制器内部产生，通常和微控制器的电源电压相同，此处当然和 Arduino 电源电压相同。参考电压可以改变，所以可以用 0 ~ 1.1V 代替 0 ~ 5V 的采样值。Arduino 已经帮你解决这些麻烦事了，你只需调用 analogReference（INTERNAL）函数即可。这样你的程序准确性更高，只不过这需要付出代价。如果使用常量 INTERNAL，那么程序在 Arduino Mega 上就无法正常运行，这就需要修改程序。当完成本例后，你想使用 5V 采样并保持兼容，还是使用不同采样范围并用在特殊的开发板上，都由你决定。

使用 1.1V 参考电压，那么 10 位 ADC 采样精度是 1.1V/1024（1.07mV）。LM35 每摄氏度输出 10mV，所以 10/1.07 约为 9.31，即模拟值每变化 9.31 就相当于 1℃。要得到摄氏温度，只需把返回值除以 9.31 即可。

现在，程序可以得到 0 ~ 100℃ 的温度范围，这个范围太大了。如果室内温度显示 100℃，很可能你家房子着火了，这个时候你就没必要看温度计了。如果室外温度是 100℃，很可能是出错了。对于这两种情况，无需显示，所以高于 50℃ 直接忽略不计。

最后，只需将温度转换为伺服电动机的运动。对于本例，伺服电动机安装后的效果是，0°和 180°平行于地面，90°垂直于地面，温度计指针将在 45° ~ 135°之间运动。

那么问题就来了，温度如何转换成角度呢？0℃ 对应于伺服电动机的 45°，50℃ 对应于伺服电动机的 135°，听起来就相当复杂。事实上，无需复杂运算，只需调用 map（ ）函数即可，在第 4 章已经介绍过，现在回忆一下：

```
result = map(value, fromLow, fromHigh, toLow, toHigh);
```

大家应该还记得，该函数的功能就是将一个数从一个范围映射到另一个范围，是不是和我们这个例子十分相似。本例有两个范围：温度范围 0 ~ 50℃ 、角度范围 45° ~ 135°。因此，只需一个函数就可以完成温度到角度的转化。

14.3.1　电路图

本例使用 Arduino Uno。LM35 连接到模拟引脚 0，伺服电动机连接到数字引脚 9。具体连线如图 14-3 所示。

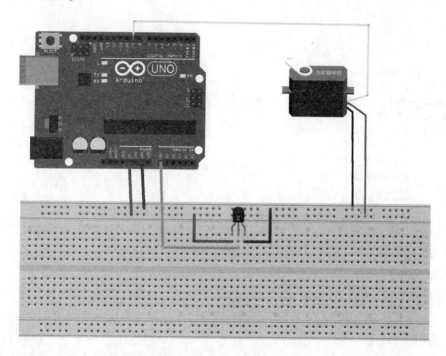

图 14-3　温度传感器应用示意图（Fritzing 制作）

14.3.2　程序

到写程序的环节了，如清单 14-1 所示。

清单 14-1：程序（文件名：Chapter4. ino）

```
1    #include <Servo.h>
2
3    float tempC;
4    int angleC;
5    int reading;
6    int tempPin = A0;
7    int servoPin = 9;
8
9    Servo thServo;
10
11   void setup()
12   {
```

```
13      analogReference(INTERNAL);
14      Serial.begin(9600);
15      thServo.attach(servoPin);
16      thServo.write(90);
17      delay(1000);
18    }
19
20    void loop()
21    {
22      reading = analogRead(tempPin);
23      tempC = reading / 9.31;
24      angleC = map(tempC, 0, 50, 135, 45);
25      Serial.print(tempC);
26      Serial.print(" Celsius, ");
27      Serial.print(angleC);
28      Serial.println(" degrees");
29      thServo.write(angleC);
30      delay(500);
31    }
```

开门见山，第 1 行导入 Servo 库，第 3~7 行定义变量。除了温度是浮点型外，其他的变量全是整型。

第 9 行，创建一个 Servo 对象，名为 thServo（伺服温度计）。在后面会用到。

第 11 行，编写 setup( ) 函数。在该函数中，要做三件事。首先，参考电压设置为 IN-TERNAL，也就意味着 ADC 将和 1.1V 参考电压相比，不再是和正常情况下的 5V 相比较了。这种方式适用于所有模拟输入，因此，无需指定特定的引脚。其次，编写一个串行接口用于调试。最后，告诉程序，9 脚（servoPin）接了一个伺服电动机并写入了一个默认值。指定角度为 90°，转动旋臂到默认位置，为了使其有足够的时间，程序延时 1s。

第 20 行，编写 loop( ) 函数。首先程序从 A0 脚读取电压值，并和 1.1V 比较。将该结果存入变量 reading 中。紧接着变量 reading 除以 9.31，并将该值存入浮点型变量 tempC 中。然后，就开始计算角度，只需调用 map( ) 函数，将温度（0~50）转换为角度（135~45），之所以是 135~45，因为伺服电动机是逆时针转动，并且最小温度值也在左边。

第 25~28 行，串口将打印数据。这只是用于调试，在最终版中可以省略。

最后，第 29 行，角度值写入伺服电动机，等待 0.5s，继续循环。

恭喜你，你已经制作好了一个"复古"温度计！

14.3.3   练习

以上程序可以实现温度计的全部功能，但是并不完善。比如，有时候伺服电动机运动并不稳定。现在我们看看串口输出的结果：

```
22.34 Celsius, 86 degrees
22.77 Celsius, 86 degrees
23.20 Celsius, 88 degrees
```

　　显而易见，在 22.77～22.34℃之间，电动机没有转动，但是在 22.77～23.20℃之间，电动机转动 2°，这是为什么？这个结果是由 map( ) 函数转换得到，在转换过程中，将会损失一些精度。如果你想要更高的精度，你必须考虑其他的方式来控制伺服电动机。可以尝试用 writeMicroseconds( ) 函数来获得更高的精度。

　　另外，还有一个要求没有实现，就是温度高于 50℃时，应将其忽略。map( ) 函数是将 0～50 映射到 45～135，但是并不意味着这个值就是受到限制。如果输入值超出了输入范围，那么输出也将超出范围。尝试用 min( ) 和 max( ) 函数来限制输入、输出值，或者使用 constrain( ) 函数来限制。

　　你的解决方案呢？

14.4　小结

　　在本章，你已经知道了什么是伺服电动机以及它和普通电动机的区别，你也清楚了如何控制它以及根据不同需求如何安装它。在下一章，你将学习另一种电动机——步进电动机，学习如何用函数控制它，并将给出示例程序。

第15章

Stepper

本章介绍 Stepper 库中的以下函数：

- Stepper( )
- setSpeed( )

- step( )

所需硬件如下：

- Arduino Uno
- 一个 L293D
- 一个 5V 双极性步进电动机

- 面包板
- 导线

你可以在 http：//www. wiley. com/go/arduinosketches 的 Download Code 选项卡下载本章的代码，代码存放在 Chapter15 文件夹，文件名是 chapter15. ino。

15.1 电动机的简介

通常，电动机转动时会在线圈周围产生电磁场，迫使磁质转子转动，以此驱动转子。通过产生电磁场，电动机将一直运动，直到电流为 0 时才会停止。

它与第 14 章介绍的伺服电动机有所不同，伺服电动机是由一个普通电动机控制的，而这个普通电动机为了确使其运动到精确位置，进而采用一个小型单片机来控制。

步进电动机不同，它们内部有几个线圈并且还有带齿的转子。当其中某一个线圈有电流流过时，那么该线圈将吸合离它最近的"小齿"，然后转子转动一个角度。接着电流移向另一个线圈，然后当前线圈吸合离它最近的"小齿"，再转动一个角度。通过重复这些动作，步进电动机就可以沿某个方向连续不断地转动，但是这并非步进电动机的主要优点。步进电动机的优势在于可以达到和齿轮一样的转动精度。

想象一台打印机，把纸张放入打印机，然后根据发送给打印机的信息，它的针头开始在纸张上移动并在精确位置注入墨水。当打印针头到达纸张的边沿时，下一张纸会被"吸入"打印机，然后针头回到起始位置，然后持续这一过程，直到信息打印完毕。给打印机送纸的动作要相当精确，这样图像才不会变形。所以这里采用的是步进电动机给打印机送纸。同样，打印针头也需要精确定位，而这是由步进电动机带动皮带实现的。

步进电动机有几个重要指标，但是最为重要的是步距角。不同模式下，步距角相差很大，但是最常见的是在 2°~5° 之间。

15.2　控制步进电动机

正是由于步进电动机不同于普通电动机，所以控制起来不太容易。要控制它们，必须"软硬兼施"，幸好，所使用的硬件并不是很难，并且使用 Arduino 软件库比使用这些硬件还要简单一些。

15.2.1　硬件

步进电动机有不同尺寸大小和不同的供电电压。最常见的型号是 12V 供电，但是这对于 5V 系统而言，就不是什么好事了。此外，步进电动机所需电流远大于微控制器所能提供的电流。对于大多数应用场合，微控制器无法直接控制步进电动机，必须增加相应的硬件接口。目前采用最多是 H 桥路驱动器。

H 桥路是一个电子组件（由晶体管组成），其设计之初是为了控制电动机，如图 15-1 所示。

若只闭合开关 A、D，电流将从电源正极经电动机电枢到地，此时电动机将沿某个方向转动。若只闭合开关 B、C，电流将反向，此时电动机也将反方向转动。通过控制这些开关，就可以自由控制电动机的转动了，若将开关 C、D 闭合，则可实现制动。

由于一个 H 桥路只能控制一个电磁线圈，而步

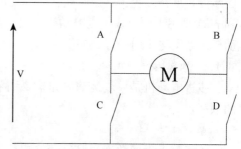

图 15-1　H 桥路驱动器

进电动机是由 2 个或多个电磁线圈组成，所以在控制步进电动机时采用双 H 桥路。通过转动特定线圈，并给电动机足够的时间进行换流，就可以完成步进电动机的转动。每次转动很小的角度，这样你就可以让电动机运行到精确位置。步进电动机的特点是可以精确定位，但是缺点也很明显，就是转速不会很高。步进电动机设计之初就是为了精确定位，而非具备高转速。但是步进电动机仍可以调速，这只需改变输入信号的频率即可。

15.2.2　单极性与双极性步进电动机

单极性步进电动机采用中心抽头的线圈（中心抽头即从线圈中间引出电气连接），这在切换电流时极具优势。中心抽头端一般作为电流的地端，线圈的其他两端作为供电端。所以通过采用这样的线圈，可以避免复杂的换向电路。通常，中心抽头是连接在一起的，所以电动机有 5 根引线。

双极性步进电动机没有中心抽头，所以，必须使用硬件来换流。H 桥路驱动器的出现，使这一切都变得极为简单，也使得双极性步进电动机优势更加明显。由于双极性步进电动机

线圈更为简单，所以相较于单极性步进电动机而言，其输出力矩更大。

> **注意** 一般 H 桥路驱动器对于两种极性的步进电动机都适用，因此，将不再需要中心抽头，这无疑使电动机的输出力矩最大化。

15.3 Stepper 库

Arduino IDE 内置 Stepper 库，故可以支持步进电动机的使用。导入 Stepper 库可以通过两种方式：其一自动导入，Sketch ⇨ Import Library ⇨ Stepper 菜单项；其二手动导入，如下：

```
#include <Stepper.h>
```

要使用步进电动机，你必须创建一个 Stepper 类的对象。

```
Stepper(steps, pin1, pin2);
Stepper(steps, pin1, pin2, pin3, pin4);
```

参数 steps 是整型，表示步进电动机转一圈所用步数。有些电动机的说明书只是标明每一步的角度是多少，这个时候，你需要用 360 除以该数值即可得到对应的步数了。参数 pin1 和 pin2 是用于两引线步进电动机的数字输出引脚号，参数 pin3 和 pin4 是用于四引线步进电动机的数字输出引脚号，如下所示：

```
Stepper myStepperMotor = Stepper(84, 5, 6, 7, 8);
```

步进电动机是单步运动，如果要调节速度，你要使用 setSpeed() 函数来改变输出信号的频率：

```
Stepper.setSpeed(rpm);
```

该函数无返回数据，只设置输出信号的频率，然后以指定转速运动。参数 rpm 是长整型。最后一个函数是指定步进电动机转动多少步数，即

```
Stepper.step(steps);
```

该函数无返回值，且只有一个整型参数 steps，该参数表示要转动的步数。通过改变电动机正负极的接线，就可以控制电动机的转动方向。该函数在没完成指定步数前，不退出，由于步数不同，故所需时间不同，在此期间，程序不能响应其他动作。

15.4 示例项目

本例中，你可以设计一个温度计，这次的温度计与前一章基于伺服电动机的略有不同。LM35 温度传感器接在 A0 脚上，步进电动机通过双 H 桥路驱动器接在数字引脚 8、9、10 和 11 上。本次温度计之所以不同于前面的温度计在于它并不显示具体温度值，而是显示温度差。步进电动机可以锁定当前位置，即可以保持当前位置所对应的角度值。步进电动机无法知道自己的确切位置，程序让它沿某个方向转动几步，它就转动几步，电动机本身并不知道自己是否转到了指定位置。或许正是因为电动机内部十分复杂，存在着很多不同的力，而电

动机本身又无法控制这些力，这样带来了一个好处就是步进电动机可以复位。你可以手动把电动机转到某一指定位置，然后让电动机自动复位。本次设计的温度计就是利用该特点，不显示具体温度，只显示温度的变化。用户可以随时手动转动步进电动机，记下该处位置，然后等几分钟，你再看看位置变化就知道是更冷了还更热了。

15.4.1　硬件

本例采用 Arduino Uno 作为控制部分，并配备 LM35 温度传感器，这和前面的伺服电动机的例子一样。另外，还需 H 桥路驱动器，5V 步进电动机。电路如图 15-2 所示。

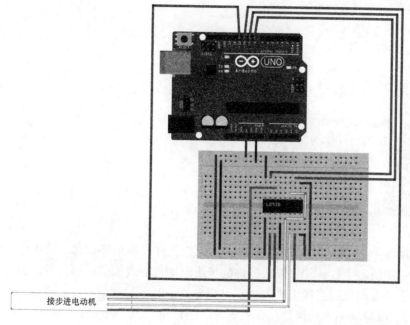

接步进电动机

图 15-2　原理图（Fritzing 制图）

通常，步进电动机有不同的连接方式，你看看步进电动机的说明文档即可知道如何连接。

15.4.2　程序

本例的程序极为简单，只需读取温度值并根据温度差更新电动机位置即可。程序如清单 15-1 所示。

清单 15-1：步进温度计（文件名：Chapter15. ino）

```
1    #include <Stepper.h>
2
3    // 将其设置为你的电机需要转动一圈的步数
4    #define STEPS 100
5
6    // 步进电动机连接到引脚8~11
```

```
7    Stepper stepper(STEPS, 8, 9, 10, 11);
8
9    // 从模拟输入读数
10   int previous = 0;
11
12   void setup()
13   {
14     // 设置低步进速度
15     stepper.setSpeed(10);
16
17     // 单一的温度读数
18     previous = analogRead(0);
19   }
20
21   void loop()
22   {
23     // 获取传感器值
24     int val = analogRead(0);
25
26     // 根据结果移动步进电动机
27     stepper.step(val - previous);
28
29     // 记住上一个值
30     previous = val;
31
32     delay(5000);
33   }
```

只要使用 Stepper 库，就必须包含 Stepper.h 头文件，本例亦如此。第 4 行，定义了步进电动机转动一圈所需步数，你可以根据你的步进电动机更改该值。第 7 行，创建一个步进对象并设定与步进电动机的连接引脚为数字引脚 8、9、10、11。

第 12 行，编写 setup( ) 函数，在内部只做两件事。其一是设置电动机转速为 10r/min，这是一个相当低的转速，不过话说回来，本例根本不需要很高的转速。其二是从温度传感器处读取温度值，并存入变量 previous 中。

第 21 行，编写 loop( ) 函数。在 loop( ) 函数中，首先你需要读温度值，并存入变量 val 中，然后通过 previous 与 val 的差值来更改步进电动机的位置。最后，用变量 val 替换变量 previous 的值，然后程序延时 5s，开始下次循环。

15.5　小结

在本章，你已经知道了什么是步进电动机，怎么用，在哪里用以及如何用 Arduino 来控制。本章示例很好地给你演示了如何简单地使用步进电动机，以及你如何把步进电动机用在自己的项目中。在下一章，你将看到 Firmata 库，它可以让你在计算机上直接控制 Arduino 引脚的读写。

第16章

Firmata

本章介绍 Firmata 库函数，具体如下：

- begin( )
- sendAnalog( )
- sendDigitalPorts( )
- sendDigital( )
- sendString( )

- available( )
- processInput( )
- attach( )
- detach( )

本章示例所需硬件如下：

- Arduino Uno
- 计算机
- USB 连接线

- 面包板
- 4.7kΩ 电阻
- LED

16.1　Firmata 的简介

Arduino 广泛用于各种项目中，从最简单的设备到相当复杂的设备，都能见到 Arduino 的身影。在大多数情况下，它们的用途相当明确，你事先知道要用数字引脚 3 控制 LED，模拟输入引脚 4 读取光传感器的值。然而，对于某些项目而言，你不知道它将和什么相连，此时你仍需根据具体情况来设置引脚为输入还是输出。你可以想象一下实验室的作用，在实验室你可以学习一些新组件的工作原理和使用方法，这可以为以后的项目未雨绸缪。当然你也可以选择一边思考组件的工作原理和使用方法，一边编写代码，只是这并不是最好的方式，不利于开发进度，还有一种方式就是使用 Firmata 来建立你的实验室。

Firmata 是一个计算机与微控制器通信的常用协议，其目标是让开发者可以通过计算机软件完全地控制 Arduino。它使用标准串行命令，因此可以在几种不同的 Arduino 型号上使用。消息被串行地发送到主机，指示引脚状态或请求引脚改变状态。

16.2　Firmata 库

要使用 Firmata 库，首先你必须导入它，你可以从 Arduino IDE 自动添加（具体步骤：Sketch ⇨ Import Library ⇨ Firmata），或者你可以手动添加：

```
#include <Firmata.h>
#include <Boards.h>
```

Firmata 协议有几个不同的版本，如果两个设备使用不同的版本，就可能出错。为了防止这样的事发生，你可以使用 setFirmwareVersion() 函数来指定具体使用哪一个版本：

```
setFirmwareVersion(major, minor);
```

参数 major 和 minor 都是 byte 型，用于指定版本型号。对于大多数 Arduino 应用程序，major 一般设为版本 0，minor 一般设为版本 1。要开始使用 Firmata 库，首先要调用 begin() 函数：

```
Firmata.begin();
Firmata.begin(speed);
```

该函数打开一个串行连接，在默认情况下，波特率为 57600Baud，你也可以通过参数 speed 更改设置。

16.2.1　发送消息

将引脚状态作为消息发送出去，该消息可以是数字引脚也可以是模拟引脚的消息。发送一个模拟引脚的状态可以调用 sendAnalog() 函数：

```
Firmata.sendAnalog(byte pin, int value);
```

参数 pin 是你需要发送消息的那个模拟引脚，参数 value 是从该引脚读取的值。sendAnalog() 函数并未直接读取引脚的值，所以，你首先要读取该值：

```
analogValue = analogRead(pin);
Firmata.sendAnalog(pin, analogValue);
```

相较于模拟引脚，数字引脚发送消息有所不同。相对于微处理器，串行连接速度很慢，有时候不得不加速转移。数字引脚的状态要么是开、要么是关（1 或 0），所以可以在最小的数据包中包含很多消息，一般一条消息可以是多个引脚的状态。

```
Firmata.sendDigitalPorts(pin, firstPort, secondPort);
```

参数 pin 最多一次发送 8 个引脚的状态，也就是一个字节。这些引脚必须按顺序发送，比如从 6 脚开始发送，那么接下来就必须是 7 脚、8 脚，以此类推。使用 firstPort 参数发送一个字节来设置第一个引脚。使用 Second Port 参数来设置发送的引脚数。引脚数据将发送到计算机，指明接收到的数据是从 firstPort 到 Second Port 的引脚数据。

当你发送的引脚数比较多的时候，可以用上述函数，如果你只需要发送单个或几个引脚的状态时，可以使用 sendDigitalPort() 函数：

```
Firmata.sendDigital(pin, value);
```

该函数发送引脚的状态并把引脚输入值作为 value 发送。

可以使用 sendString( ) 函数给主机发送字符串：

```
Firmata.SendString(string);
```

该函数将给主机发送 string 字符串。

16.2.2　接收消息

Arduino 在接收消息时和其他串行通信一样，首先，你必须等待，直到接收到数据，然后，处理该数据。直接用串口接收数据，如果你想检测是否有数据正在等待，可以使用 available( ) 函数：

```
result = Firmata.available();
```

该函数无需任何参数，如果有一个或多个数据在等着处理，那么返回值为 true，可以调用 processInput( ) 函数来处理数据：

```
Firmata.processInput();
```

通常，这两个函数一起使用：

```
while(Firmata.available())
{
  Firmata.processInput();
}
```

Firmata 库隐藏所有关于数据接收的复杂部分，包括数据处理和存储。Firmata 库将自动解码信息，并可以使用回调函数对接收的数据进行操作。

16.2.3　回调

Firmata 通过系统回调函数完成工作，通常，当执行一个特殊任务时或者接收到特别的消息时调用回调函数。

回调函数具有高度可定制性。你编写一个实现某种功能的程序都可以通过调用回调函数来完成。回调函数一般用于有附加函数的地方，在 Firmata 库中，该函数为 attach( )：

```
Firmata.attach(messagetype, function);
```

表 16-1 列出参数 messagetype，它是其中的常量之一。参数 function 是你已经写好的回调函数。

表 16-1　回调常量

常　　量	使　　用
ANALOG_MESSAGE	单个引脚的模拟值
DIGITAL_MESSAGE	数字端口的数字值

（续）

常　　量	使　　用
REPORT_ANALCG	启用或禁用模拟引脚的报告
REPORT_DIGITAL	启用或禁用数字端口的报告
SET_PIN_MODE	更改所选引脚的模式（输入、输出等）
FIRMATA_STRING	用于接收消息
SYSEX_START	用于发送通用消息
SYSTEM_RESET	用于将固件重置为默认状态

回调函数需要定义一些参数，作为一种特别的数据类型来使用。系统重启回调函数无需任何参数。

```
void systemResetCallback(void);
```

如果要接收字符串，stringCallback( ) 函数将需要一个参数。

```
void stringCallback(char *datastring);
```

接收 SysEx 信息需要三个参数，如下：

```
void sysexCallback(byte pin, byte count, byte *array);
```

最后，其他所有回调函数使用同一格式：

```
void genericCallback(byte pin, int value);
```

回调函数名必不相同。如果你要使用数字和模拟引脚，你必须要有两个函数：一个处理数字输入，一个处理模拟输入。下面给你提供一个例子：

```
void analogWriteCallback(byte pin, int value)
{
  // 代码到这里
}
void digitalWriteCallback(byte pin, int value)
{
  // 代码到这里
}
Firmata.attach(ANALOG_MESSAGE, analogWriteCallback);
Firmata.attach(DIGITAL_MESSAGE, digitalWriteCallback);
```

值得一提的是，正在处理数字数据时，模拟数据发送到数字引脚并无影响。前面我们说到，数字数据是以 8 位一组的形式发送出去，也就是一个端口（port）。端口 1 发送 1 ~ 8 引脚的数据，端口 2 发送 9 ~ 16 引脚的数据等。具体是哪个引脚需要写入数据，这都是由你决定。你可以使用以下代码往指定端口的所有引脚写入数据：

```
void digitalWriteCallback(byte port, int value)
{
  byte i;
  byte pinValue;

  if (port < TOTAL_PORTS)
```

```
{
  for(i=0; i<8; i++)
  {
    pinValue = (byte) value & (1 << i);
    digitalWrite(i + (port*8), currentPinValue);
  }
}
}
```

参数 mode 和 Arduino 的 pinMode( ) 函数效果一样，可以设置引脚的输入/输出模式。然而，关键是要知道什么引脚对应于什么样的输入/输出。为此，你可以使用每一个开发板的预定义信息。Boards. h 文件详细列出了开发板上有多少数字和模拟引脚。比如，Arduino Mega 在源代码中就有以下定义：

```
#define TOTAL_PINS 70 // 54 数字引脚 + 16 模拟引脚
```

你可以调用 IS_PIN_DIGITAL( ) 和 IS_PIN_ANALOG( ) 函数，获知引脚是不是数字引脚；还可以调用 PIN_TO_DIGITAL( ) 和 PIN_TO_ANALOG( ) 函数，将引脚转换为数字或模拟引脚。你可以用以下代码来设置数字引脚的状态：

```
void setPinModeCallback(byte pin, int mode)
{
  if (IS_PIN_DIGITAL(pin))
  {
    pinMode(PIN_TO_DIGITAL(pin), mode);
  }
}
```

你还可以使用 detach( ) 函数移除回调函数：

```
Firmata.detach(callback);
```

参数 callback 是表 16-1 中所使用的常量。

16. 2. 4　SysEx

Firmata 协议可以交换的消息之一便是系统专用消息（System Excusive，SysEx）。SysEx 最早是用于合成器，合成器是采用具有自定义命令的 MIDI 协议。在编写一个协议时，很难一步到位，为了确保 MIDI 协议能够处理所有事，SysEx 便应运而生。该思路是用于交换信息以及用于无法通过其他方式更改设置的时候。在极端情况下，存储器被转移（比如分区）。在 Firmata 协议中，它允许用户可以像 I^2C 总线一样交换信息以及像伺服电动机一样进行配置。

接收 SysEx 数据之前，你必须创建一个 SysEx 回调函数，这在 16. 2. 3 节已经解释过了。回调可以参考以下例子：

```
void sysexCallback(byte command, byte argc, byte *argv)
{
  // 代码到这里
}
```

SysEx 指令标识符是以一个字节的方式发送，称为命令（command）。Arduino Firmata 库定义了一系列常量，这些常量用以描述接收到信息，见表 16-2。

表 16-2   SysEx 常量

常　　量	功　　能
RESERVED_COMMAND	保留芯片特定的指令
ANALOG_MAPPING_OUERY	请求模拟到引脚号映射
ANALOG_MAPPING_RESPONSE	回复映射数据
CAPABILITY_QUERY	询问所有引脚支持的模式
CAPABILITY_RESPONSE	回复性能数据
PIN_STATE_QUERY	要求一个引脚的当前模式和值
PIN_STATE_RESPONSE	回复引脚模式和值
EXTENDED_ANALOG	模拟写入任何引脚，包括 PWM 和伺服
SERVO_CONFIG	设置伺服参数（角度、脉冲等）
STRING_DATA	发送一个字符串消息
SHIFT_DATA	34 位移出数据
I^2C_REQUEST	请求 I^2C 数据
I^2C_REPLY	响应 I^2C 数据
I^2C_CONFIG	I^2C 参数
REPORT_FIRMWARE	报告 Firmata 固件的版本号
SAMPLING_INTERVAL	设置采样间隔
SYSEX_NON_REALTIME	MIDI 保留
SYSEX_REALTIME	MIDI 保留

在 Firmata 网站上有这些常量的最新版本，网址为 http：//firmata. org/wiki/V2. 2ProtocolDetails。

16.3   示例程序

Firmata 的优势在于它适合多种情形。当然，具体要用哪一个引脚是由你确定的。比如，你只想用 Firmata 控制某几个引脚，你就可以选择和你项目相关的几个引脚，然后使能它们即可。程序可能会接收到更新引脚的 Firmata 指令，但是最终还是由作为开发者的你来确定是否执行这些指令。或许，你根本就不想让 Firmata 程序修改某些引脚呢，比如，如果一个压力传感器接到两个引脚上，你不想让 Firmata 程序把这两个引脚改为输出，一旦更改，就可能损坏组件。

Arduino IDE 提供一个相当好用的程序模板（Firmata 标准程序），让你轻松使用 Firmata。要使用该程序，选择 Files ➪ Examples ➪ Firmata ➪ StandardFirmata，并上传该程序到你的开发板。然而，上传程序到你的 Arduino 只完成了一半的工作，在你的计算机上还需一份 Firmata 程序。Firmata 网站上有几个例程，网址为 http：//www. firmata. org/wiki/Main_Page#Firmata_Test_Program。

根据你的系统下载对应的版本（Windows、Mac OS 和 Linux 操作系统都可用），并运行该程序。在你知道你的 Arduino 和哪个串口相连之后，你就可以在 Firmata 屏幕上看到每一个引脚的状态。这是通过给 Arduino 尽可能快的发送数据实现的，并且将会出现更快的数据传输、更多的输出响应。Arduino 也将向计算机发送数据，采用一种更加聪明的采样率技术，暂且不表，后面会提到。

使用该系统，你可以用 Arduino 来完成一些高级功能，比如无需写程序就可以控制 LED，或者在事先不知道什么被连接的情况下（如果有连接的话）读取输入值。但是，这仍有局限性。在前面提到，如果你在特定引脚上接上一个设备，你可能想修改 Firmata 标准程序以至于不用去查询、更新这些引脚。你可决定哪些引脚可以显示，以及创建或修改程序，以此确保只有可用的引脚才可以被 Firmata 访问。

Firmata 标准程序错综复杂，它也是你将在 Arduino 中看到的大型程序之一，但是它具有很好的结构，你可以把它作为你的程序的基础。看一下 setup（）函数：

```
Firmata.setFirmwareVersion(FIRMATA_MAJOR_VERSION,
    FIRMATA_MINOR_VERSION);

Firmata.attach(ANALOG_MESSAGE, analogWriteCallback);
Firmata.attach(DIGITAL_MESSAGE, digitalWriteCallback);
Firmata.attach(REPORT_ANALOG, reportAnalogCallback);
Firmata.attach(REPORT_DIGITAL, reportDigitalCallback);
Firmata.attach(SET_PIN_MODE, setPinModeCallback);
Firmata.attach(START_SYSEX, sysexCallback);
Firmata.attach(SYSTEM_RESET, systemResetCallback);
```

第一行是设置 Firmata 的版本以及 Firmata 应用检测。它使用两个常量：FIRMATA_MAJOR_REVISION 和 FIRMATA_MINOR_REVISION，这两个常量由 Arduino Firmata 库设置。接下来，定义了程序中七种所有可能的回调函数。因此，该程序能够对每一种 Firmata 消息做出反应，或者至少是当接收到消息时调用特定的函数。然后，由你使用 Firmata 标准程序编写回调函数。

在 loop（）函数中，程序接收和处理来自计算机的消息：

```
while(Firmata.available())
  Firmata.processInput();
```

程序中有一个变量是 samplingInterval，它被定义为 Firmata 轮询引脚的速率。然后，程序就用到一个机智的办法来确保采样率保持不变。实现代码如下：

```
currentMillis = millis();
if (currentMillis - previousMillis > samplingInterval)
{
  previousMillis += samplingInterval;
  // 代码到此处
}
```

变量 currentMillis 和 previousMillis 都是无符号长整型。Arduino 每次进入 loop（）函数，

millis( ) 函数就会被调用，并返回程序运行的时间（单位为 ms）。然后，该值存入变量 currentMillis 中，再然后，currentMillis 和 previousMillis 之差与 samplingInterval 做比较。如果前者大于后者，那么就把 previousMillis 和 samplingInterval 之和赋给 previousMillis，且程序将发送所有引脚数据。

16.4　小结

在本章，我已经向你展示了 Firmata 库以及它是如何用在 Arduino 上的。你也看到了各种消息以及如何用回调函数来响应它们。在下一章，你会看到如何用 Arduino GSM 扩展板连接移动数据网络，并和服务器进行数据传输，还会教你创建你自己的无线服务器，到时你将知道电话是如何被拨打和接听的。

本章将讨论 GSM 库的以下函数：

- GSMAccess. begin( )
- GSMAccess. shutdown( )
- GSM_SMS. beginSMS( )
- GSM_SMS. print( )
- GSM_SMS. endSMS( )
- GSM_SMS. available( )
- GSM_SMS. remoteNumber( )
- GSM_SMS. read( )
- GSM_SMS. peek( )
- GSM_SMS. flush( )

- GSMVoiceCall. voiceCall( )
- GSMVoiceCall. getVoiceCallStatus( )
- GSMVoiceCall. answerCall( )
- GSMVoiceCall. hangCall( )
- GSMVoiceCall. retrieveCallingNumber( )
- GPRS. attachGPRS( )
- GSMClient. connect( )
- GSMServer. ready( )
- GSMModem. begin( )
- GSMModem. getIMEI( )

所需硬件如下：

- Arduino Uno
- Arduino GSM 扩展板

- 有效的 SIM 卡
- 1 个按键开关

你可以在 http：//www. wiley. com/go/arduinosketches 的 Download Code 选项卡下载本章的代码，代码存放在 Chapter17 文件夹，文件名是 chapter17. ino。

17.1　全球移动通信系统（GSM）的简介

交流能力是许多人类特有的特点之一。在人类的发明中，已经发明了如何表达自己的观点以及如何与更多更远距离的人进行交流的方式。试想一下没有手机或者任何其他电话的生活会是怎么样。你用什么方式来告诉别人事情？当然，你还是有办法的，你可以通过写信（用笔和纸真实地写信，而不是发电子邮件）。这将需要 1~2 天的时间送达目的地，而且接收人需要在家里（或者在办公室）才能看到。你也可以不在家里去见别人，要么去对方的家里、办公室，要么在约好的见面地点（城市广场，甚至餐厅），但是这些方式都不如直接打电话快。

当然，事情都在发生改变。写本书的时候，我经常联系我的出版商和编辑。我拿起手机，拨完一个电话号码，几秒后，隔着很远距离的对方的电话就响了。当时我在欧洲，对方在美国。无论我在哪里，或者在法国的家里，或者是出差到英国、巴西或新加坡，任何人都可以联系到我。国际电话网络把成千上万的跨越了整个世界的人联系在一起，然而能够用来打电话只是网络的一个方面。

17.2　移动数据网络

移动电话只能打电话的日子已经一去不复返。如今，即使是最普通的手机也可以接收网络数据，如文本信息或者多媒体信息。更先进的手机还可以接收电子邮件、浏览网站，甚至通过先进的数据网络在线观看高清视频。我们几乎可以在任何地方收到 Facebook 请求和垃圾邮件。时代已悄然改变。

尽管这些看起来似乎很简单，但是，实现起来却极其复杂。数据可以通过多通道传输，由于用户经常处于从一个信号接收器断开同时正在链接另一个信号接收器的状态，因此数据只是简单地在外面传输对移动电话网络来说就已经很复杂了。

17.2.1　GSM

众所周知，1G 网络是移动通信的第一代，是一个简单的技术，允许全双工语音通信（全双工的意思是可以同时进行说和听）。这个简单的系统，对于那些工作地点经常变动又需要被联系的人来说非常好用。大多数的 1G 电话是汽车手机，设备相对较大，使用汽车的电池，但是允许用户对电话的用途进行设计，比如——对讲。

1G 网络由于完全是模拟信号，所以只能称为 1G，因为当时仍需要一个新的网络技术，也就是后来的第二代网络技术，或者叫作 2G 网络，从而取代了 1G 网络。

1981 年，欧洲邮政和电信管理局会议（CEPT）创建了一个新的委员会（Groupe Spéciale Mobile），总部设在巴黎。GSM 的名字也就是后来被广泛使用的全球移动通信系统，并且这个商标已经成为大部分国家公认的事实标准。

GSM 在一些技术方面做了改进，所有的通信都使用数字信号传输，而非模拟信号。通过使用数字技术，通信信息可以被压缩、使用的带宽更窄、允许更多的用户对网络进行访问。因为移动设备变得越来越移动化和小型化，手机的电磁辐射强度降低，当然能够进行正常通信还需要越来越多的基站。现在发射基站量产非常便宜，因此这不是难题，与支付一种安全设备的成本差不多，而这种设备可以放在口袋里使用一整天。

GSM 规范提出的一个变革，就是至今仍在使用的 SIM 卡。一个 SIM 卡包含一个独特的序列号，运营商网络信息，用户信息，临时网络信息，两个用户的密码：PIN 码和 PUK 码。通过使用 SIM 卡，用户可以选择他们的移动运营商，有时移动运营商会把手机与他们的网络绑定。

最初的 GSM 规范没有包括数据传输，但是使用数字技术的方法就能够迅速地修改短信息。短信息系统（SMS），这种技术可以发送 160 个字符到基站或者手机。尽管大多数人认为的短信息会是"我将迟到 20min"，在紧急情况下，宣传、出租车预订、支付系统，甚至为专有应用程序之间的通信等情况下，这种短信息也是一种提醒的方式。短信息的数量每年达数十亿，尽管由于支持其他短信息系统，SMS 的使用量已开始缓慢减少，2013 年仍大约有 1450 亿的短信息被发送出去。

SMS 并不是唯一的数据发送技术，还有其他两个主要的系统。

1. 通用分组无线服务（GPRS）

通用分组无线服务（GPRS）是一种基于分组数据交换的技术。尽管大多数 GSM 的连接是通过电路切换（意思就是连接一旦建立，终止条件为连接被切断），GPRS 引入了分组交换技术，允许运营商以使用的数据数量来吸引客户，而不是传输数据所花费的时间。GPRS 是一个扩展的全球定位系统（GPS）2G 技术，往往被称为 2.5G 技术，这种技术理论上的速率可达 50kbit/s，但是真正的吞吐量上限为 40kbit/s。

2. 增强型数据速率 GSM 演进（EDGE）

EDGE（增强型数据速率 GSM 演进）是一种 GPRS 数据连接增强型的方法。由于理论最大速率为 250kbit/s，这个规范很快被移动电话的主人称为 2.75G 技术。当其他高速网络不可用的时候，这个网络仍然被当作备用选择。

17.2.2　3G

第三代移动网络与之前的第二代移动网络有很大的变化，第三代移动网络不与旧的网络系统兼容，但是，对于目前的移动电话而言，仍被保留为后备技术。3G 技术支持更高的数据传输速率标准，速率范围为 2 ~ 28 Mbit/s。

3G 技术标准由国际电信联盟建立，这与 GSM 委员会不一样。3G 移动设备可以使用 2G 网络，但 2G 移动设备不能连接到 3G 网络，必须使用旧的 2G 网络，这样就迫使同一运营商在同一个基站安装几个网络系统。

17.2.3　4G 和未来

4G 是目前最先进的已可现成使用的技术，传输速率非常高，超过 50Mbit/s。4G 标准理论允许速率比这高得多，即使这样也是不能够满足将来的需要，5G 网络已经开始使用了，时间会告诉我们移动网络将会如何进展。

17.2.4　调制解调器

调制解调器是一种通过模拟载波器发送和接收数字信息的设备。大多数经验丰富的计算机专家认为调制解调器是一种可靠的 56k 调制解调器，是一种通过串口连接到计算机并且允许计算机通过电话线连接到互联网（或者公司的网络）的设备。

56k 从何而来？这个速率是 5.6 万 Baud 或者 56kbit/s 的数据速率。如果一切顺利（通常不会顺利），这意味着用户可以以 4～5KB/s 极快的速率下载数据。别笑，这种是快速调制解调器，大多数的调速解调器都慢多了。

虽然可靠的 56k 调制解调器被宽带取代了，但了解它们的工作原理也十分有趣。调制解调器是串行设备，大多数被要求在操作时使用 Hayes 命令设置：简单的 ASCII 消息指示调制解调器执行特定的操作。大多数命令以"AT"开始。调制解调器是以一种特殊的方式来指示配置自己，以及通过简单的文本信息来拨号和获取信息。当调制解调器取得连接时，调制解调器从命令模式切换到数据模式，从这开始，调制解调器将发送其所接收到的每个字节的数据，也可以再次从数据模式切换到命令模式，用来向调制解调器发送更多的指令。再次启动通过发送"AT"命令。

56k 调制解调器的确是一个即将淘汰的技术，但是其精髓仍然被我们保留了下来，并且会保持很长一段时间。"AT"命令的想法很好实现，大多数无线电外围设备仍在使用；例如，蓝牙设备使用"AT"命令进行配置。蓝牙不通过电话线路连接，但是调制解调器的原理也一样；数字设备通过模拟无线电波发送数字信息。即使是最现代的 4G 电话也是一个调制解调器，接收串行数据，通过无线电波传送和接收数据。GSM 设备也完全相同。

17.3　Arduino 和 GSM

连接无线设备和交换信息的方法有很多种：WiFi、蓝牙、ZigBee 等，不一而足。大部分这些技术要求用户创建一个基础设施，但是无线基础设施并没有广泛、普遍地当作移动电话网络使用。另外，Arduino 体积小，重量轻，便于移动，适合于移动网络使用。汽车上的 GPS 跟踪器只有通过现有的网络发送信息才有用，如果离开你的 WiFi 覆盖区域（大多数汽车经常发生）则无效。然而，在行车路途中，至少会遇到几个移动网络基站。

一些现有的扩展板可以实现以上技术。Arduino 生产自己的 GSM 扩展板，这个扩展板与一个来自西班牙电信公司的 SIM 卡捆绑在一起。GSM 扩展板是未锁定状态，也就是说可以用于任何移动运营商，但是西班牙电信公司的服务是国际化的，它有一个大的合作伙伴网络，允许 GSM 与任何地方通信。

GSM 扩展板可以连接到 GSM 网络，但是不能在 3G 网络和 4G 网络中工作。但是，在 2G 网络中，扩展板可以打电话和接电话，发送和接收短信息，并且支持数据连接。

> **注意**　数据连接意味着你可以访问整个网络，但大多数移动运营商有自己的内部网络，也就是说，你的电话不能从网上直接看到。这样，就增加了你的应用程序的安全等级，但是也变得难于"监听"传入连接。GSM 设备总是发起一个连接并等待响应。

GSM 设备通常功耗大，这需要一个外部电源供电。USB 接口提供的 500mA 的电源不能维持 GSM 扩展板在重载下的功率要求；这种设备通常需要 700～1000mA 的电源。

为了使用 GSM 扩展板，Arduino 开发了一个库来创建连接、发送和接收数据，甚至管理

SIM 卡。

17.4　Arduino GSM 库

Arduino GSM 库在 Arduino v1.0.4 及其以上的版本才可以用。Arduino GSM 库比较复杂，包含多个头文件。在 Arduino IDE 中可以自动导入，通过菜单命令 Sketch ➪ Import Library ➪ GSM，但是这样做增加了大量的文件。

- `#include <GSM3MobileMockupProvider.h>`
- `#include <GSM3ShieldV1BaseProvider.h>`
- `#include <GSM3ShieldV1ModemVerification.h>`
- `#include <GSM3ShieldV1PinManagement.h>`
- `#include <GSM3ShieldV1SMSProvider.h>`
- `#include <GSM3MobileClientService.h>`
- `#include <GSM3ShieldV1CellManagement.h>`
- `#include <GSM3ShieldV1MultiServerProvider.h>`
- `#include <GSM3ShieldV1BandManagement.h>`
- `#include <GSM3ShieldV1DataNetworkProvider.h>`
- `#include <GSM3ShieldV1.h>`
- `#include <GSM3CircularBuffer.h>`
- `#include <GSM3MobileCellManagement.h>`
- `#include <GSM3MobileAccessProvider.h>`
- `#include <GSM3MobileClientProvider.h>`
- `#include <GSM3SMSService.h>`
- `#include <GSM3MobileDataNetworkProvider.h>`
- `#include <GSM3ShieldV1ServerProvider.h>`
- `#include <GSM3MobileServerService.h>`
- `#include <GSM3VoiceCallService.h>`
- `#include <GSM3MobileServerProvider.h>`
- `#include <GSM.h>`
- `#include <GSM3MobileVoiceProvider.h>`
- `#include <GSM3ShieldV1VoiceProvider.h>`
- `#include <GSM3ShieldV1ScanNetworks.h>`
- `#include <GSM3ShieldV1ClientProvider.h>`
- `#include <GSM3ShieldV1DirectModemProvider.h>`

- ■ #include <GSM3MobileNetworkProvider.h>

- ■ #include <GSM3MobileSMSProvider.h>

- ■ #include <GSM3MobileNetworkRegistry.h>

- ■ #include <GSM3ShieldV1ModemCore.h>

- ■ #include <GSM3ShieldV1MultiClientProvider.h>

- ■ #include <GSM3ShieldV1AccessProvider.h>

- ■ #include <GSM3SoftSerial.h>

不用纠结这么多的文件。对于大多数的应用，简单地把 GSM 库#include〈GSM. h〉包括进去就可以了。

由于 GSM 库很复杂，GSM 库按不同用法进行了分类，有些类型用来管理 GPRS 的连接：短信息和语音通话等，不一一细说。

17. 4. 1 GSM 类

GSM 类负责初始化扩展板和板载 GSM 设备。按如下初始化：

```
GSM GSMAccess
GSM GSMAccess(debug)
```

调试参数是可选的，数据类型是布尔型，默认值是 false，如果被设置为 true，则 GSM 设备会输出"AT 命令"到控制台。

在连接 GSM 网络前，需要调用如下 begin( ) 函数：

```
GSMAccess.begin();
GSMAccess.begin(pin);
GSMAccess.begin(pin, restart);
GSMAccess.begin(pin, restart, sync);
```

参数 pin 是一个字符数组，包含了 SIM 卡连接到 GSM 扩展板的 PIN 码。如果你的 SIM 卡没有 PIN 码，你可以忽略此参数。restart 参数也是布尔型，专用于需要重新启动的调制解调器。默认情况下，这个参数值为 true，就会导致调制解调器重启。sync 参数是布尔型，用来设置与基站的同步。在同步设置下，从程序中就可以知道操作是否成功。在异步设置下，操作是预设定的，并且结果不能立即生效。默认情况下，这个值被设置为 true，在本章展示的返回代码都是对应于同步设置下的。

函数返回的字符指示调制解调器的状态：ERROR、IDLE、CONNECTING、GSM_READY、GPRS_READY 或者 TRANSPARENT_CONNECTED。

使用例子如下：

```
#include <GSM.h>

#define PINNUMBER "0000" // SIM卡PIN码
```

```
GSM gsm(true); // 调试AT消息

void setup()
{
  // 初始化串行通信

Serial.begin(9600);

  // 连接状态
boolean notConnected = true;

  // 启动GSM扩展板
while(notConnected)
{
  if(gsm.begin(PINNUMBER)==GSM_READY)
    notConnected = false;
  else
  {
    Serial.println("Not connected");
    delay(1000);
  }
}

  Serial.println("GSM initialized");
}
```

关闭调制解调器，使用函数 shutdown( )：

GSMAccess.shutdown();

这个函数不带任何参数，并返回一个布尔值：true 代表调制解调器关闭，false 代表函数正在执行。如果函数返回 false，并不代表函数操作失败，只表示关闭操作未完成。

17.4.2　SMS 类

当然，GSM 调制解调器可以被用于发送和接收短信息。使能短信息服务，通过使用 GSM_SMS 类：

GSM_SMS sms;

短信息发送有三个步骤：第一步，必须有要发送的号码；第二步，输入文本；第三步，信息确认。设置一个要发送的电话号码，使用函数 beginSMS( )：

sms.beginSMS(number);

参数 number 是一个字符数组，存储将会收到短信息的电话号码。填充 SMS 本体，使用函数 print( )：

sms.print(message);

参数 message 也是一个字符数组，包含了被发送的信息。注意短信息的字符限制在 160 个以内。函数返回一个整型数代表被发送的字节个数。

完成一个短信息并且命令调制解调器发送消息，使用函数 endSMS( )：

```
sms.endSMS();
```

这个函数不带任何参数。

短信息被加载后，SIM 卡就会被要求尽快发送信息。SIM 卡和调制解调器组合成一个独立于 Arduino 的单元。通过 Arduino API 装载和发送信息并不能保证信息被发送了；需要排队等待发送。

因为设备是自主的，收到短信息没有警报；没有回调，也没有中断。程序必须定期地查询 GSM 扩展板来看信息是否被发送。该操作使用 available( )：

```
result = sms.available();
```

该函数返回一个整型数据，代表 SIM 卡上等待的消息数量。阅读短信息前，必须首先获得信息发送方的数量，这个操作可以使用函数 remoteNumber( )：

```
sms.remoteNumber(number, size);
```

参数 number 是一个字符数组，表示发送方 ID 存储的内存位置，参数 size 是字符数组的大小。

当检索到发送方 ID 时，下一步是检索信息本身。这个操作使用函数 read( )，工作原理与文件函数和串口缓冲区一样。一次读取一个字符。

```
result = sms.read();
```

如下代码表示读一个信息的完整内容：

```
// 读取消息字节并打印
while(c=sms.read())
Serial.print(c);
```

已读取过的信息将会使用标签标记。如果一个已读信息的第一个字符没有获取到，可以使用函数 peek( ) 查看。就像串行缓冲区，函数会返回第一个字符，但索引号不增加。连续调用函数 peek( )，以致函数 read( ) 将返回相同的字符。

```
if(sms.peek()=='#')
  Serial.println("This message has been discarded");
```

删除一条信息，可以使用函数 flush( )：

```
sms.flush();
```

该函数将删除调制解调器内存中当前缓冲区的短信息。

17.4.3　VoiceCall 类

你可以使用 VoiceCall 类来拨打和应答。Arduino 不需要附加硬件就能够拨打语音电话，但是不能发送语音信息。大多数扩展板都有一个音频输入和输出端口，允许用户根据需要添加额外的组件。可以是麦克风和扬声器，或者是求救电话，也可以是具有音频输出的电子元件。GSM 元件可以接收文本指令，并且能够按照需要将音频进行编码和解码。指令包括拨号、接听、挂断以及来电显示功能。

下面第一步要做的是建立一个 GSMVoiceCall 类的实例：

```
GSMVoiceCall vcs;
```

拨打一个电话使用函数 VoiceCall( )：

```
result = vcs.voiceCall(number);
```

参数 number 是一个字符数组，代表要拨打的电话号码。该函数返回一个整型值：1 表示电话已拨通，0 表示电话未拨通。使用如下：

```
// 检查接收端是否接通了电话
if(vcs.voiceCall(phoneNumber))
{
  Serial.println("Call Established");
}
Serial.println("Call Finished");
```

这个函数只有在呼叫时使用，如果呼叫已建立，函数将返回值。检查呼叫状态使用函数 getVoiceCallStatus( )：

```
result = vcs.getVoiceCallStatus();
```

这个函数没有参数，返回 IDLE_CALL、CALLING、RECEIVINGCALL 或者 TALKING，具体意义在表 17-1 中有详细描述。

表 17-1　getVoiceCallStatus( ) 返回值

常　量	描　述
IDLE_CALL	调制解调器空闲：无呼入电话、无呼出电话、没有在通话
CALLING	调制解调器正在拨号中
RECEIVINGCALL	调制解调器正在接入电话
TALKING	电话已拨通（呼入或者呼出）并且通信已建立

电话的另一端可以挂断电话（或者当网络条件不再允许电话继续时），并且 Arduino 也可以命令 GSM 设备通过函数 hangCall( ) 将电话挂起，使用如下：

```
result = vcs.hangCall();
```

这个函数没有参数并返回一个整型值：如果操作成功了则为 1，否则为 0。这个函数不仅可以挂断已接通的电话，也可以挂断一个来电。

Arduino 可以接电话，但是 GSM 调制解调器不能提示来电显示；当有预来电的时候，程序必须通过函数 getVoiceCallStatus( ) 来查询 GSM 设备。当来电被检测到（函数 getVoice-CallStatus( ) 返回 RECEIVINGCALL），你可以查看来电号码并且可以决定接听/拒绝电话。要获取来电号码，可以使用函数 retrieveCallingNumber( )：

```
result = vcs.retrieveCallingNumber(number, size);
```

参数 number 是一个字符数组，用来存储来电号码。参数 size 是这个数组的大小。当电话号码被搜索到，函数返回值为 1，如果没有搜索到电话号码，则函数返回值为 0。

接听来电使用函数 answerCall( )：

```
result = vcs.answerCall();
```

这个函数不带任何参数，如果电话被接听，函数返回值为 1，如果电话没被接听，则返回值为 0。也可以拒绝来电，通过使用函数 hangCall( )。

17.4.4　GPRS

GPRS 可以通过使用 GSM 移动设备来发送和接收信息。并不需要可以使用语音的电话，但是需要身份验证。当 SIM 卡被要求创建连接，如果需要可以保持连接并且自动重新连接。在使用 GPRS 连接之前，你必须使用 GPRS 类：

```
GPRS gprs;
```

然后，初始化连接必须使用函数 attachGPRS( )：

```
gprs.attachGPRS(APN, user, password);
```

这个函数有三个参数，都是字符数组。参数 APN（接入点名称）是 GPRS 和互联网连接点的名称。每个 GPRS 网络都有一个接入点名称；检查你的 SIM 卡供应商以获取更多信息。参数 user 和 password 是有时连接 APN 需要的详细的可选用户名和密码。再有，你的 SIM 卡附带的文件会给出更多详细的信息。并不是所有供应商都使用用户名和密码；这种情况下，就会是空白。函数返回的值也与函数 begin( ) 相同；当连接已建立时返回 GPRS_READY。

```
if (gprs.attachGPRS(GPRS_APN, GPRS_LOGIN, GPRS_PASSWORD)==GPRS_READY)
  Serial.println("Connected to GPRS network");
```

GPRS 网络连接已建立时，你必须建立一个服务器或者客户端。服务器等待来电连接，客户端连接到外部的服务器。服务器使用 GSMServer 类，客户端使用 GSMClient 类。两者的工作原理与以太网连接几乎一样，仅有微小差异；GSM 库会尽可能地兼容 Ethernet 库。

 交叉参考 Ethernet 库已在第 9 章阐述。

创建一个客户端，也就是一个连接到另一个网络设备的设备，需要使用 GSMClient 类：

```
GSMClient client;
```

做完这一步，你还必须连接到服务器。连接服务器使用 connect( ) 函数：

```
result = client.connect(ip, port);
```

参数 ip 是 4B 的 IP 地址，参数 port 是程序需要连接的指定端口（整型）。该函数返回一个布尔值：如果连接成功返回 true，如果连接失败返回 false。

当连接成功时，你就可以发送和接收信息。发送信息用函数 print( )、println( ) 和 write( )：

```
result = client.print(data);
result = client.println(data);
result = client.write(databyte);
```

这些函数在第 9 章已阐述。

成为一个服务器，也就是一种监听接入连接的设备，需要使用 GSMServer 类：

```
GSMServer server(port);
```

参数 port 是整型数据，参数代表服务器要监听连接的端口。

GSM 库和 Ethernet 库的一个区别在于连接的性质。GSM 连接有时候不稳定，网络报告说在某些局部地方（室内或者桥下）可能不可用。想要知道一个命令是否成功执行，要使用函数 ready( )：

```
result = client.ready();
```

这个函数不带任何参数并返回一个整型值；如果上次操作已经完成，则返回 1，如果上次操作还未完成，返回 0。

许多网络服务供应商禁止外部链接接入到他们的网络中，因而即使有 GSM 扩展板也不能成为服务器。请和你的网络供应商确认你的网络是否受到此限制。

17.4.5 Modem

Modem 类主要用于对调制解调器组件的诊断操作。要使用这种功能，必须先使用 GSMModem 类：

```
GSMModem modem;
```

初始化调制解调器子系统，首先要使用函数 begin( )：

```
result = modem.begin();
```

如果调制解调器子系统已被初始化，则函数返回 true，如果初始化过程出错，则函数返回 false（例如，扩展板没有正确的安装）。

IMEI（国际移动设备标识符）是用于辨别调制解调器扩展板的唯一号码，要获取 IMEI，需要使用函数 getIMEI( )：

```
result = modem.getIMEI();
```

这个函数不带任何参数，并返回一个字符串，代表 GSM 调制解调器的 IMEI。

17.5 应用示例

家庭安全是不断需求联网设备的领域之一。大多数的安全设备使用家庭无线连接，但是这些设备很容易受到攻击。出于这个原因，许多安全系统也有备份的 GSM 系统，即使连接到互联网的物理线被切断了，也允许设备进行通信。

就这个示例来说，将建立一个监控门窗的系统。当在入口处时，系统通过手机短信息发送警告信息。为了确保系统的正常工作，每隔几分钟系统就会向服务器发送"心跳"。这个信息只是一个小的信息量，显示了系统的正常工作。如果服务器在固定的时间内没有监听到来自 Arduino 的"心跳"，我们就知道出错了。

该示例用到了 Arduino Uno 和 GSM 扩展板。一个入口通过弹簧片、按钮或者其他接触开关来监控，这个开关必须配置为数控、常闭，并且连接到 Arduino 扩展板的地。通常需要通过电阻连接 5V 电源或者接地，但是 Arduino 内置有上拉电阻，可以通过代码来激活，这也是我们这里要做的。如果门被打开了，连接就被切断，Arduino 就记录一次入侵。同样，如果电线被切断，Arduino 会记录一个警告。原理图如图 17-1 所示。

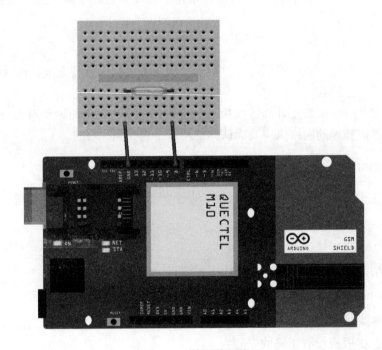

图 17-1　项目原理图

程序代码如清单 17-1 所示。

清单 17-1：程序（文件名：chapter17. ino）

```
1   #include <GSM.h>
2
3   #define PINNUMBER "0000" // 更换成你的SIM卡PIN码
4   #define CONTACT "01234567" // 更换成你的手机号码
5   #define GPRS_APN     "GPRS_APN" // 更换成你的GPRS APN
6   #define GPRS_LOGIN     "login"    // 更换成你的APN登录
```

```
7   #define GPRS_PASSWORD   "password" // 更换成你的APN密码
8   #define SERVER "yourhomesecurity"
9   #define PORT 8080
10
11  // 初始化库实例
12  GSM gsmAccess;
13  GSM_SMS sms;
14  GSMClient client;
15  GPRS gprs;
16
17  // 变量
18  bool intrusion = false;
19
20  void setup()
21  {
22    // 初始化串行通信并等待端口打开
23    Serial.begin(9600);
24
25    // 连接状态
26    boolean notConnected = true;
27
28    // 启动GSM扩展板
29    // 如果你的SIM卡有PIN码,请将其作为begin()括号中的参数来传递
30    while(notConnected)
31    {
32      if((gsmAccess.begin(PINNUMBER)==GSM_READY) &
33        (gprs.attachGPRS(GPRS_APN, GPRS_LOGIN, GPRS_PASSWORD)
34            ==GPRS_READY))
35         notConnected = false;
36      else
37      {
38        Serial.println("Not connected");
39        delay(1000);
40      }
41    }
42
43    pinMode(8, INPUT_PULLUP);
44
45    Serial.println("GSM initialized");
46  }
47
48  void loop()
49  {
50    for (int i = 0; i < 600; i++)
51    {
52      delay(500); // 休息半秒
53      if (digitalRead(8) == HIGH)
54      {
55        if (intrusion == false)
56        {
57          // 已经检测到入侵,警告用户
58          intrusion = true;
```

```
59              sendWarningSMS();
60          }
61          else
62          {
63              //  用户已经被警告了入侵,什么都不做
64          }
65      }
66      else
67      {
68          //  一切看起来都不错
69          intrusion = false;
70      }
71  }
72
73  //  已经10min,发送heartbeat
74  if (client.connect(SERVER, PORT))
75  {
76      Serial.println("connected");
77      client.print("HEARTBEAT");
78      client.stop();
79  }
80  else
81  {
82      //  如果没有获得与服务器的连接
83      Serial.println("Connection failed");
84  }
85  }
86
87  void sendWarningSMS()
88  {
89      sms.beginSMS(CONTACT);
90      sms.print("Intrusion alert!");
91      sms.endSMS();
92  }
```

该程序从导入 GSM 库开始，然后定义了程序所必需的参数：PIN 号、联系号码和不同的连接参数。

第 12～15 行，建立了不同的目标函数：gsmAccess 用来访问 ArduinoGSM 板，sms 的目的是发送短信息，client 是用来建立 GPRS 的客户端连接，gprs 是用于与 GPRS 的连接。

setup() 函数在第 20 行声明。第 23 行配置了串行连接，第 26 行的变量 notConnected 设置为 true。只要这个变量设置为 true，加上第 33 行的 attachGPRS() 函数，一个 while 循环就会一直尝试连接 GPRS 网络，最后，第 43 行，8 脚设置为带有内部上拉电阻的输入。

第 87 行，声明 sendWarningSMS() 函数。该函数将给指定的连接发送一个短信息。第 89 行使用函数 beginSMS() 创建了一个短信息。第 90 行，文本被发送到 SMS 引擎——这是信息的内容。最后，第 91 行的函数 endSMS() 将发送信息。

第 48 行声明了函数 loop()。函数从一个 for 循环开始并且重复 600 次。每一个循环开始前先等待 1s，然后查看 8 脚的数字输入状态。如果结果为 false，意味着按键开关被激活，

在调用函数 sendWarningSMS( ) 之前，变量 intrusion 置为 true。

　　一旦这个循环迭代 600 次或者接近 10min，程序就会尝试连接到服务器。如果连接成功，程序将发送信息到服务器，告知安全系统仍然在正常运行。如果程序不能连接到服务器，程序就会发送警告信息给串行控制台。

　　程序很简单但需要保护，或者可以添加报警指示灯，或者至少可以输出信息给继电器进行某种类型的报警。同时，设备可以发送短信息来警告人们，除了可以接收信息，如果用户离开家而又没有激活报警，你还可以编写一个接收信息来打开安全模式的程序。

17.6　小结

　　本章向你展示了 GSM 扩展板的灵活性及其使用的不同方式。可以参考示例使用的许多函数，并探索增强连接的方案。在下一章中，将介绍 Audio 库，它是一个很强大的库，可以添加函数到 Arduino Due 来输出音频文件。你将了解音频文件是如何生成的以及如何设计音频设备来将音频输出到放大器。

第3部分

特殊设备程序库

第18章

Audio

本章介绍 Audio 库中的以下函数：
- begin()
- prepare()
- write()

完成本章示例需要硬件包括：
- Arduino Due
- 以太网扩展板（Arduino、SainSmart 等）
- Micro-SD 卡
- 面包板
- LM35 温度传感器
- 导线
- 3.5mm 音频插孔
- 音频放大器

> **注意** 只有 1.5 及以上版本的 Arduino IDE 才支持 Audio 库，该库仍在持续更新中。

你可以在 http：//www.wiley.com/go/arduinosketches 的 Download Code 选项卡下载本章的代码，代码存放在 Chapter18 文件夹，文件名是 chapter18.ino。

18.1 音频的简介

从 20 世纪 80 年代开始，科幻电影里面就出现了很多奇怪的机器，它们不仅全身闪光而且还发出千奇百怪的声音。第一代 PC 只有一个蜂鸣器，在当时也只能做到这个样子。没过多久，发烧友就开始玩这个蜂鸣器，用它制作音乐甚至为游戏配音。在 YouTube 视频网站上可以看到很多用蜂鸣器为游戏配音的视频，不要嘲笑，我们真这样做过，也乐此不疲。

游戏行业如火如荼的发展，游戏玩家对配音也更加挑剔。不久前刚发布了 MIDI 声卡，MIDI 协议用于连接音乐设备（计算机也算）。有些声卡支持编程，这样就可以弥补各种音调的不足了。尽管现在的音域已经比过去有了很大的改善，但是它仍有很大的上升空间，并且此时仍旧很难或者根本无法记录声音。你可以听到高质量的声音，但是声音一经传播，就容易发生畸变，也就是失真，听起来就不是原声那么好了，所以，整个行业在寻找另一种解决方案。

新一代的声卡应运而生，它不仅保留了 MIDI 声卡的优势，还拥有数字信号处理器（DSP），这样一来，就可以制作复杂的数字音频信号。随着计算机处理器不断发展，现在完全可以通过声卡将模拟信号数字化，以此合成复杂的声音。因此，我们可以听到效果不错音乐。

新技术有它的好处，但是也带来了新的问题，那就是存储空间问题。数字音频文件需要大量的存储空间，但是，当时存储空间极其精贵难得。最大的硬盘只有 1GB 多点，一首 3min 的歌曲就需要好几百兆字节的存储空间，如果音乐还是数字格式，就需要更大的存储空间，或者就是想办法压缩音乐，当然双管齐下最好。现在，一首歌可以压缩成 4 ~ 5MB，并可以下载到有几 GB 存储空间的音乐播放器中。但是，这就需要更快的处理器了。

18.2　数字语音文件

早期数字音频格式之一便是众所周知的 wave，它是非压缩数字文件，该文件是一个模拟信号。模拟信号即连续信号，可以取得最大值和最小值之间的任何值，而数字信号不行。数字信号有一个分辨率的概念，即数字信号能够处理的数值量。在 0 ~ 10 的范围中，模拟信号可以取得 7.42，而以步长为 1 的数字信号则不能获得，它所能做的是尽量接近 7，如图 18-1 所示。

我们可以从图中看到，模拟信号是平滑地过渡到不同的值，而数字信号是"一步一步"实现的，可想而知，数字信号的精度并不理想，其质量也不高。所幸，声卡没有从 0 变到 10 的值，大多数声卡是 16 位，一共 65536 个值。此前

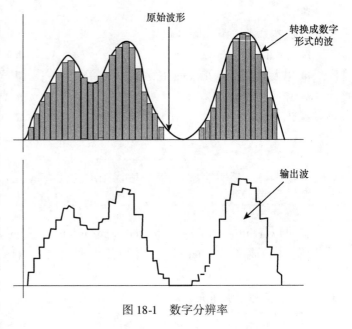

图 18-1　数字分辨率

几代声卡只有 8 位采样值，一共只有 256 个值，这样的精度更低。但是，对于大多数音乐发烧友，16 位采样值的声卡已是绰绰有余了，这已经是高质量的 CD，甚至是蓝光音频文件。然而，分辨率并非是唯一需要考虑的因素。

声波包含不同的频率，并且频率越高，音调也就越高，人类正常听力范围是 20Hz ~ 20kHz。数字采样频率高达 20kHz，那么有效采样率（effective sampling rate）至少是其 2 倍或 40kHz（有效采样率指采集声音的速率）。在普通应用中，一般采用 44.1kHz。目前，由索尼公司设计的微型集成芯片已经投放市场，其频率就是 44.1kHz。而对于一些专业应用，

其有效采样率高达 48kHz。计算机中使用 44.1kHz、48kHz 以及 44.1kHz 的分数倍，比如 22.05kHz、11.025kHz。电话系统很长一段时间都是使用 8kHz，这对于人类语音对话已经绰绰有余了。如果需要更加精确的结果，可以使用专业采样器，DVD 音频采样高达 192kHz，还有一些高达 2MHz。

采样率越高，结果越精确。不同采样率的效果如图 18-2 所示。

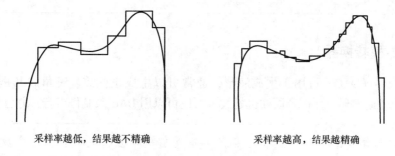

图 18-2　采样率

采样率越高，得到的数据也就越多，相应地，需要的存储空间也就越大。

18.3　Arduino 上的音乐

Arduino 之所以能够制作音乐，简单来说，是因为音乐本身就是不同频率的合成。频率 A 是 220Hz，频率 B 是 A 的两倍，即 440Hz。知道了这些，就可以用 Arduino 制作简单的音乐。比如，大家都再熟悉不过的歌曲"生日快乐"可以写成"CCDCFE CCDCGF CCC1AFED BBAFGF"。通过调用 tone( ) 函数，你就可以制作一首让你朋友羡慕的音乐，不过，音色比较单一。该声音有明显的人造痕迹，和钢琴、二胡这些乐器有明显的区别。

 交叉参考　第 4 章有 tone( ) 函数的讲解。

18.4　Arduino Due

Arduino Due 不同于其他 Arduino，因为它是 Atmel 公司基于 ARM Cortex-M3 内核开发出的产品，它不仅是一款强劲的微控制器，而且拥有比大多数 Arduino 更强大的处理能力。Arduino Due 是一款 32 位的微控制器，其运行频率为 84MHz，具备更多的输入输出引脚，同时提供一些高级功能。通常，Arduino 是通过改变方波频率输出音频的，但是 Arduino Due 有两个数-模转换器（DAC），DAC 可以输出一个真实的模拟信号，和 tone( ) 函数实现的效果一样。

脉宽调制是一种"满/空信号"，其输出是在逻辑 1 和逻辑 0 之间交替变化。高保真的声音有所不同，它要求信号在最大值和最小值之间还有多个数值，并以此提供更加清晰的音频信号。tone( ) 函数产生的方波，不同于脉宽调制，它的占空比是 50%，也就是说，它在一个周期内高电平长度等于低电平长度。其结果是，能产生声音，但是不能够呈现出像人声一样复杂的声音。

> **交叉参考**   第 4 章有 PWM 的讲解。

18.4.1   数-模转换器

数-模转换器（DAC）可用于生成波形，通常可以生成正弦波、三角波和锯齿波。因为 DAC 可以产生普通波形，而声音同样也是波，所以可以用 DAC 来制作声音，并且精度相当高。

> **警告**   微控制器和 DAC 所产生的信号都不具有足够的能量，它们需要一个放大器放大，这样才能为人们使用。微控制器可以直接连接一个扬声器，但是，很可能就损坏一个引脚，严重的，直接损坏微控制器。

与 DAC 相对应的是模-数转换器（ADC），并且和 DAC 有同样的属性。数字信号的分辨率即生成一个信号所需的位数。Arduino Due 有两个 12 位分辨率的 DAC，它们可以输出 0 ~ 4095 的数值。此时模拟输出是从一个模拟值变化到另一个数值。在 Arduino Due 中，是从 0V 到 3.3V 变化（3.3V 为 Cortex-M 微控制器的工作电压）。因为电压变化范围是 0 ~ 3.3V，并且一共有 4096 个可能值，则 DAC 的精度为 3.3 除以 4096，约为 0.000806。也就是说，数字量每增加 1，模拟量就增加 0.8mV。

18.4.2   数字音频到模拟音频

从本质上讲，数字音频文件就是模拟信号的一种表示。因此，很容易获取每一个值并将其写入 DAC 中，以此来制作一个和原始音频接近的波形。以下几点需要考虑：

- 分辨率——数字音频文件的分辨率相当重要，在计算机中，它们要么是 8 位要么是 16 位，但是 Arduino Due 的 DAC 是 12 位分辨率。
- 速率——以某一固定速率采样原始文件，并且改变采样速率，将得到不同的音频数据。
- 立体声或单声道——音频可以被记录为单声道或立体声。Arduino Due 只能播放单声道文件，所以立体声将被转化为单声道播放。

18.4.3   创建数字音频

从计算机上的应用到智能机上的应用，你可以使用很多工具创建数字音频文件。大多数操作系统至少会有一款应用能够录音。数字音频还可以被"转换"，可以通过很多应用程序实现格式间的转换，但是，由于某些音频格式是特许的，所以这些应用软件中有些是共享软件，有些则是商业化的软件。

第三种选择便是一些更高级应用使用声音合成，可以直接"发声"。此后，可以用它新建包含声音的文件，如果你留心机器人语音系统的话，你就会发现这是一个相当有意思的解决方案。

对于大多数音频录音而言，限制资源十分必要。对于非专业应用，通常一个普通的多媒体耳机便绰绰有余，但是有一些具备 USB 的设备，它们具有很好的采样率并且提供噪声衰减，将尽可能地只记录你的声音而无环境噪声。你可以选一个无需接电话或拜访朋友的时间，休息一段时间，这样你的声音也会有细微的不同，此时你就可以对自己进行录音了，这样效果会好很多。

18.4.4　存储数字音频

数字音频文件可能十分巨大，并且 wave 文件无法被压缩。对于台式机而言，这不是问题。音频 CD 可以容纳 80min 约 700MB 的立体声音乐，对于大多数工程来说，也是绰绰有余。大多数音频文件都超出了 Arduino Due 的内存和闪存，所以急需另外一种存储媒介。要在 Arduino Due 上存储并播放数字音频，你必须使用 SD 卡扩展板。

 警告 Arduino Due 是 3.3V 而非 5V 的设备。有些扩展板是针对 5V Arduino 的，在 Arduino Due 上无法正常工作，所以在实验之前，认真核查其兼容性。

SD 卡扩展板类型不限，有些传感器扩展板以及大多数以太网扩展板都有一个 SD 卡槽，具体内容参考第 12 章。

18.4.5　播放数字音频

在播放音频文件之前，你要先导入 Audio.h 库。

```
#include <Audio.h>
```

要播放 SD 卡内的音频文件，你还需要 SD 库和 SPI 库；导入 SD.h 和 SPI.h。

```
#include <SD.h>
#include <SPI.h>
```

 注意 Arduino IDE 部分版本才支持 Arduino Due。1.0 版本不支持 Arduino Due，并且你无法从菜单导入 Audio 库。1.5 及以上版本支持 Arduino Due 和 Audio 库。

运行 begin() 函数，初始化 Audio 库。

```
Audio.begin(rate, size);
```

该函数有 rate 和 size 两个参数。音频率（audio rate）是指每秒采样次数，比如常见值为 22050 或 44100。对于立体声音频文件，你必须是双倍音频率（22.05kHz 时是 44100，44.1kHz 时是 88200）。参数 size 表示一个音频缓冲区的大小，该缓冲区由一个函数创建，单位是 ms。比如，Arduino Due 播放一个 44.1kHz、100ms 缓冲区的立体声文件，实现如下：

```
// 44100Hz立体声=>88200采样率
// 100ms缓冲区
Audio.begin(88200, 100);
```

当 Audio 库准备就绪，你必须准备你要播放的音频。通过 prepare( ) 函数可以实现。

```
Audio.prepare(buffer, samples, volume);
```

参数 buffer 是你的程序创建的缓冲区名，它不是 begin( ) 函数创建的音频缓冲区。参数 samples 是要写入的音频数量，参数 volume 是音频输出的音量，用一个 10 位数值表示，0 是静音，1023 是最大的音量。

最后一步是使用 write( ) 函数将数据写入音频缓冲区中。

```
Audio.write(buffer, length);
```

参数 buffer 和参数 length 与 prepare( ) 函数中的一样。该函数把音频写入到内部的音频缓冲区中。如果音频文件没有播放，则立即开始播放；如果该文件正在播放，则把该文件添加到内部缓冲区的末尾。

18.5　示例程序

对于本例，使用 LM35 制作一个数字温度计，在第 14 章介绍过温度计的制作过程。原理图基本一样，但是，本例中有些许变化。当用户按下按钮时，Arduino 不再显示，而是语音播报。

为此，你有很多工作要做。Arduino 不能直接 "说话"，要说 "温度是 22 摄氏度"，还需要几个语音文件。第一部分，"温度是" 是一个文件，最后一部分 "摄氏度" 也是一个文件。在这两部分之间，你必须记录你的声音或你朋友的声音。无须担心，你不必记录 0 ~ 100 的每一个数字，就像第 14 章所述，温度不会超过 40℃。如果你想温度上升更高，你可以选择更大一点的数字。此外，在本例中，英语语言也将为你提供便捷，在 0 ~ 20 之间的每一个数字都必须记录，但是此后的数字就容易了。比如，30 几这些数字都是以 "30" 开头，后面加上其他数字，如 37，就可以是一个文件是 "30"、一个文件是 "7"。这也是你车里面的 GPS 系统所用的方法，"前方 400 米，右转" 是由几个文件组合而成。你可以自己创建这些文件，也可以在网上下载，这都由你决定。[○]

你必须想办法怎么开始制作这些文件，并措辞恰当。本例中，你创建了很多音频文件。第一个是 temp.wav 文件，它包含一些短语，"当前温度是" 或诸如此类的话。之后，你需要创建 0 ~ 20 每一个数字的文件，以数字.wav 来命名。比如包含单词 "18" 的文件，命名为 "18.wav"。无需创建 21，它可以由单词 20 和 1 组合而成。但是 20、30 和 40 仍然需要，对于大多数应用，40 就足够了。

○　英语中 0 ~ 20 是不同的单词，20 以上便是 "几十" ＋ "几"，如 37 是 thirty seven。——译者注

该应用程序本身很简单，但是其中有些内容你可以创建一个好的工程。当用户按开始按钮时，开始温度采样。SD 卡上的文件一个接一个地被打开并且发送到音频缓冲区。当所有的文件读取完毕，关闭最后一个文件，系统开始等待用户再次按下按钮。

18.5.1　硬件

本例将用到兼容 SD 卡扩展板的 Arduino Due。第 9 章用过的以太网扩展板就可以应用于此，无需以太网适配器，本例只需要 SD 卡槽。LM35 的输出引脚接到 Arduino Due 模拟输入的 5 脚上，LM35 的地线和 Arduino Due 的地线必须连接到一起，但是 + Vs 脚不同。在前面的例子中，+ Vs 脚和 +5V 相连，因为所有器件电压都是兼容的。但是，LM35 的技术文档指明，+ Vs 脚至少 4V，而 Arduino Due 的电源电压只有 3.3V。在 Arduino Due 上，有两种电压 3.3V 和 5V。在本例中，LM35 和 +5V 相连。对于其他组件，可能还有其他问题，Arduino Due 电源电压为 3.3V，那么自然希望输入电压小于或等于 3.3V，如果 5V 输入，可能损坏微控制器。然而，本例中 LM35 采用 + 5V 供电，其输出大约 10mV/℃，即 1.5V 表示 150℃。因此，LM35 在 +5V 供电时可以安全运行，其输出不会大于 3.3V。

按键接数字引脚 2。它一边接 3.3V，另一边通过 10kΩ 下拉电阻接地。当按键断开，输入接地，逻辑为 0，当按键按下，输入接 3.3V，逻辑为 1。

最后，音频输出接到 DAC0 上，注意，这只是一个信号，并不具备足够的能量，如果使用能量过大又将损坏 Arduino。要输出音频，原理图使用一个插孔连接器。大多数家用 Hi-Fi（高保真）系统或移动扬声器都是使用插孔输入，通常情况是使用公口对公口的电线。MP3 播放器和音响也是使用同样的连接线。

硬件布局如图 18-3 所示。

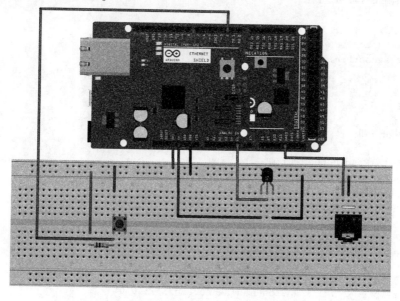

图 18-3　硬件布局（Fritzing 制作）

18.5.2 程序

程序如清单 18-1 所示。

清单 18-1：程序（文件名：Chapter18. ino）

```
1    #include <SD.h>
2    #include <SPI.h>
3    #include <Audio.h>
4
5    const int buttonPin = 2; // 按钮引脚
6    const int sensorPin = A5; // 模拟输入引脚
7
8    void setup()
9    {
10     // 调试输出为9600波特
11     Serial.begin(9600);
12
13     // 设置SD卡,检查电路板以使用引脚
14     if (!SD.begin(4))
15     {
16       Serial.println("SD initialization failed!");
17       return;
18     }
19
20     // 配置高速SPI传输
21     SPI.setClockDivider(4);
22
23     // 44100kHz单声道文件,100ms预缓冲
24     Audio.begin(44100, 100);
25
26     // 配置引脚
27     pinMode(buttonPin, INPUT);
28     pinMode(sensorPin, INPUT);
29   }
30
31   void loop()
32   {
33     // 等待按下按钮
34
35     if (digitalRead(buttonPin))
36     {
37       // 读取传感器的值
38       int sensorValue = analogRead(sensorPin);
39
40       Serial.print("Sensor reading: ");
41       Serial.print(sensorValue, DEC);
42
43       // 转换温度(Due是3.3V)
44       int tempC = ( 3.3 * analogRead(sensorPin) * 100.0) / 1024.0;
45       Serial.print(" Temperature: ");
```

```
46      Serial.println(tempC, DEC);
47
48      // 播放第一个文件
49      playfile(String("temp.wav"));
50
51      // 要读取的文件名
52      if (tempC > 20)
53      {
54        Serial.print("Open filename ");
55        String filename1 =  String(String(tempC - (tempC % 10))
56              + ".wav");
57        Serial.println(filename1);
55        playfile(filename1);
59
60        Serial.print("Open filename ");
61        String filename2 =  String(String(tempC % 10) + ".wav");
62        Serial.println(filename2);
63        playfile(filename2);
64      }
65      else
66      {
67        Serial.print("Open filename ");
68        String filename =  String(String(tempC) + ".wav");
69        Serial.println(filename);
70       playfile(filename);
71      }
72    }
73    else
74    {
75      // 按钮没有被按下,休息一会
76      delay(50);
77    }
78  }
79
80  void playfile(String filename)
81  {
82    const int S=1024; // 要读取的样本数量
83    short buffer[S];
84    char chfilename[20];
85
86    filename.toCharArray(chfilename, 20);
87
88    // 从SD卡打开第一个wave文件
89    File myFile = SD.open(chfilename, FILE_READ);
90    if (!myFile)
91    {
92      // 如果文件无法打开,请停止
93      Serial.print("Error opening file: ");
94      Serial.println(filename);
95      while (true);
```

```
96   }
97
98   // 循环文件的内容
99   while (myFile.available())
100  {
101    // 从文件读入缓冲区
102    myFile.read(buffer, sizeof(buffer));
103
104    // 准备样本
105    int volume = 1023;
106    Audio.prepare(buffer, S, volume);
107    // 将样本写入音频
108    Audio.write(buffer, S);
109  }
110  myFile.close();
111 }
```

　　本例程有三个主要函数：setup( )、loop( ) 和 playfile( ) 函数，playfile( ) 函数用来播放音频文件。

　　第 8 行声明 setup( ) 函数，第 11 行配置串口，第 14 行初始化 SD 卡读卡器。Arduino 和 SD 卡控制器之间通过 SPI 协议通信，并且需要高速传输来读取波形文件。为此，第 21 行 SPI 时钟分频器配置就是高速通信。第 24 行，初始化 Audio 库。单声道文件音频率是 44.1kHz，并分配 100ms 缓冲区，这足以满足从 SD 卡读取大量的数据。第 27 和 28 行定义了 2 个引脚，其中一个是读取按键的状态，故设置为输入；然后接传感器的引脚也定义为输入。

　　第 31 行声明 loop( ) 函数，大多数工作都将在这里面完成。第 35 行，读取按键的状态，如果按键没有被按下，直接跳转到第 76 行，延时 50ms 后，重复整个过程。

　　如果按键被按下，则读取传感器值并存入一个变量中。为了便于调试，该值通过串口显示。第 44 行，将得到的传感器值转化为摄氏度值。注意，Arduino Due 是 3.3V 的设备，因此，模拟值是和 3.3V 比较而非 5V。然后将温度值输出到串口。

　　为了节约 SD 卡的存储空间，不同数字的录音已经分成不同的文件。如果温度低于 21℃，那么就只有一个文件名，简单地说，文件名就是这个温度值。如果温度是 18℃，那么涉及的文件叫作 "18.wav"。21℃ 及以上的温度值，将使用两个文件，一个包含 "几十"，一个包含 "几"。24℃ 将使用 "20.wav" 和 "4.wav" 两个文件。文件名创建之后，调用 playfile( ) 函数把文件名作为字符串传递。

　　第 80 行声明 playfile( ) 函数，只有一个字符串参数，即要打开的文件名。第 82 行声明一个整型常量，它是从波形文件每次复制的数据。第 83 行创建一个缓冲区，它是用来存放来自 SD 卡的数据。第 84 行创建另一个变量，还是这个文件名，只不过这次是字符数组，SD.open( ) 函数不接受字符串，只接受字符型。

　　第 89 行，程序试图打开 SD 卡上的文件，如果失败，它将向串口打印一条消息并暂停执行。如果程序已打开文件，则继续执行。

第 99 行创建一个 while 循环，一直循环读取文件中的数据，直到文件数据读取完毕。这是由 File. available( ) 函数实现的，该函数返回文件可读的字节数。第 102 行，文件从 sizeof (buffer) 块读入到 buffer 中。第 105 行声明一个变量并赋值为 1023，用在第 106 行 Audio. prepare( ) 函数中。该函数需要本地缓冲区，称为 buffer，以及音量和缓冲区的大小。在这种情况下，1023 可能是最大音量。最后一步是使用 Audio. write( ) 函数将本地缓冲区数据写入到音频缓冲区中。该函数需要和 Audio. prepare( ) 函数一样的参数，但音量参数除外。当 while 循环完成时，关闭文件，函数返回。

18.5.3　练习

此应用程序只测量了单个源头的温度，你可以修改程序使其测量室内温度和室外温度。你也可以增加一个湿度或紫外线传感器。按下按钮，你就可以知道室外温度是 38℃，湿度是 20%，紫外线指数是 8，而室内温度是 24℃。

并非所有人都是使用摄氏温度，你可以修改程序使其使用华氏温度，甚至可以使用 EE-PROM 来存储你的设置，这样这个程序就可以在世界范围内使用了。你还可以创建你自己的扩展板，包含传感器连接器、SD 卡槽以及音频插孔等。

18.6　小结

在本章，你已经知道 Arduino Due 的部分高级功能，比如播放音频文件，并且知道如何使用库来执行这些动作。你已经知道如何连接 Arduino Due 和扬声器来制作闹钟、温度传感器或需要音频输出的其他设备。在下一章，我将向你介绍 Scheduler 库，这是 Arduino Due 的另一个高级库，它允许你在不同时间执行不同任务。

第19章

Scheduler

本章将讨论基于 Arduino Due 的 Scheduler 库的以下函数：

- startLoop( )
- yield( )

需要以下硬件：

- Arduino Due
- LM35 温度传感器
- 电源开关（110V 或者 220V）
- Adafruit 的 RGB LED（http：//www.

  adafruit. com/products/346）
- 3 个 TIP120 晶体管
- 3 个 100Ω/0. 25W 电阻

> **注意** Scheduler 库只能在 Arduino IDE 1. 5 及以上的版本中找到。现在被认为仍在实验和开发阶段。

你可以在 http：//www. wiley. com/go/arduinosketches 的 Download Code 选项卡下载本章的代码，代码存放在 Chapter19 文件夹，文件名是 chapter19. ino。

19. 1　调度器的简介

追溯到早期的计算机时代，计算机只能运行单任务。当你打开计算机，放入软盘，操作系统就启动了。然后你换掉软盘，制作一个表格。几秒后，表格会出现在计算机屏幕上，并且你会听到来自软盘驱动器里的可疑的声音，然后又是重复，最后，你才可以工作。如果你想休息一下，玩四色牌的游戏，在你玩游戏前，你不得不保存工作，并且退出表格（或者在某种情况下，重新启动计算机）。软盘放在计算机里，这都没有关系，但是你不能同时打开两个项目。

当图形系统应用到计算机里，用户希望窗口包含他们的应用程序，但是用户也想要从一个应用程序切换到另一个程序，或者甚至有两个同时运行。硬盘可以存储多个项目，而且也有足够的系统内存，使得多个可执行文件可以同时在内存中操作。问题是，你是如何同时运行两个程序的呢?

计算机制造商已经开始出售具有庞大内存的图形系统和硬盘驱动器，这已经成为行业的标准。并且计算机的功能越多，用户越想要。为了吸引用户，制造商会告诉你计算机可以同时运行多个程序并且可以同时进行。这是计算机行业里的最大的谎言，但是它就是离我们这么近。

一个处理器不能在同一时间执行多个程序；在技术上是不可行的。一个处理器可以一次执行一条指令，但是技术在于给定处理器运行所需的指令。

操作系统是任何一个系统软件的核心。没有操作系统的支持，应用程序不能运行。计算机没有操作系统，即使你只运行一个程序，你也不能将程序安装到计算机上。操作系统要做的不仅仅是运行程序，还要设置硬件，包括键盘和鼠标输入以及视频输出，还要配置所需的内存——一些正常的程序并不需要。程序会告诉操作系统将一些东西在屏幕上显示出来。这就是操作系统，完成了所有复杂的工作，包括多任务。多任务是一门艺术，就是让用户认为几个程序是在完全相同的时间里同时运行，但是事实上并没有。在操作系统收回控制或者等到应用程序对操作系统反馈控制前，操作系统控制应用程序（或者线程），如图 19-1 所示。

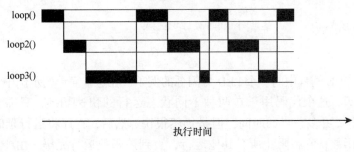

图 19-1　线程执行

这导致产生了一些复杂的状态。微软 Windows 3.1 使用了一种叫作多任务合作的机制，里面的程序必须合作完成。如果一个应用程序不参与合作（或者这个程序不在 Windows 里进行运行或者崩溃），则 Windows 并不会控制其他应用程序。在图 19-2 中，线程循环函数 badloop( ) 采取控制但是并没有返回，其他两个线程无法正常工作。

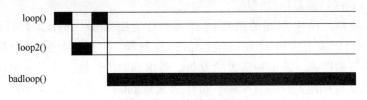

图 19-2　不合作的线程

如今，操作系统使用多重技术来确保应用程序的并行运行，即使一个操作系统占满了系统资源，即使一个应用程序崩溃了，整个系统也仍然进行。

当我写本书的时候，我会使用到一个文本编辑器，而在后台，音乐播放器播放音乐让我集中精神工作。我使用了双显示器设置，在另一个显示器上，我使用网页浏览器来上网，在 Arduino 编辑器里编写将用到的程序。如果我想休息，我就会玩游戏，但是并不需要关闭任何应用程序。在我休息期间，所有正在运行的程序都会保持运行。休息完毕，我又可以回到我的编辑器，继续之前的工作。

19.2　Arduino 多任务

默认情况下，Arduino 不能多任务处理。以下面简单的程序为例：

```
// 当你按下复位或电源键时,设置功能将运行一次
void setup() {
  // 初始化数字引脚13为输出
  pinMode(13, OUTPUT);
}

// 循环功能永远运行一遍又一遍
void loop() {
  digitalWrite(13, HIGH); // 点亮LED灯(HIGH为高电平)
  delay(1000);            // 等待1s
  digitalWrite(13, LOW);  // 通过1个低电平使LED灯熄灭
  delay(1000);            // 等待1s
}
```

这是 Arduino IDE 例程中的一个 LED 灯闪烁的例子，在这个简单的示例中，LED 灯设置成闪烁：1s 亮，1s 灭。这个代码用于在两种不同状态运行的快速切换，只需要几微秒。digitalWrite( ) 函数需要更多一点的时间，但是仍然很快。然后，程序将运行延时函数 delay( )。这个函数是阻塞函数；它将阻止所有其他运行，直到该函数运行完毕。由于 Arduino 被设置为单任务设备，一开始没有建立多任务库。Arduino 将继续单任务运行，等待数据或者操作数据。一些库允许回调函数运行；当外部事件发生时，函数就会运行。比如，Arduino 不会一直等待 I^2C 指令。在这种情况下，运行回调函数。Arduino 会继续执行当前任务（比如，读传感器），当 I^2C 指令到达时，Arduino 停止当前程序，在回到被中断的任何任务之前，会先运行回调函数。然而，大多数应用程序并非如此；几乎所有的函数都被屏蔽，并且其他函数不能运行，直到回调函数执行完毕。

由于 Arduino Due 使用不同的微控制器，不是使用 Atmel AVR，而是使用 Atmel AT-SAM3X8，Atmel 公司采用的是 ARM Cortex-M3 微控制器，它是一个 32 位设备，运行频率为 84MHz，具有先进的性能，是一种强大的设备。考虑到它的性能，开发人员特意决定改变它的工作方式并且实现调度系统。这个库，也称为 Scheduler，在 Arduino IDE 1.5 中介绍过了。

19.3　调度

调度实现的是合作调度。它以轻量级特点来保持强大功能，但在实现的过程中还需要仔细地思考。它可以同时运行几个函数，只要它们合作。特别是可以重构一个函数；函数 delay( ) 将在后面的多任务合作部分讨论。

你要做的第一件事是导入 Scheduler 库。这可以从 IDE 菜单中完成（Sketch ➪ Import Library ➪ Scheduler）或者手动导入。

```
#include <Scheduler.h>
```

这之后可以使用 startLoop( )：

```
Scheduler.startLoop(loopName);
```

该函数有一个参数：函数的名称在程序里声明。指定的函数不能有任何参数，但是可以实现期望的功能。通过为每一个指定的函数调用函数 startLoop( )，多个函数就可以连续地运行。

```
Scheduler.startLoop(loop1);
Scheduler.startLoop(loop2);
Scheduler.startLoop(loop3);
```

下面是另一个需要知道的函数——yield( )：

```
yield();
```

这个函数没有参数，不返回任何数，粗略来看，没有做任何事情，但 yield( ) 函数却用于控制其他函数。记住，Scheduler 库使用多任务合作的方式，因此，控制必须回到其他函数；否则，它们将不能获取 CPU 时间。

19.3.1　多任务合作

参考下面例子：

```
#include <Scheduler.h>

void setup()
{
  Serial.begin(9600);

  // 将loop1和loop2添加到Scheduler
  Scheduler.startLoop(loop1);
  Scheduler.startLoop(loop2);
}

void loop()
{
  delay(1000);
}

void loop1()
{
  Serial.println("loop1()");
  delay(1000);
```

```
}

void loop2()
{
  Serial.println("loop2()");
  delay(1000);
}
```

这个程序很简单；导入 Scheduler 库和运行两个函数：loop1( ) 和 loop2( )。记住，loop( ) 一直被调用。两个额外的循环函数将直接打印一行文本到串行端口，然后等待 1s。

记得我曾说过 delay( ) 函数被阻塞了吗？如果使用 Scheduler 库，延时不会被阻塞；延时允许函数在设定的时间里休眠，但是会回到对其他函数的控制。在这种情况下，一个循环被调用，并且当运行到 delay( ) 函数时，又会立即回到控制第一个函数，直到 delay( ) 1s 后结束。

串口输出函数是一个列表，在 "loop1( )" 和 "loop2( )" 之间交替。预设的函数可以使用全局变量。改变程序需要添加如下语句：

```
#include <Scheduler.h>

int i;

void setup()
{
  Serial.begin(9600);

  // 添加loop1和loop2到Scheduling
  Scheduler.startLoop(loop1);
  Scheduler.startLoop(loop2);

  i = 0;
}

void loop()
{
  delay(1000);
}

void loop1()
{
  i++;
  Serial.print("loop1(): ");
  Serial.println(i, DEC);
  delay(1000);
}
void loop2()
{
  i++;
  Serial.print("loop2()");
```

```
Serial.println(i, DEC);
delay(1000);
}
```

　　增加了一个全局变量：i。每次循环函数被调用时，i 增加 1，并且这个值会显示出来。函数的输出也是一个列表，由于每次变量 i 自加，会在"loop1( )"和"loop2( )"之间交替。

19.3.2　非合作函数

　　现在，增加其他的东西。每次循环被调用，变量 i 就会增加，当 i 达到 20 时，就会显示一个信息。这可以通过增加第三个函数来实现，用来看 i 的值和当 i 的值达到设定值时就打印信息。

```
#include <Scheduler.h>

int i;

void setup()
{
  Serial.begin(9600);

  // 添加loop1、loop2和loop3到Scheduling
  Scheduler.startLoop(loop1);
  Scheduler.startLoop(loop2);
  Scheduler.startLoop(loop3);

  i = 0;
}

void loop()
{
  delay(1000);
}

void loop1()
{
  i++;
  Serial.print("loop1(): ");
  Serial.println(i, DEC);
  delay(1000);
}
void loop2()
{
  i++;
  Serial.print("loop2()");
  Serial.println(i, DEC);
  delay(1000);
}
```

```
void loop3()
{
  if (i == 20)
  {
    Serial.println("Yay! We have reached 20! Time to celebrate!");
  }
}
```

新函数 loop3( ) 在 setup( ) 函数中被调用并且是一个单任务；监控 i 的值并且当 i 的值达到 20 时打印信息。除此之外，如果你要运行程序并打开串口监视器，这个程序将没有输出，在串口上也不会有内容显示。loop1( ) 和 loop2( ) 不会打印任何值，并且 loop3( ) 也不是达到 20。发生了什么呢？

代码有效；没有语法错误。当添加 loop3( ) 函数后，代码停止工作，可以肯定地说，问题出在这个函数。需要花时间仔细地检查。

这个函数从一个 if 语句开始；如果 i 等于 20，然后就会打印一条信息。那 i 不等于 20呢？什么也没有，只是会循环。函数会运行，而且在大多数的多任务系统中也会运行。大多数多任务系统有一个核，这个核控制函数，并且在设定的一段时间后，或许多指示后，或系统使用的算法后不控制函数。在多任务合作系统中，由程序（或者函数）与其他函数合作并且返回控制。函数 loop3( ) 的问题是会继续运行，但是不会返回控制其他函数。它会一直循环，直到 i 达到 20，这时，i 不会再增加了。其他两个函数也一直等待轮到它们。使用函数 yield( ) 告诉函数 loop3( ) 返回控制其他函数。

```
void loop3()
{
  if (i == 20)
  {
    Serial.println("Yay! We have reached 20! Time to celebrate!");
  }
  yield();
}
```

我们对其做微小修改；在 if 循环之后增加函数 yield( )。当程序运行到这个地方时，程序会释放出 loop3( ) 的控制权，并且查看其他函数是否需要 CPU 时间。现在所有的函数合作，程序函数都是需要的。多任务合作系统是一种使用可靠的多任务代码的优秀方法，不需要一个沉重的操作系统。然而，必须注意确保线程之间相互合作，可以通过增加 yield( ) 函数或者延时语句来实现。

19.4 示例程序

本示例是一个鱼缸温度传感器，用来检查温度，控制照明系统和依据结果来控制温度。每隔几秒钟，温度传感器通过串行的方式来传送温度。

水族箱可能很昂贵，但是很受爱好者的欢迎，因为它有助于检测水的一些信息；温度、酸度、水的硬度和含氧量都是鱼健康生活的关键。一次错误往往会导致灾难性的后果。

温度传感器很简单；结合前一章，将使用一个 LM35 温度传感器。热带鱼需要精确的温度，这个应用程序将为你实现。大多数加热元件会自动调节，对于外来鱼，或者人工饲养下，你可能就需要调节温度了；在白天应该暖和一点，在晚上稍微凉快一点。巴拉鲨鱼，也称为银鲨，只有大型水族馆里的才看得到，它非常漂亮，而且也是我个人最喜欢的。它们是温和的生物，但是很难适应不同环境，需要 22～28℃之间的温度。在这个应用程序中，加热器将在 26℃关闭，并且在 24℃打开。

同时，照明条件也非常重要，尤其是在繁殖的时候。大多数的照明在白天打开得比较强烈，在晚上完全关闭，而不是自然循环地慢慢亮、慢慢暗。程序允许改变。照明策略如图 19-3 所示。

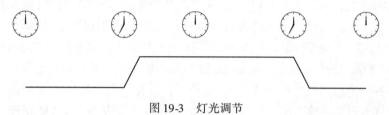

图 19-3　灯光调节

灯光调节器将使用 Arduino Due 的数-模转换器。这是一个单任务；在改变光线设置前将等待几小时。

有两个办法来使程序等待很长的一段时间，要么使用 delay( ) 函数，通常意味着没有其他的计算发生，或者读取程序自开始运行时的毫秒数。为了简化，这个应用程序将使用两个循环：一个用于温度传感器，另一个用于照明应用，两个独立运行。

19. 4. 1　硬件

Arduino 带有 LM35 温度传感器，连接到 A0 脚。LM35 传感器由 5V 电源供电。尽管 LM35 传感器在 5V 下运行，但是达不到 3.3V，因此连接到 Arduino Due 是安全的。

警告　LM35 传感器不防水！不能把它直接放在水里；否则可能会损坏元器件，造成电源线的氧化，导致水对于鱼而言是有毒的。在将 LM35 传感器和导线放入水族箱里前，要确保它们完全绝缘。水族箱的外部玻璃通常很好地指示了水的温度；可以把 LM35 放在水族箱外侧的玻璃上。

电源开关 Tail II 是带有板载电子元件的电力电缆线。当它收到输入引脚的信号时，交流电就会接通。只需很小的电能就能激活。5V 时，电流可达到 10mA，此时超过了 Arduino 的承受范围。电源开关 Tail II 也必须完全绝缘，这意味着低电压不会与任何交流电源线接触，使得设备使用起来非常安全。输出连接到了数字引脚 7。

点亮水族箱，可以使用 LED 阵列或者 LED 条。这两种都可以在类似 Adafruit 的网站上找到。对于这个应用程序，推荐可防水的可变条数的 Adafruit RGB LED（可参见 http：//www. adafruit . com/products/346）。这些 LED 条包括了每米 60 个 RGB LED，而且长度可以根据水族箱调整。然而，它们需要的电流比 Arduino 能传导的电流大，因此，需要一个外部电源和三个晶体管来驱动，每个晶体管为一种颜色的通道。晶体管就像开关：通过提供一个小的基极电流，更大的电流就会从集电极流向发射极，可以提供 Arduino 到电力设备所需的更大的电流，或者是电力设备所需的更大的电压。

交叉参考　晶体管在第 3 章 3.3.5 节已经阐述。

要控制光的强度，需要使用 PWM。LED 可以快速地打开和关闭，快到人的肉眼难以发现，通过改变占空比，也就是说，使用的时间与节省的时间的比值，可以调节光的强度。三个晶体管通过 2、3、4 脚来控制。TIP120 晶体管是一种强大的器件，可以承受的电流比 Arduino 能提供或者吸收的还要大。Adafruit 的 LED 条有四个连接器：12V 电源，以及红色、绿色和蓝色器件各一个。把这些接地或者连接到 0V，各种颜色的器件就会点亮。这就是晶体管的用处；允许通过的电流与所需的电流一样大，但是由于基极与 PWM 相连，可以快速地打开和关闭，并且给出亮度的显示。

这个设备没有显示屏幕，并且不能提供任何方式让用户来设置时序或者什么时候启动。默认情况下，如果用户在中午连接设备，程序就开始执行。原理图如图 19-4 所示。

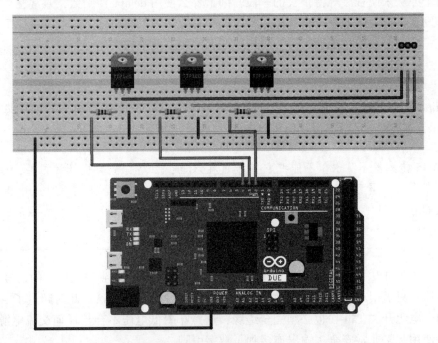

图 19-4　原理图（Fritzing 绘制）

19.4.2　程序

程序代码如清单 19-1 所示。

清单 19-1：程序（文件名：Chapter19. ino）

```
1    #include <Scheduler.h>
2
3    const int sensorPin = A0; // 模拟输入引脚
4    const int powerPin = 7; // 电源插座输出引脚
5
6    const int rPin = 4; // 红色LED
7    const int gPin = 3; // 绿色LED
8    const int bPin = 2; // 蓝色LED
9
10   const int maxTemp = 26; // 当高于这个温度时关闭加热器
11   const int minTemp = 24; // 当低于这个温度时打开加热器
12
13   int powerPinStatus = LOW; // 默认情况下,交流电路没有电源
14
15   int i; // if语句的临时变量
16
17   void setup()
18   {
19     // 串行输出为9600波特
20     Serial.begin(9600);
21
22     // 配置传感器引脚
23     pinMode(sensorPin, INPUT);
24
25     // 启动加热器和照明设备
26     Scheduler.startLoop(heatloop);
27     Scheduler.startLoop(lightloop);
28   }
29
30   void loop()
31   {
32     yield(); // 从主循环释放Arduino
33   }
34
35   // 负责检查水温的循环
36   void heatloop()
37   {
38     // 从温度传感器获取温度读数
39     // 3.3V
40     int tempC = ( 3.3 * analogRead(sensorPin) * 100.0) / 1024.0;
41
42     // 发送温度读取到串口
43     Serial.print("Temperature: ");
44     Serial.println(tempC);
45
```

```
46    //  检查是否需要更改输出
47    if (powerPinStatus == LOW)
48    {
49      //电源插头目前已关闭
50      if (tempC < minTemp)
51      {
52        powerPinStatus = HIGH;
53        digitalWrite(powerPin, powerPinStatus);
54      }
55    }
56    else
57    {
58          电源插头目前已关闭
59      if (tempC > maxTemp)
60      {
61        powerPinStatus = LOW;
62        digitalWrite(powerPin, powerPinStatus);
63      }
64    }
65
66    // 加热元件故障时发出警告
67    if (tempC < (minTemp - 2))
68    {
69      Serial.print("CRITICAL: Water temperature too low. ");
70      Serial.println("Heating element failure?");
71    }
72
73    // 休眠10s
74    delay(10000);
75  }
76
77  // 负责照明的循环
78  void lightloop()
79  {
80    // 等待7h,然后关闭灯
81    delay(7 * 60* 60 * 1000);
82
83    // 在1h内降低光亮度水平
84    for (i = 255; i >= 0; i--)
85    {
86      analogWrite(rPin, i);   // 写入红光亮度水平
87      analogWrite(gPin, i);   // 写入绿光亮度水平
88      analogWrite(bPin, i);   // 写入蓝光亮度水平
89      delay(60 * 60 * 1000 / 255); //休眠几秒
90    }
91
92    // 等待11h
93    delay(11 * 60* 60 * 1000);
94
95    // 在1h内增加光亮度水平
```

```
96    for (i = 0; i <= 255; i++)
97    {
98      analogWrite(rPin, i);  // 写入红光亮度水平
99      analogWrite(gPin, i);  // 写入绿光亮度水平
100     analogWrite(bPin, i);  // 写入蓝光亮度水平
101      delay(60 * 60 * 1000 / 255); //休眠几秒
102    }
103
104    //等待4h
105    delay(4 * 60* 60 * 1000);
106  }
```

程序首先导入 Scheduler 库。第 3、4 行定义了输入引脚和输出引脚。第 6、7、8 行声明了用于控制颜色分量的引脚，第 10、11 行定义了两个温度：最小温度和最大温度。当达到最小温度时，加热元件就打开。当达到最大温度时，加热元件就关闭。可以改变温度以适合你的水族箱。

第 13 行声明了一个变量，包括了输出引脚的状态。默认情况下，这个状态设置为低电平。第 15 行声明了一个临时值。将在后面的一个函数中使用。

第 17 行声明了函数 setup( )。配置了串行端口的波特率为 9600Baud；把传感器的引脚设置为输入；将两个函数注册为线程：heatloop( ) 和 lightloop( )。

第 30 行声明了函数 loop( )，包含了一条指令 yield( )。每次 CPU 给这个函数控制权时，它立即就会将控制权返回程序，允许 CPU 控制其他两个调度循环。

第 36 行，声明函数 heatloop( )。该函数检测加热元件；从 LM35 处进行测量并且利用这个信息。首先，在第 40 行，读取模拟输入口的摄氏温度。第 43、44 行，将温度输出到串口。第 47 行，程序执行进入到 if 语句，判断依据为输出引脚的状态。如果该引脚设置为低电平，将会把当前温度和最低温度进行比较。如果当前温度太低，引脚的状态就取反，引脚状态变为高电平。如果引脚已经是高电平，则将当前温度与最高温度进行核对。如果当前温度太高，引脚状态再次取反，引脚状态变为低电平，程序继续执行。第 7 行做了另一个比较。如果当前温度低于允许的最小值 2℃，串口就会发出一个警告；可能没有加热元件，不再加热水，这种情况下，应该立即采取措施。最后，函数休眠 10s 再继续。由于 Scheduler库已经导入，就没有阻塞函数；相反，控制权给其他线程。

第 78 行声明函数 lightloop( )。这个函数在很大程度上依赖于函数 delay( )，使用线程可能会非常棘手。该函数分 5 个阶段。第一阶段，运行函数 delay( ) 7h。记住，这个应用程序将在中午插入，并且光线将在下午 7 点开始变暗。在下午 7 点时，第二阶段开始；Arduino的 PWM 有 256 个可能值。每次循环，将逐一减少每一个颜色输出，创建一个函数 delay( )，将 1h 分 256 步完成。一旦过了 1h，程序将等待 11h。在早上 7 点时，程序将开始使用循环函数来增加光的亮度水平，模拟 1h 的日出。然后程序等待 4h，直到中午，然后重复循环。

19.4.3　练习

这个应用程序对于养鱼者非常有用，但是连接到计算机获取温度信息可能不是必要的过

程。另外，温度报警函数非常关键，但是，如果不打开计算机，用户就不能接收到这个警告。这个程序适合在 LCD 屏幕上进行有效的显示温度、输出状态以及任何警告信息。

必须在中午启动这个程序对于许多人来说可能不太现实。要准确的定时，采用实时时钟模块会是一个好的方法。

条形灯包括 RGB LED，程序以同样的速度改变色彩，所以导致显示白光。然而，在有些时候，你可能不需要白光，但是也可能需要绿光来模拟一个更真实的环境，又或者在晚间可能要保留蓝光。你可以很容易地通过改变程序来添加你想要的颜色。

19.5　小结

在本章，你可以看到在只使用很少的指令下调度器实现的功能何其强大。同时还可以明白 Arduino Due 是如何同时执行多任务以及如何避免可能出现的问题的。在下一章中，将呈现 USBHost 库以及如何将 USB 输入设备连接到 Arduino，以允许用文本和鼠标输入程序。

第20章

USBHost

本章介绍以下函数：

- keyPressed( )
- keyReleased( )
- getModifiers( )
- getKey( )
- getOemKey( )
- mouseMoved( )

- mouseDragged( )
- mousePressed( )
- mouseReleased( )
- getXChange( )
- getYChange( )
- getButton( )

所需硬件包括：

- Arduino Due
- USB 键盘

- USB OTG 微型适配器

你可以在 http：//www. wiley. com/go/arduinosketches 的 Download Code 选项卡下载本章的代码，代码存放在 Chapter20 文件夹，文件名是 chapter20. ino。

20. 1　USBHost 的简介

现在很多人无法想象早期的计算机用户在增加外设的时候有多么痛苦，那简直就是一场噩梦。最早的 PC 发布时，标配只有一个键盘并没有鼠标，需要你自己单独购买。键盘在当时已经是计算机的标配了，现在仍旧是。由于一台计算机无需两个键盘，所以每台计算机只有一个键盘连接器，也就是 DIN 键盘连接器。这个连接器相当笨重，但是还是被艰难地保留了下来，因为在当时别无选择。然后一些制造商决定增加一个鼠标。通常，鼠标和一个 RS-232 串口连接器捆绑销售。因为大多数计算机都有两个串口和一个并口，所以增加一个鼠标并非难事，最后还多出一个端口。

假如用户想添加一台打印机，由于打印机都是接在并口上的，所以计算机唯一一个并口就被占用了。然后剩余的串口接一个 56k 调制解调器，就这样，计算机上所有的接口都使用完了。如果用户还想再增加一个扫描仪或者其他什么设备，怎么办？扩展卡可以增加一个并口，但是如果用户需要一台扫描仪和两台打印机，怎么办？之所以需要两台打印机，是因为当时即使已经有彩色打印机了，但是很贵，即使买了一台彩色打印机也用不起，墨盒相当昂贵。所以很多人仍旧喜欢专门用一台打印机打印黑色。

外设越来越普及。随着用户不断浏览大量的文本和图片，无论何时，这些都需要存储。此时，艾美佳公司推出一款 Zip 驱动，它是一款最早的外部软盘驱动。它和软盘相比，容量已经很大了，第一款 Zip 驱动能够存储 100MB，不要嘲笑，在 1994 年，这已经是顶级水平了。它需要一个并口，可是计算机上的接口已经用完了。

购买外设俨然演变成了一场噩梦。在购买外设之前，人们不禁会问自己"我还有多余的接口吗？"鼠标是一个串行设备，并且因为每一台计算机已经是图形界面，所以鼠标必须要有。

为了简单起见，PS/2 诞生了。每一台计算机都有一个键盘和一个鼠标。老式的 DIN 键盘连接器已经退出了历史舞台，取而代之的就是 PS/2 键盘连接器，并且也支持鼠标连接。计算机主板上有 2 个连接器：紫色端口接键盘、绿色端口接鼠标。两者本质上都是 mini-DIN 连接器，它们有同样的电源连接器和数据连接器，但是一旦接反，它们就不能工作了，只需拔掉重新正确插入即可。剩余的串口就可供其他外设使用了，比如调制解调器、PC-to-PC 连接器、软件加密狗、游戏手柄、并口转换器等。此外，又一件有趣的事发生了。有些用户想做一些事情，这些事连工程师也都始料未及，就是设计两个接口选项，比如一个标准的鼠标用于日常操作，触控板或者专用鼠标用于图像化的工作。

为了简化这些设计，通用串行总线（USB）诞生了，它是一种连接外设和计算机的标准接口。键盘、鼠标、扫描仪、调制解调器等几乎所有可以连接到计算机的设备都使用 USB。甚至，当计算机上的 USB 口不够用时，还可以使用 USB 集线器。一个 USB 控制器通过集线器最多可以扩展出 127 个端口。

20.2　USB 协议

USB 要工作，至少需要一个 USB 主机。USB 主机控制 USB 设备，并且 USB 设备还需和主机通信。对于一台标准 PC，它本身就是 USB 主机。

设备一旦连接到主机上，每一台连接设备都有一个 1 ~ 127 的编号。主机将读取设备类型，所以主机也就知道该设备能够做什么。有时候使用一个 USB 设备时需要驱动；有些则不用，因为计算机已经知道该设备的功能是什么了。USB 分为几类，其中之一便是 HID（人机接口设备），包括键盘和鼠标。

USB 设备是典型的"热插拔"设备，它们可以在系统运行过程中接入，也可以直接断开而不必重启。拔出你的键盘并把它重新插入到其他 USB 口，计算机只需几秒钟就可以识别出来。

对于台式机和笔记本电脑，USB 机制十分简单，计算机充当 USB 主机，连接的外设就是 USB 设备。计算机枚举 USB 设备，并建立连接。对于一些设备，比如手机，其连接过程就复杂很多。

手机和计算机不易连接。手机只有单个 USB 口、无软盘驱动器、无 CD 驱动器，并且其物理输入能力也受到限制。有些手机可以当 USB 设备使用，只要正确接入计算机，手机内部的 SD 卡就可以当一个软盘，这样计算机就有权访问里面的数据。当你想复制手机上的多媒体文件时，这样是可以完成任务的，只是并不实用。试想当你的计算机没在身边，这时恰好你用数码相机拍了一些特别优质的照片，怎么办，难道打算用邮件来发送这些图片吗？这时 USB OTG（USB On-The-Go）就出现了。

USB OTG 是 USB 的特殊扩展，允许设备要么充当主机，要么充当从机（即外设）。从技术上讲，所有 USB OTG 设备都是主机，若连接到另一个主机上时，它们就充当从机。现在一些智能机具有 USB OTG 功能，就像一个普通的 USB，把它们插入计算机，就变成了一个 USB 从机，然后你可以浏览文件。但是，如果它们接入 USB 外设，它们就成了一个主机。因此手机可以连接到计算机或连接一个 USB 设备。然后，你的手机就可以像计算机一样浏览 USB 闪存盘上的文件了。

20.3　USB 设备

目前市面上已经有很多 USB 设备，并且每天仍在增加。几乎计算机的所有附加组件都可以通过 USB 连接识别，由用户输入到屏幕输出，从取样图片到播放声音。一些设备相当智能并可以和主机通信，指明它们的 USB 类型和功能。还有一些设备没有内置智能工作系统，只是用来供电而已，就相当于一根充电线。一般用于一些带 USB 的"小玩意"，如 LED 灯、风扇等。

20.3.1　键盘

键盘是个人计算机必备组件之一，最先是用来往计算机中输入文本信息的，它是一款人机接口设备。

从本质上讲，键盘就是许多电子开关连接到微控制器上。可想而知，绝不是一个按键一根线，键盘是采用网格系统（mesh system）。事实上，大型游戏《怒海争锋》中，一个按键被按下，将有两根线参与动作，此时微控制器感知这些信息并将其翻译成扫描码，然后将翻译后的信息由微控制器发送给计算机。

一个按键对应一个扫描码。这些信息并非以 ASCII 码发送，而是以二进制信息发送。之所以不采用 ASCII 码的原因有：一是，并非所有字母都可以用 ASCII 码表示，如功能键；二是，一个扫描码并不代表一个字母。接下来让我解释一下。

在写本书时，我正使用连接到我计算机的键盘。我按下字母 A，然后字母 A 出现在我的文本编辑器中。我有一个法式键盘，它和英式键盘不同，字母"Q"和"A"交换过。操作系统翻译我键入的内容，所以尽管我键入字母"Q"，就我计算机（或甚至这个嵌入式微控制器）而言，它是字母"A"。每一个没有英式键盘但安装了操作系统的人都知道，如果操作系统没有要求加载键映射（keymap），系统默认为 QWERTY，这是美式键盘标准。所以在此刻意提醒各位一下。

传统 PC 键盘很大，现在制造商正在制造更加友好的键盘，比如增加一些音量控制键、应用键甚至一些笔记本电脑功能键。更高级的键盘支持可编程操作，它们每次往计算机输入时要么是单个扫描码，要么是预先编写的几个扫描码。甚至更高级的游戏键盘有 LCD 屏幕和 LCD 按键。这些都不是"标准"的键盘，它们需要专门的驱动，但是仍旧嵌入了标准键盘的一部分。一旦进入 BIOS，这些特制键盘仍旧可以工作，但是 LCD 屏幕就不行了。要实现这一目标，通常内部需要一个小的 USB 集线器，集线器背后可以有不同的组件，如键盘、LCD 屏幕、耳机等。

20.3.2   鼠标

现在，鼠标是计算机的标配之一，但是早期的计算机并没有鼠标，它是在图形界面成为标准后才增加的。

鼠标是一种基于机械原理或基于光学原理的运动感知装置。它可以将其在 x/y 坐标下的运动信息发给计算机。此外，它还有按钮，一般分布在其左侧、中间和右侧，并且中间按钮一般可以滚动。更高级的鼠标可能有多个按钮，如游戏鼠标通常有 10 个按钮，甚至更多。

20.3.3   集线器

USB 集线器和网络集线器基本一样，它们允许你在一个端口接入多个设备。为此，集线器接到计算机的 USB 主机上，其他设备接在集线器上。集线器调度主机发给设备的信息，并且也调度设备给主机发送的信息。

20.4   Arduino Due

Arduino Due 不同于其他 Arduino 有如下几个原因。Arduino Due 是基于 Atmel 公司的 SAM3X8E 微控制器，它是基于 ARM Cortex-M3 内核的，功能相当强大。它有 2 个 3.3V 微型 USB 连接器，如图 20-1 所示。

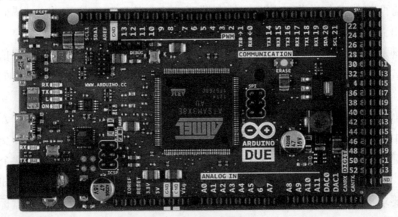

图 20-1   Arduino Due

靠近电源的 USB 连接器是编程口，它是一个 USB 串行连接器，它和 ATmega16U2 微处理器相连，该微处理器是用来处理 Arduino Due 主芯片和计算机之间通信的。另一个 USB 连接器是本地端口，它直接和 SAM3X8E（见图 20-2）相连。这就意味着 Arduino Due 能够完全控制这个 USB 口，并且可以为了本地串行通信而作为从机被连接。Arduino Due 兼容 USB OTG，并且可以通过特殊适配器连接外设，如键盘和鼠标。

这些适配器一端是微型 USB 口，另一端是标准 USB 口，支持接入键盘和鼠标。

Arduino Due 可以使用 USBHost 库，该库包含常见的键盘和鼠标等输入设备，并以此为例程，十分强大，但是使用它需要付出代价。USB 驱动

图 20-2　USB OTG 连接器

程序往往较大，要用于微控制器，就得减小其大小和驱动的复杂性，所以只能使用键盘或鼠标其中一个设备。

它不能使用 USB 集线器，所以就无法和多个设备进行通信，也无法和内置 USB 集线器的键盘通信。这就包括一些专门的键盘或具有可插入外部设备的键盘。

20.5　USBHost 库

Arduino 1.5 IDE 附带 USBHost 库。要使用它，首先你必须导入它。可以在菜单中导入：Sketch ➪ Import Library ➪ USBHost。这会导入很多库，如下所示：

```
#include <hidboot.h>
#include <hidusagestr.h>
#include <KeyboardController.h>
#include <hid.h>
#include <confdescparser.h>
#include <parsetools.h>
#include <usb_ch9.h>
#include <Usb.h>
#include <adk.h>
#include <address.h>
#include <MouseController.h>
```

为了初始化 USB 子系统，你必须创建一个 USBHost 对象。

```
// 初始化USB控制器
USBHost usb;
```

通过 usb 对象可以访问很多不同的结构体，但你必须使用 task() 函数处理 USB 事件。

```
usb.task();
```

task() 函数等待一个 USB 事件，并在事件发生时调用必要的函数。如果 task() 函数阻

塞，那么只有等它畅通后，才能运行其他函数。如果没有接收到事件，则 5s 之后时间超时。如果没有设备连接，该函数立即返回而非等到超时才返回。

20.5.1　键盘

键盘有自己的控制器，即 KeyboardController 类。首先，你必须把 KeyboardController 添加到 USB 子系统中：

```
// 初始化USB控制器
USBHost usb;

// 将键盘控制器连接到USB
KeyboardController keyboard(usb);
```

在初始化时，当一个特别事件发生时，该类将调用两个函数。loop( ) 函数中识别按键按下和按键释放这两个事件。修饰键如 Shift 键、Alt 键、Control 键和与之类似的键无需调用这些函数，但是 Caps Lock 键需要调用这些函数。

这两个函数分别是 keyPressed( ) 和 keyReleased( ) 函数。两者均无参数，它们必须检索在此期间来自其他事件源的信息。

```
// 当按下一个键时调用此功能
void keyPressed()
{
  Serial.print("Key pressed");
}
```

这个函数只能告知程序按键是否按下或释放，要知道具体是哪个键或哪类组合键被按下，需使用 getKey( ) 函数。

```
result = keyboard.getKey();
```

该函数无需参数并返回被按下按键的 ASCII 码值。并非所有按键都可以用 ASCII 码表示，所以还可以调用 getOemkey( ) 函数。

```
result = getOemKey();
```

getOemKey( ) 函数和 getKey( ) 函数并不一样，它返回的不是 ASCII 码，而是按键的 OEM 码。这个按键可能是功能键或多媒体键中的一个。该函数并不能得到 Shift 键、Alt 键、AltGr 键、Control 键等一系列按键，要获知这些修饰键的状态，可以使用 getModifiers( ) 函数。

```
result = keyboard.getModifiers();
```

该函数返回一个整型值，代表修饰键的字段，见表 20-1。

表 20-1　修饰键值

修　饰　键	值
LeftCtrl	1
LeftShift	2
Alt	4

（续）

修　饰　键	值
LeftCmd	8
RightCtrl	16
RightShift	32
AltGr	64
RightCmd	128

　　表 20-1 中的修饰键已经被设置为常量，你可以在代码里直接使用。

```
mod = keyboard.getModifiers();
if (mod & LeftCtrl)
    Serial.println("L-Ctrl");
```

20.5.2　鼠标

　　鼠标和键盘使用的方式基本一样。要使用 USB 鼠标，你必须附加 MouseController 到 USB 的子系统中，和键盘的做法是一样的。

```
// 将鼠标控制器连接到USB
MouseController mouse(usb);
```

　　和键盘控制器一样，鼠标控制器也是调用函数。有 4 个函数：鼠标移动、鼠标拖动、按钮按下和按钮释放。

```
void mouseMoved()
{
  // 鼠标移到了
}
void mouseDragged()
{
  // 按下按钮,鼠标移动
}
void mousePressed()
{
  // 鼠标按钮被按下
}
void mouse Released()
{
 // 按下的按钮已被释放
}
```

　　可以使用 getXChange( ) 函数和 getYChange( ) 函数获取鼠标运动信息。两者都返回整型值，该值表明鼠标自上次滚动后的相对方向的改变。

　　计算机屏幕采用左上角坐标系统，即（0，0）坐标在屏幕的左上角（见图 20-3）。鼠标往左（右）移动时则 x 坐标减小（增大），鼠标往下（上）移动时则 y 坐标增加（减小）。

　　因此，如果鼠标朝右运动则 getXChange( ) 函数返回正值，朝左运动则返回负值。同

理，如果鼠标朝上运动则 getYChange（ ）函数返回正值，向下
运动返回负值。

可以使用 getButton（ ）函数获知是哪个按钮被按下或释
放。该函数返回以下三个预定义值之一，它们分别是，LEFT
_BUTTON、RIGHT_BUTTON 和 MIDDLE_BUTTON。

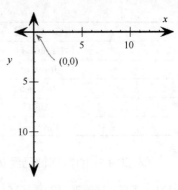

图 20-3　计算机图像坐标系

```
Serial.print("Pressed: ");
if (mouse.getButton(LEFT_BUTTON))
  Serial.println("L");
if (mouse.getButton(MIDDLE_BUTTON))
  Serial.println("M");
if (mouse.getButton(RIGHT_BUTTON))
  Serial.print("R");
Serial.println();
```

20.6　示例程序

早期计算机并无图形。"巨洞探险"游戏开启了一个全新的游戏流派——计算机冒险游戏。类似于交互的电子书，这些游戏为玩家提供一个文本陈述，并询问玩家接下来该怎么做，然后，重复这个过程。巨洞探险设置的问题十分详细，所以很多人前往洞穴，实际上这个洞穴只是辨识它们周围环境而已。

该游戏是通过识别简单的文本命令，并且通过几条可能路径穿过洞穴。你可能会得到以下这些信息：

一处空地，光和日丽，蝴蝶舞鸟儿唱。往南数十步，可见小溪，潺潺不停；翘首以东，可见小屋，炊烟缭绕；复北行，苹果树映入眼帘。

＞去北边

立于苹果树下，芳草萋萋，莺飞草长，所以你小憩片刻。树上有苹果一枚。

在上面到处游走十分简单，但是这个文本系统也有它的限制。它无法创建过于复杂的句子。

＞苹果里面有虫吗？

对不起，我不明白，请你详细描述。

＞我想知道这个苹果可以吃吗？

对不起，我仍不明白，请重试。

＞苹果成熟了吗？

对不起，我仍不明白，请重试。

＞获取苹果。

你得到一个苹果。

实际上，该游戏的早期版本只能保存时间和解析每条指示的前 5 个字母，正是通过这样的方式，该游戏几乎可以在任何计算机上运行。后来，随着计算机系统速度的提升，这款游

戏的粉丝开发了新的版本，新版本可以解析指示中的每一个字，所以可以使用更加复杂的指令。

>用银质宝剑砍这个妖怪。

嗯，他没有看见这一招，妖怪被刺中，变成一块石头。

很多思维发散的程序员，修改这款游戏，实在匪夷所思。

>把红色的宝石放在蓝色的袜子里，然后藏在圣坛下面。

圣坛传来一个声音，Naribi 收下了你的礼物！此时你听见有人敲门，门缓缓打开。

由于 Arduino Due 可以使用 USB 键盘，所以它可以用来制作一些校园怀旧版游戏。你不用设计整个游戏，因为这些例程已经浓缩在一个文本输入上了。

值得一提的是，等待 USB 事件时最多阻塞系统 5s，所以在整个过程中这些例程都不会被调用。只有当 Arduino Due 希望输入时以及运行到回车键时，这些例程才会被调用。输入文本后，Arduino Due 就能够识别每一个字，然后根据游戏规则做相应的动作。

20.6.1　硬件

该应用需要 Arduino Due 平台，这是因为它可以做 USB 主机。

该工程只需一个 USB 键盘和一个微型 USB 口转 USB 口连接线即可。其他的 USB 口接到计算机上，观察串口输出。串口波特率为 9600Baud。

20.6.2　源代码

到了写程序的时候了，如清单 20-1 所示。

清单 20-1：程序（文件名：Chapter20. ino）

```
1    #include <KeyboardController.h>
2
3    // 按键被按下
4    int curkeycode = 0;
5
6    // 初始化USB控制器
7    USBHost usb;
8
9    // 连接键盘控制器到USB
10   KeyboardController keyboard(usb);
11
12   void setup()
13   {
14     Serial.begin(9600);
15     Serial.println("Program started");
16     delay(200);
17   }
18
19   void loop()
20   {
```

```
21     keyloop();
22  }
23
24  // 这个函数截获按键按下
25  void keyPressed()
26  {
27     curkeycode = keyboard.getKey();
28  }
29
30  // 排序最后一句
31  void sortSentence(String sentence)
32  {
33     // 句子逻辑在这里
34     Serial.println(sentence);
35  }
36
37  void keyloop()
38  {
39     String sentence = "";
40     bool waitforkey = true;
41
42     while (waitforkey == true)
43      {
44        // 处理USB任务
45        usb.Task();
46
47        // 寻找有效的ASCII字符
48        if (curkeycode >= 97 && curkeycode <= 122)
49        {
50          sentence += char(curkeycode);
51          Serial.write(curkeycode);
52        }
53
54        // 检查返回键
55        else if (curkeycode == 19)
56        {
57          Serial.println();
58          sortSentence(sentence);
59          waitforkey = false;
60        }
61
62        curkeycode = 0;
63      }
64  }
```

第 1 行，添加键盘控制器库。这是本例唯一用到的库。

程序定义一个整型变量 curkeycode，用来存储按键的键值。大多数情况下，它映射为
ASCII 码，但不能称其为 ASCII 码，因为有些键盘返回的是非 ASCII 码字符。返回值首先将
被判断是不是 ASCII 码，若是，才能作为键值。

第 7 行，初始化 USB 主机；第 10 行创建一个 KeyboardController 对象，并将先前的 USB 对象传给它。现在，USB 主机可以连接一个键盘到 USB 子系统。

第 12 行，编写 setup( ) 函数，负责配置串口。第 19 行，编写 loop( ) 函数，在 loop( ) 函数中，只做一件事，就是一遍一遍地调用 keyloop( ) 函数。

该程序只对按键按下响应，对释放按键不反应，所以只创建一个回调函数 keyPressed( )。该函数将根据 USB 事件内容更新全局变量 curkeycode。

第 37 行，编写 keyloop( ) 函数，无论键盘何时输入，该函数都会运行。首先，定义一个空字符串，然后定义一个布尔变量 waitforkey，并设置为真。当该变量设为真时，USB 子系统等待事件。第 42 行，编写 while 循环。第 45 行，调用 USB 任务函数，前面介绍过，该函数要么返回一个事件，要么 5s 后时间超时。由于不知道该函数如何结束，所以程序需要查看变量 curkeycode 的值。如果发现是一个有效的 ASCII 码（键值在 97～122 之间），那么程序就把该值添加到字符串的末尾。如果接收到 19，然后程序接收到按键返回值，则打印新的一行，并调用 sortSentence( ) 函数以及把布尔变量 waitforkey 设为 false，这就告知循环，不再希望键盘输入文本了。如果接收的是其他值，直接忽略。这些值是一些特殊字符、功能键和控制字符。

while 循环的最后，将 curkeycode 置 0，这就表示该值已经被读取，现在 while 希望接收新的值。若无此代码，那么即使没有按键被按下，while 循环也可能认为有按键被按下了。值得注意的是，USB 任务函数 5s 后时间溢出，然后，程序将查询该变量的值，所以在循环最后必须重置。

然而，这个游戏并没有编写文本逻辑分析，你可以在 sortSentence( ) 函数里编写你想要的冒险事件序列。若要运行本例，你要把程序下载到 Arduino 上，把键盘接入到本地 USB 口，并把你的计算机连接到编程口。打开串口监视器并开始用键盘输入，一旦你按下返回键，你可以在串口监视器上看到你输入的字符。

20.7　小结

在本章，你已经知道如何用 USB 键盘和鼠标来控制 Arduino Due，你也知道了如何使用函数来获知输入状态和鼠标运动信息，并且还编写了一个往 Arduino Due 输入文本的交互系统。在下一章，我将介绍 Arduino Esplora 以及用该库开发一些难以置信的设备，还有所有用于该设备的电子器件。

第21章

Esplora

本章将讨论 Esplora 库的下列函数：

- writeRGB( )
- writeRed( )
- writeGreen( )
- writeBlue( )
- readRed( )
- readGreen( )
- readBlue( )
- writeRGB( )
- readSlider( )
- readLightSensor( )
- readTemperature( )
- readMicrophone( )
- readAccelerometer( )
- readJoystickX( )
- readJoystickY( )
- readJoystickSwitch( )
- readJoystickButton( )
- readButton( )
- noTone( )
- readTinkerkitInputA( )
- readTinkerkitInputB( )
- readTinkerkitInput( )

需要以下硬件：

- Arduino Esplora 开发板
- 2 根 TinkerKit 3 线电缆

你可以在 http：//www. wiley. com/go/arduinosketches 的 Download Code 选项卡下载本章的代码，代码存放在 Chapter21 文件夹，文件名是 chapter21. ino。

21. 1　Esplora 的简介

几乎所有的 Arduino 设备是物理开发板，可以放置在一张桌子上或一个外壳内。如果添加电子器件，你必须使用一个扩展板或者面包板，而 Arduino Esplora 则与之不同。

Arduino 项目都需要动手实践，Esplora 则是更进一步。它是一种放在手上就可以操控的设备，不需要放在固定的桌子上。让我们做好准备，拿起它，并学习研究它。

Esplora 是针对那些不需要了解太多电子知识的用户而设计的一款优秀产品，因为它集成了数量惊人的外围设备。尽管大多数 Arduino 只有一个接 13 脚的板载 LED，但是 Esplora

与之截然不同，它包括一个接 13 脚的 LED、一个 RGB LED、一个光敏传感器、一个温度传感器等，不一一列举。下面是它的整个清单：

- 温度传感器
- 光敏传感器
- 麦克风
- 两轴模拟游戏杆（含中央按键）
- 四个按键
- 三轴加速度计

- RGB LED
- 压电蜂鸣器
- 两个 TinkerKit 输入
- 两个 TinkerKit 输出
- LCD 屏幕接头

那么什么是 TinkerKit 输入或输出？TinkerKit 是连接元件的一种很好的方式，它无需了解任何有关的电子知识。它包含了不同的模块：游戏杆，加速度计，电位器，霍尔效应传感器，LED，伺服装置，继电器等。这些模块可以连接到使用标准电缆的端口，Arduino Esplora 有四个端口。

正如你所看到的，Arduino Esplora 支持海量的外围设备，但是有代价。Arduino Esplora 被设计成放在手中就可以灵活操控，它有一种操控游戏手柄的外观和感觉。因此，它不具有任何扩展板连接器（但是拥有用于可选 LCD 屏幕的接头）。它也没有任何原型空间，这意味着增加元件十分困难。没有任何电子输入和输出引脚，并且没有接头可以添加元件。因此，所有的 Arduino Esplora 开发板都类似，为该设备开发一个专用库的需求应运而生。

21.2　Arduino Esplora 库

Esplora 库可用于 Arduino IDE 1.0.4 及更高版本。导入该库，可以使用以下步骤：Sketch ➪ Import Library ➪ Esplora，或者手动添加该库：

```
#include <Esplora.h>
```

在这个文件被导入后，通过 Esplora 构造器，所有 Arduino Esplora 开发板上的模块变得可以工作。没有必要创建该对象；它会被自动定义。

21.2.1　RGB LED

Arduino Esplora 具有高功率板载 RGB LED。它可以通过改变每个元件的输出，控制 LED 和产生不同的颜色。自动通过脉宽调制，并将值写入到 LED，使 LED 保持在指定的颜色，直到指示发生变化。

将 LED 设置为一个特定颜色，调用 writeRGB( ) 函数。

```
Esplora.writeRGB(red, green, blue);
```

red、green、blue 是整型参数，改变相应的值能调节相应的亮度（取值范围：0 ~ 255）。可以通过调用 writeRed( )、writeGreen( ) 和 writeGreen( ) 函数，写入一个单一的值来实现。

```
Esplora.writeRed(value);
Esplora.writeGreen(value);
Esplora.writeBlue(value);
```

再次强调一下，每个参数都是整型，取值在 0～255 之间。每种颜色亮度的改变不会影响其他颜色的亮度，彼此独立。

当想输出一种颜色时，我们可能不知道这种颜色对应的具体值。例如，如果基于外部输入的代表红色的值发生变化，主程序可能不知道红色 LED 代表的具体值。当它们写入时，可以通过调用 readRed( )、readGreen( ) 和 readBlue( )，来读取这些数值。

```
redResult = Esplora.readRed();
greenResult = Esplora.readGreen();
blueResult = Esplora.readBlue();
```

这些函数返回一个代表了 LED 亮度的整型数值。

要关闭 LED，需要调用 writeRGB( ) 函数，并把所有相关参数设置为 0（red、green、blue 值被清零）。

```
Esplora.writeRGB(0, 0, 0); // 关闭LED
```

21.2.2　传感器

Arduino Esplora 有一个旋钮式的集成线性电位器，把这个元件连接到模-数转换器上，可以得到 0（0V）～1023（5V）之间的任何值。调用 readSlider( ) 读取数值。

```
result = Esplora.readSlider();
```

此函数不带任何参数，并返回一个整型数值，即电位器在当前位置所输出的电压值。

Arduino Esplora 还有一个光传感器，以相同方式连接。也可以得到 0～1023 之间的值。值越大，光线越亮。

```
result = Esplora.readLightSensor();
```

在传感器程序清单中，Esplora 也包含一个温度传感器。温度可通过调用 readTemperature( ) 函数来读取。

```
result = Esplora.readTemperature(scale);
```

用常量来代表温标，DEGREES_C 为摄氏度，DEGREES_F 为华氏度。该函数返回一个整型数值；返回的值因温标的不同，在 –40～150℃（或 –40～302℉）之间。

Esplora 开发板与普通的 Arduino 开发板有些区别，它有一个麦克风（送话器）。麦克风不用于记录声音；相反，它给出了环境噪声电平幅度的精确读数。该值可以通过调用 readMicrophone( ) 来读取。

```
result = Esplora.readMicrophone();
```

这个函数不带参数，返回的环境噪声电平是一个取值范围在 0～1023 的整型数值。

最后，Esplora 也有一个加速计：它可以检测出设备的倾斜角度。加速度计不能顾名思义，它不计算坐标加速度（速度变化）；它测量特定的加速度：相对于重力加速度。因此，它可以在移动中检测到倾斜情况（相对于重力方向的变化）（例如，一个下降的物体以有限的加速度试图改变重力的作用)。

调用 readAccelerometer( ) 函数，可以读取加速度计的数值。

```
value = Esplora.readAccelerometer(axis);
```

这个函数需要独立设置每个轴的参数。每个轴用指定的轴参数，分别为 X_AXIS、Y_AXIS、Z_AXIS。返回的值为整型，取值范围为 -512～512。结果为零意味着轴加速度方向垂直于重力的，输出正值和负值则是轴加速度的数值。

```
int x_axis = Esplora.readAccelerometer(X_AXIS);
int y_axis = Esplora.readAccelerometer(Y_AXIS);
int z_axis = Esplora.readAccelerometer(Z_AXIS);

Serial.print("x: ");
Serial.print(x_axis);
Serial.print("\ty: ");
Serial.print(y_axis);
Serial.print("\tz: ");
Serial.println(z_axis);
```

21. 2. 3　按键

Arduino Esplora 自带一个突出的矩阵按键。在 Esplora 的左侧是一个游戏摇杆，而在右侧是数字按键。操纵杆可以准确地到达 x 轴和 y 轴的指定位置，并且还有一个中心按键。

要读取操纵杆的输入，需要通过调用函数 readJoystickX( ) 和 readJoystickY( ) 来实现。

```
xValue = Esplora.readJoystickX();
yValue = Esplora.readJoystickY();
```

这些函数都返回一个整型的数值，值的范围为 -512～512。如果返回值为零，意味着该操纵杆在中心并没有被移动。负值意味着操纵杆被推动到左边 (x) 或下边 (y)。正值表示操纵杆被推动到右边 (x) 或上边 (y)。

读取中心按键的值，可以通过调用函数 readJoystickSwitch( ) 来实现。

```
value = Esplora.readJoystickSwitch();
```

返回值是一个整型的数值，即 0 或 1023。需要注意的是，函数 readJoystickX( ) 和 readJoystickY( ) 可以返回 10 位的数值，并且可以随意改变它的值。中心按键也可以返回 10 位的数值，但因为它是根据按键按下与否，返回的值是两个极端。如果你想使用起来更加方便，你可以调用 readJoystickButton( ) 函数。

```
state = Esplora.readJoystickButton();
```

这个函数返回一个布尔值：LOW 代表按键被按下，HIGH 则代表按键没有被按下。如果要读取按键的状态，只需要调用函数 readButton( )。

```
state = Esplora.readButton(button);
```

函数需要一个参数，即读取按键的状态值。参数 button 可以是四个常量中的一个：

SWITCH_DOWN、SWITCH_LEFT、SWITCH_UP 和 SWITCH_RIGHT。函数返回 HIGH 或 LOW。返回值为 HIGH，意味着按键处于高的位置；换句话说，按键没有被按下。返回值为 LOW，意味着按键处于低的位置，即按键被按下。

21.2.4　蜂鸣器

Arduino Esplora 在设备的左上方有一个蜂鸣器，可以创建简单的音频输出。创建一个音频输出，需要调用 tone( ) 函数。

```
Esplora.tone(frequency);
Esplora.tone(frequency, duration);
```

参数 frequency 表示音频，单位是 Hz，并且该参数是无符号整型。可选参数 duration 表示持续的时间，单位为 ms，也是无符号整型。如果省略参数 duration，那么这个系统会一直运行下去，直到被中断。可以调用 tone( ) 函数，并用新的参数来替代它，也可以调用 no-Tone( ) 函数来停止它的运行。

```
Esplora.noTone();
```

该函数可以立即停止 tone( ) 函数的输出。

tone( ) 和 noTone( ) 函数的是 Arduino 开发语言的一部分，但是它们可以被改变并应用到 Esplora 中。因此，没有必要设置专门的引脚；一旦执行可以马上匹配到正确的引脚上。

> **注意**　蜂鸣器是由高速 PWM 控制，RGB LED 的红色部分也是由它控制。使用蜂鸣器可能会轻微干扰 RGB LED 的红色部分。

21.2.5　TinkerKit

Arduino Esplora 自带有四个 TinkerKit 连接器，包括两个输入和两个输出。

读取 TinkerKit 的输入，需要调用函数 readTinkerkitInputA( ) 和 readTinkerkitInputB( )。

```
resultA = Esplora.readTinkerkitInputA();
resultB = Esplora.readTinkerkitInputB();
```

这两个函数都不携带任何参数，并返回一个整型数值，该值可以检测 TinkerKit 的输入。值的范围为 0（0V）～1023（5V）。还有另一种方法可以读取 TinkerKit 的输入，即调用函数 readTinkerkitInput( )。

```
result = Esplora.readTinkerkitInput(whichInput);
```

这个函数自带了一个参数 whichInput。此参数是一个布尔值：如果值为 flase（或 0），则 TinkerKit 输入 A 端的值被返回。如果值为 true（或 1），则 TinkerKit 输入 B 端的值被返回。

Esplora 还有两个 TinkerKit 输出，但是目前，还没有 Esplora 专门的函数可以调用，使输出十分简单。与 Arduino 开发板类似，这些引脚是数字输出，所以很容易输出数据，重点是输出如何对应。

有两个输出：OUT-A 和 OUT-B。在连接器的下方，输出标识符的旁边，有一行消息：D3 代表 OUT-A，D11 代表 OUT-B。这些都是数字输出的提示，调用 digitalWrite( ) 函数，你可以输出数字数值。这两个输出引用脚也可以通过 PWM 来控制，所以也可以调用函数 analogWrite( )。

 交叉参考 digitalWrite( ) 和 analogWrite( ) 是标准函数，在第 4 章有介绍。

21.2.6　LCD 模块

在 Arduino Esplora 开发板中间的连接器上，也有一个可选的 TFT 显示屏。该模块使用标准的 TFT 库（以及 SPI），且没有特定的 Esplora 的函数可以调用。但是，该开发板基本上都是硬连线，不需要像其他的 Arduino 开发板那样，使用显示屏需要大量的编码。在考虑了TFT、SPI 和 Esplora 库之后，你需要做的是参考 Esplora TFT 对象，即 EsploraTFT。如果想了解更多信息，可以参见第 13 章。

LCD 模块连接器还有另一个用途。与大多数 Arduino 开发板不同，Esplora 不支持扩展板；除了 TFT 连接器，没有其他连接器可以放置面包板或扩展板，也没有成型的功能区。通过使用该连接器，能够有更多的输入和输出。在 Esplora 开发板左侧的连接器没有电气连接；它们在那里仅仅为了将 TFT 液晶屏固定在合适的地方。在右侧却与之不同，几个引脚被外置。当然，这是为了让 TFT 液晶屏使用 SPI 协议去工作，但是也有一些其他功能，例如控制背光。创建一个 PCB 与 Esplora 开发板一起使用，超出了本书的范围，但是你可以在 Arduino 网站上找到更多的信息。

21.3　示例程序和练习

Arduino Esplora 是一款 DIY 的优秀设备，下一章将介绍另一款独特的设备。Esplora，在形状上类似手持游戏控制器，也可以被用于远程控制。简略地介绍一下下一章，它可以使 Esplora 变成 Arduino Robot 的远程控制器，Arduino Robot 是一个有意思的设备，本质上是一个移动的 Arduino。它是由两个电动机控制，可前进、倒退、转身。这个程序将作为一个远程控制，服务于 Arduino Robot，并且利用两个 TinkerKit 输出。左 TinkerKit 连接器控制向左移动，右 TinkerKit 连接器控制向右移动。如果两者都被激活，设备会前进，而如果都不工作，则该设备停止。

 注意 如果你没有使用 Arduino Robot，该项目可以被改进用于其他机器人套件。通过 http://www.robotshop.com 网站可获取一些有趣的设备。当然，它也可以用于车辆与机械臂。

　　为了做到这一点，需要设置 TinkerKit 输出为数字模式，而且不间断地监测按键状态。它需要使用两个 TinkerKit 输出：OUT A 和 OUT B。OUT A 将控制左侧的电动机，OUT B 将控制右侧的电动机。如果往前走，两个电动机需要同时工作。转变方向只需要一个电动机工作。代码如清单 21-1 所示。

清单 21-1：程序（文件名：Chapter21. ino）

```
1    #include <Esplora.h>
2
3    #define OUTA 3     // 定义TinkerKit Out A引脚连接到哪
4    #define OUTB 11    // 定义TinkerKit Out B引脚连接到哪
5
6    void setup()
7    {
8      pinMode(OUTA, OUTPUT); // TinkerKit A输出
9      pinMode(OUTB, OUTPUT); // TinkerKit B输出
10   }
11
12   void loop()
13   {
14     boolean outputA = LOW;
15     boolean outputB = LOW;
16
17     if (Esplora.readButton(SWITCH_UP) == LOW)
18       outputA = outputB = HIGH;
19
20     if (Esplora.readButton(SWITCH_LEFT) == LOW)
21       outputB = HIGH;
22
23     if (Esplora.readButton(SWITCH_RIGHT) == LOW)
24       outputA = HIGH;
25
26     digitalWrite(OUTA, outputA);
27     digitalWrite(OUTB, outputB);
28   }
```

　　第 1 行，导入 Esplora 库，这是该项目需要做的第一步。第 3 和 4 行，有定义指令，定义了 TinkerKit 输出端的数字引脚，因为没有函数可以直接写入 TinkerKit 引脚。因为你必须用老的方式，所以需要在 setup() 中调用 PinMode()，这在第 8 和 9 行实现，引脚状态都被设置成 OUTPUT。

　　第 12 行，声明 loop()，在这里按键将被读取，而且如果有必要，输出将被写入。开始于第 14 行，创建的两个变量：outputA 和 outputB。你可以想象，它们会被用来保存输出状态。它们被默认设置成 LOW，这意味着如果没有任何修改，它们将会输出低电平。第 17 行，第一个按键的读取函数被调用。如果按下上按键，outputA 和 outputB 被设置成高电平。

　　第 20 行，读取第二个按键状态，检查左按键是否被按下。如果被按下，outputB 状态被设置成 HIGH，如果用户也按下上按键，则无论其他参量如何变化，输出变成 HIGH，这是

变量最初被设置为 LOW 的原因；这种按键状态的读取是为了去弄明白变量被设置为 HIGH 的原因。如果两个或多个条件改变了变量，并不会造成影响，因为最终结果是相同的。第 23 行，是第三个按键状态的读取，检测右按键是否已被按下。

最终，两个数字输出被更新为变量的内容，然后通过 loop( )，循环开始。

一段简单的代码可以实现一个设备的远程控制，即使没有具体的 TinkerKit 输出例程。通过编写代码实现数字输出，替代使用特定的函数，从而比起库函数所包含的，可以让你实现更多的软件控制。TinkerKit 输出可以被用于数字输出或者 PWM 调制，但是你如果知道准确的引脚，可以使用这些引脚作为串行输出，或者其他用途。

这个程序的输出只可以是二进制；任一输出代表含义是打开或关闭。如果对它做一点调整，它可能变成一个模拟输出，使用操纵杆。在下一章，你也需要对这个例程进行修改，很快就你可以接触到了。

你将有一个遥控器，可以控制设备自由移动，但是有一个按键没有用到，即下按键。使用它来控制设备慢下来没有意义，所以为什么不使用它来发出哔的声音呢？就像一辆汽车的喇叭，警示猫或狗让路。

或者，对于高级程序员来说，可以使用 Esplora 的加速度计来控制输出。

21.4　小结

通过本章，你了解了 Arduino Esplora，它是一个有意思的设备，可以嵌入很多电子元件，而且携带了丰富的库函数，可以读取和写入到元件中。你已经了解了库和多种函数被用于不同元件的读取和写入。你已经看到它是多么的容易去创建一个工程。在下一章，你将会看到 Arduino Robot 和它的库函数，而且你可以在下一章使用程序来控制它的运动。

第22章

Robot

本章将讨论 Robot 库的以下函数：

- begin( )
- motorWrite( )
- motorStop( )
- turn( )
- pointTo( )
- compassRead( )
- updateIR( )
- knobRead( )
- keyboardRead( )
- digitalRead( )
- analogRead( )
- digitalWrite( )
- analogWrite( )
- beginSpeaker( )
- beep( )
- playMelody( )
- playFile( )
- tempoWrite( )
- tuneWrite( )

- robotNameWrite( )
- robotNameRead( )
- userNameWrite( )
- userNameRead( )
- cityNameWrite( )
- cityNameRead( )
- countryNameWrite( )
- countryNameRead( )
- beginTFT( )
- beginSD( )
- drawBMP( )
- displayLogos( )
- clearScreen( )
- text( )
- debugPrint( )
- drawCompass( )
- parseCommand( )
- process( )

本章需要以下硬件支持：

- Arduino Robot
- 2 个 TinkerKit 连接线和数字输入

- Arduino Esplora（在第 21 章展示并编程）

你可以在 http：//www.wiley.com/go/arduinosketches 的 Download Code 选项卡下载本章的代码，代码存放在 Chapter22 文件夹，文件名是 chapter22.ino。

22.1　Robot 库的简介

多年来，人们已经几次试图教儿童学习编程语言。教师和政府尝试让孩子们明白，编程并不神奇，唯一需要的就是简单的逻辑。英国广播公司（BBC）甚至还创建了自己的计算机，为学校孩子提供一部电视剧形式的计算机编程。它获得了巨大成功，但只是众多项目中的一个。其中一个项目是 Logo 编程语言。

大多数的编程语言都是数学：数据的获取、修改和使用。Logo 则截然不同，它基于逻辑（因此，认为名称标识来自希腊字符 logos）。虽然基于多种原因设计了它，但很多人仍记得它源于著名的海龟。

海龟被表示为一个计算机渲染的三角形，其位于连接到原始计算机的阴极射线管上。海龟可以自由地在屏幕上漫游，但需要指令。由于一些未知原因，有一个画笔绑在它的尾巴上。可以告诉海龟把画笔放下来（开始绘图）或拿起它（停止绘图）。然后，它需要用户给出指令。任何使用了 BASIC 语言的人可能知道其他人都会使用的第一个程序：

```
10 PRINT "Hello, world!"
20 GOTO 10
```

这将持续打印出文本行，是一个很好的学习编程的开始，但是这样没有取得任何进步。然而，海龟是不同的。例如，使用这个程序：

```
FD 100
RT 90
FD 100
RT 90
FD 100
RT 90
FD 100
```

FD 表示向前。海龟被指示向前 100 个"单位"，然后做一个右转弯（90°），接下来，它被指示再向前 100 个单位等。结果是怎样呢？如图 22-1 所示。

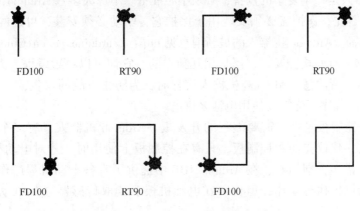

图 22-1　Logo 语言制作的正方形

正方形是基本图形，但 Logo 语言能够创建非常复杂的结构，并教学生编程。想象一朵花由八个花瓣组成。每一瓣花瓣都可以是一个"函数"，并调用八次把海龟放在正确的位置。结果对小孩来说是可见的、完美的。我们很多人都开始使用 Logo，我仍然记得这在课堂上有很大的乐趣。

一种严格的尝试是让海龟"物理化"，创建一个大的半球形式，海龟使它成为现实世界，但只有一个很短的时间。海龟机器人是为了给孩子展示它可以做任何事情，但那只是太早期的可怜的乌龟，它很昂贵，很难正确设置，并要求一个非常平坦的表面，可怜的小乌龟最终消失了，只有少数的程序仍然使用它，无论是教学，或简单的怀旧。程序员返回数字世界看他们的小海龟。我们中的一些人梦想看到小乌龟回来，某种程度上它已经回来了。

22.2　Arduino 机器人

你的 Arduino Uno 将放在你的桌上并且可能会长时间放在那里，直到你的项目完成，你将它安装在最后放置的地方。我有一个隐藏在我的电视机中，它会留在那里相当一段时间。Arduino 机器人不一样。它是唯一一个肯定不会待在同一个地方的 Arduino。

Arduino 机器人是在车轮上。每边有两个车轮和两个球脚轮使其保持稳定。它包含了一个令人印象深刻的电子产品，但更重要的是，它有足够的空间为你添加电子设备和所有连接组件所需的总线和连接器。

Arduino 机器人，技术上是将两个 Arduino 合二为一。电动机板由 ATmega32u4（和 Arduino Esplora 一样的控制器）控制并包含闪存、RAM、EEPROM，以及两个原型区域。它不具有大量的 I/O，但它所具有的是电动机控制电路和替代标准电池的电力电子器件（能为板上的两个电动机供电）。顶部控制板使用相同的微控制器，但有更多的 I/O，并增加了其他大多数 Arduino 没有的电路和器件。它有一个类似 Arduino Esplora 的键盘，一个兼容 Esplora LCD 模块的液晶屏连接器，一个 8Ω 的扬声器，一个电子罗盘和通过 I^2C 协议连接的大量外部 EEPROM（忽略内部 EEPROM）。它还有四个原型区域。

Arduino 机器人是一个复杂的设备，必须小心准备。不像大多数 Arduino，使用之前需要一些特殊准备。首先，保护盖必须安装用于保护它，驱动必须安装，可选的 TFT 屏幕必须放置在正确的位置。Arduino 机器人的最新消息见 http://arduino.cc/en/Guide/Robot。

Arduino 机器人有两块开发板，都是相互独立的。它们可以单独编程，都有一个用于编程的 USB 连接器。请注意，Arduino 机器人编程时，为防止事故的发生，电动机自动禁用。为了充分利用你的程序，你需要使用电池来供电。

一般来说，控制板是唯一需要编程的开发板。Arduino 机器人具有多个函数以促进两块板之间的通信。建议先使用控制板，只有在控制板上使用时，才对电动机板进行编程。如果你犯了一个错误，别担心；在 Arduino IDE 中提供了常备电动机程序作为示例。控制板可以告诉电动机板执行动作，但也可在电动机板上读取传感器（如电动机板底部的红外线传感器）。

22.3 Robot 库

Arduino 的 Robot 库是一个复杂的库并依赖许多外部库，主要用于红外传感器和音频合成。这些库已经被合并到 Arduino 的 Robot 库，以节省空间，不需要手动添加，当然还需要一些 Arduino 的标准库（如果需要使用 Wire 和 SPI 库中的一些函数，则需要手动添加）。要导入库，必须先知道要先使用哪些开发板，因为它们不需要相同的组件。为了给控制板创建程序，需要导入 Robot_Contorl 库，进入 IDE 菜单 Sketch ⇨ Import Library ⇨ Robot_Control，以下是添加的库：

```
#include <Fat16mainpage.h>

#include <SdCard.h>
#include <ArduinoRobot.h>
#include <SdInfo.h>
#include <EEPROM_I2C.h>
#include <FatStructs.h>
#include <Fat16util.h>
#include <Fat16Config.h>
#include <Multiplexer.h>
#include <Fat16.h>
#include <Arduino_LCD.h>
#include <Squawk.h>
#include <Compass.h>
#include <Wire.h>
#include <Adafruit_GFX.h>
#include <SPI.h>
#include <SquawkSD.h>
#include <EasyTransfer2.h>
```

实际上不需要以上所有的库，一个需要添加的典型库是 ArduinoRobot.h。为电动机板创建程序，还需要导入 Robot_Motor 库，进入 Sketch ⇨ Import Library ⇨ Robot_Motor。以下是添加库的声明：

```
#include <ArduinoRobotMotorBoard.h>
#include <Multiplexer.h>
#include <EasyTransfer2.h>
#include <LineFollow.h>
```

并非所有这些库都是必需的。通常情况下，你只需要添加 ArduinoRobotMotorBoard.h。

22.3.1 控制板

为了使用机器人控制板，你必须先使用 RobotControl 类的一些函数。通过对象直接访问函数，所以没有必要调用构造函数。然而，要使用 Arduino Robot 的特殊函数，你必须首先调用 begin()：

```
Robot.begin();
```

begin( ) 初始化板内通信，将变量设置为正确的值和 Arduino Robot 的其他初始化，但不初始化 LCD 屏幕或扬声器，其他函数会稍后在本章中"LCD 屏幕"部分介绍。

1. 机器人控制

当然，任何机器人的基础是运动。Arduino 机器人有数量庞大的传感器，但它的主要功能是移动。虽然电动机板主要是驱动电动机，主控制板指示电动机板来执行操作，但该电动机板还具有两个独立的电动机，为了直接控制电动机，使用 motorsWrite( ) 函数：

```
Robot.motorsWrite(speedLeft, speedRight);
```

该函数包含两个整型参数。参数 speedLeft 表示左边电动机的转速，变量值的范围是 −255 ~ 255。如果其值大于 0，表示电动机正转；如果小于 0，表示电动机反转；如果等于 0，表示电动机停止。同理，参数 speedRight 也具有相似的功能。该函数不返回任何数据。

如果需要使电动机停止转动，使用 motorStop( ) 函数：

```
Robot.motorsStop();
```

该函数不含任何参数，不返回任何值，功能是让电动机立即停止旋转。

可以通过改变左、右电动机的转速来实现转弯。通过改变电动机的转速，可以实现转向，但是 Arduino 机器人更先进了一步，它有一个嵌入式的罗盘，可以用于更准确地告诉 Arduino 机器人旋转一个具体的角度，使用 turn( ) 函数实现：

```
Robot.turn(degrees);
```

该函数有一个整型参数，变量范围是 −180 ~ 180，负值能够让电动机向左旋转，正值能够让电动机向右旋转，0 值不旋转。该函数使用板上的电子罗盘来获得磁北极，然后控制机器人转动一定量的角度，并使用电子罗盘来进行修正。为了使机器人旋转到一个具体的方向，使用 pointTo( ) 函数：

```
Robot.pointTo(degrees);
```

与 turn( ) 类似，pointTo( ) 函数使用电子罗盘获得方位，但它并非转动具体的角度，而是相对南北极的朝向，它有一个参数 degrees，值为 0 表示北边，90 表示东边，180 表示南边，270 表示西边。

该机器人自动决定是左转还是右转，以最小的转向为准。

2. 读取传感器

为了让机器人的运行正确，它们需要多个传感器。它们需要知道在哪里，以及如何与外界互动。你可以为 Arduino 机器人添加额外的传感器，但它已经自带了一些传感器让你开始操控。

如前所述，你可以告诉 Arduino 机器人使用电子罗盘指向一个特定的方向，你也可以使用 compassRead( ) 函数读取电子罗盘的值。

```
result = Robot.compassRead();
```

该函数返回一个相对于磁北极的角度的整型值。

⊘ **注**
意 Arduino 机器人电子罗盘度数相对于磁北极，因此它容易被磁场干扰。请确定你的机器人远离扬声器、电动机或者干扰读取电子罗盘度数的强磁场物体。

该电动机板包含 5 个用于循迹的红外传感器，可以访问单个传感器的读数，但必须使用 updateIR( ) 函数：

```
Robot.updateIR();
```

该函数不含任何参数，不返回任何值，都是通过 Robot. Irarray [ ] 数组来更新或者读取数据。

```
Robot.updateIR();
for(int i=0; i<=4; i++)
{
  Serial.print(Robot.IRarray[i]); // 打印每个红外传感器的值
  Serial.print(" ");
}
```

该控制板还有一个 5V 供电的旋钮电位器，它连接到单片机 10 位精度的 ADC 引脚上，将输入电压映射到 0 ~ 1023 的整数值，可通过 knobRead( ) 读取 ADC 值：

```
result = Robot.knobRead();
```

该函数返回一个读取自 ADC 的整型值。

该控制板还有五个按键的键盘。这些键值可以通过 keyboardRead( ) 函数读取：

```
result = Robot.keyboardRead();
```

该函数返回一个常数，表示被按下的按键。表 22-1 显示了可能值。

表 22-1　键盘返回码

值	按　　键
BUTTON_LEFT	左键按下
BUTTON_RIGHT	右键按下
BUTTON_UP	上键按下
BUTTON_DOWN	下键按下
BUTTON_MIDDLE	中键按下
BUTTON_NONE	无键按下

Arduino 机器人在控制板和电动机板上都有 TinkerKit 连接器。大多数这些端口都可以作为数字和模拟来读取，取决于函数调用。有两个函数可以调用：digitalRead( ) 和 analogRead( )。

```
DigitalResult = Robot.digitalRead(port);
AnalogResult = Robot.analogRead(port);
```

参数 port 是一个常量，表示 TinkerKit 要使用的端口号。可选值是 TK0 ~ TK3，TKD0 ~ TKD5 和 B_TK1 ~ B_TK4。TK4 和 TK5 是数字端口，只能使用 digitalRead( ) 函数，返回值是 TRUE 或者 FALSE。analogRead( ) 返回 0 ~ 1023 的整数值。

> **注意**　读取 TinkerKit 端口值之前，确保设备已连接。读取一个不存在的设备的端口值会导致意外结果。

当然，一些 TinkerKit 端口不仅用于输入，而且控制板也可以设置 TinkerKit 输出。写数字输出，使用 digitalWrite( ) 函数：

```
digitalWrite(port, value);
```

参数 value 是需要写的值，为 HIGH 或者 LOW。参数 port 是 TinkerKit 端口，取值是 TKD0 ~ TKD5、B_TK1 ~ B_TK4 或者 LED1（位于控制板上的 LED）。

写一个模拟值使用 analogWrite( ) 函数：

```
Robot.analogWrite(port, value);
```

参数 value 是需要写的模拟值，范围为 0 ~ 255。输出并非真正的模拟电压，与大多数模拟输出一样，它的输出是 PWM 波。参数 port 是 TinkerKit 要使用的端口，只能用于 TKD4，并且不能和 TK0 ~ TK7 同时使用。

3. 订制机器人

我喜欢我所有的 Arduino 开发板，但计算机有一些能够让你更喜欢的东西。就像一只宠物，给它配上一个名字和一些个人信息，这些信息可以被存储在 EEPROM 中并通过特殊的函数检索。

可使用 robotNameWrite( ) 函数给机器人命名：

```
Robot.robotNameWrite(name);
```

参数 name 是一个字符串，最大 8 个字符。数据会保存在 EEPROM 中，使用 robotNameRead( ) 函数读取：

```
Robot.robotNameRead(container);
```

下面的代码片段中，container 是一个字符数组并存储访问结果。

```
char container[8];
Robot.robotNameRead(container);
Serial.println(container);
```

如果想告诉 Arduino 机器人你的名字，使用 userNameWrite( ) 函数：

```
Robot.userNameWrite(name);
```

参数 name 是一个字符串，最大 8 个字符。与获取机器人的名字类似，可使用 userNameRead( ) 函数获取用户名。

```
Robot.userNameRead(container);
```

　　参数 container 是一个字符数组。

　　Arduino 机器人可以读取和写入城市名和国名：

```
Robot.cityNameWrite(city);
Robot.cityNameRead(container);
Robot.countryNameWrite(country);
Robot.countryNameRead(container);
```

　　与之前函数类似，写入函数以字符串写入，读取函数需要一个 8B 字符数组。

4. LCD 屏幕

　　Arduino 机器人控制板上有一个 TFT 屏幕连接器（和 Arduino Esplora 使用相同的屏幕）。Arduino 机器人还有一些充分利用屏幕的高级函数。

　　使用屏幕之前，必须先调用 beginTFT( ) 函数：

```
Robot.beginTFT();
Robot.beginTFT(foreground, background);
```

　　默认情况下，调用时不需要带任何参数，TFT 屏幕配置为背景黑色、前景白色。如果需要，可通过调用 beginTFT( ) 函数修改为特定的颜色。可选的颜色参数是 BLACK、BLUE、RED、GREEN、CYAN、MAGENTA、YELLOW 和 WHITE。

　　TFT 屏幕模块还包含一个 micro-SD 卡槽，可使用 beginSD( ) 激活它：

```
Robot.beginSD();
```

　　该函数在调用 drawBMP( )（稍后介绍）和 playFile( )（见"音乐"部分）之前必须先使用。请注意，这个库占用空间比较大，如果你确实需要 SD 卡槽，方可使用；如果 SD 卡槽初始化完成，复杂的程序可能会有意想不到的结果。

　　在屏幕绘制一幅图像使用 drawBMP( ) 函数：

```
Robot.drawBMP(filename, x, y);
```

　　参数 filename 是位于 SD 卡目录下的文件名，它的属性必须是 BMP 格式。参数 x 和 y 是图像的左上角坐标。

　　当开始一个程序时，显示 logo 通常非常有用，但 ArduinoRobot 库有更好的解决方案，displayLogos( ) 可在屏幕上显示 2 个 logo。

```
Robot.displayLogos();
```

　　该函数不带任何参数，并自动在 SD 卡目录下查找名为 lg0. bmp 和 lg1. bmp 的文件。该函数先加载 lg0. bmp，然后等待 2s 在 TFT 屏幕上显示出来，之后加载 lg1. bmp，等待 2s 后显示在屏幕上。这些文件默认存储在 SD 卡上，但可以被替换。

　　可使用 clearScreen( ) 函数清除屏幕内容：

```
Robot.clearScreen();
```

调用该函数会自动使用默认背景色（默认黑色，除非指定了其他颜色）清除屏幕内容。

如果需要向屏幕写入文本，使用 text( ) 函数：

```
Robot.text(text, x, y, write);
```

参数 text 是一个字符串，但也可以是整型或者长整型数据。参数 x 和 y 是文本的起始坐标，参数 write 是布尔型值：true 表示文本颜色使用前景色（写入），false 表示 TFT 屏幕使用背景色（擦除）。

如果要在屏幕上显示调试信息，使用 debugPrint( ) 函数：

```
Robot.debugPrint(value);
Robot.debugPrint(value, x, y);
```

参数 value 可以是整型或者长整型数据。参数 x 和 y 是可选的，用于告诉屏幕显示的位置。默认情况下，文本从左上角开始显示，该函数不仅打印文本，同时也刷新屏幕显示，增加了独特的调试功能。

另一个相当实用的调试函数是 drawCompass( )：

```
Robot.drawCompass(degrees);
```

该函数在 TFT 屏幕上绘制一个罗盘并显示特定方位，显示的方位取决于参数 degrees。通常情况下，通过 compassRead( ) 函数获得 degrees 值。

5. 音乐

Arduino 机器人控制板上有一个内置扬声器，它包含众多的函数供充分利用。你需要包含 Wire 和 SPI 库才能使用扬声器。使用扬声器之前，必须首先调用 beginSpeaker( ) 初始化。

```
Robot.beginSpeaker();
```

该函数必须在 setup( ) 中声明。

最基本的声音表现形式是哔哔声，可使用 beep( ) 函数实现。

```
Robot.beep(type);
```

参数 type 取以下三个常量之一：BEEP_SIMPLE（短鸣）、BEEP_DOUBLE（两声提示）或者 BEEP_LONG（长鸣）。

播放简单的音乐，使用 playMelody( ) 函数。

```
Robot.playMelody(melody);
```

参数 melody 是一个字符串，描述了要播放的音符以及它们的长度。音符见表 22-2。

表 22-2　旋律音符

c	播放 "C"
C	播放 "C#"
d	播放 "D"
D	播放 "D#"
e	播放 "E"

（续）

E	播放 "E#"
f	播放 "F"
F	播放 "F#"
g	播放 "G"
G	播放 "G#"
a	播放 "A"
A	播放 "A#"
b	播放 "B"
—	静默

如果要设置音符长度，使用表 22-3 列出的数字。

表 22-3　音符长度

数　字	持 续 时 间
1	下个音符一拍
2	下个音符半拍
4	下个音符四分之一拍
8	下个音符八分之一拍
·	上个音符四分之三拍

Arduino 能够播放简单的音乐，但它也有更高级的播放方式，使用 playFile( ) 函数。

```
Robot.playFile(filename);
```

参数 filename 为 SD 卡的一个文件名，SD 卡位于 LCD 屏幕的背面。因此，它需要程序先调用 beginSD( ) 函数，文件格式必须是 Squawk，Squawk 是一种类似用于 Amiga 500 计算机的格式。这种文件格式通常可以使用 Music Trackers（一款音乐制作软件）创建。欲了解更多信息，请参阅 https：//github. com/stg/SquawkGitHub 页面上的 README。

这些文件包含音乐信息，并以一个精确的速度和音高播放。你可以使用函数来改变这些参数。改变一个音乐文件播放速度（播放更快或更慢）使用 tempoWrite( ) 函数。

```
Robot.tempoWrite(speed);
```

参数 speed 是一个整型数据，表示播放文件的速度，默认值是 50，值越小表示播放速度越慢，值越大表示播放速度越快。但是它不能改变音高，改变音高可以使用 tuneWrite( ) 函数。

```
Robot.tuneWrite(pitch);
```

参数 pitch 是一个浮点型数据，表示文件播放的音高，默认值是 1.0，较高的值设置较高的音高。

22.3.2　电动机板

电动机板置于控制板下方，负责控制 2 个直流电动机并读取红外传感器数据。它对控制板发出的指令作出响应，但是可以修改默认的程序以适应你的应用。

就像控制板，使用 Arduino 机器人电动机板必须先使用 RobotMotor 类的函数，这些函数直接通过对象访问，所以不需要调用构造函数。然而，要开始使用 Arduino 机器人的特定函数，必须先调用 begin( )。

```
RobotMotor.begin();
```

从控制板获取指令，需要调用 parseCommand( ) 函数。

```
RobotMotor.parseCommand();
```

这个函数不带任何参数，不返回任何值，它只是简单地读取和更新寄存器值。当命令已被解析后，有必要执行这些指令，调用 process( ) 实现。

```
RobotMotor.process();
```

同样，此指令不带任何参数，不返回信息。它根据 parseCommand( ) 的内部结果控制电动机。

这两个指令，实际上是默认电动机板程序的基础。

```
#include <ArduinoRobotMotorBoard.h>

void setup(){
  RobotMotor.begin();
}
void loop(){
  RobotMotor.parseCommand();
  RobotMotor.process();
}
```

这个程序只是简单地从控制板读取指令并执行这些指令，为什么这种情况下会有一个单独的电路板？虽然这些电路板上的微控制器很强大，但保持功能分开通常是一个好主意；一个微控制器驱动控制板，其他的驱动电动机板。电动机板持续执行指令，直到指令发生改变。控制板可以执行高级计算或执行阻塞功能，而电动机板则继续监视直流电动机。

22.4　示例程序和练习

Arduino 机器人是一个极好的平台，但还需要修补。它有大量的输入，创建程序让你的机器人自由运动很容易且很有趣。对于本应用，你可以创建一个远程控制的 Arduino 机器人。

为此，需要使用 2 个 TinkerKit 数字输入，TK5 位于机器人左边，控制左边的电动机；TK7 位于机器人右边，控制右边的电动机。逻辑 1 意味着电动机转动，逻辑 0 表示电动机停止。这些输入将定期读取，车轮的速度将由电位器控制。

程序如清单 22-1 所示。

清单 22-1：程序（文件名：Chapter22. ino）

```
1    #include <ArduinoRobot.h>
2
3    void setup()
4    {
5      Robot.begin(); // 启动控制板
6    }
7
8    void loop()
9    {
10     // 读入电位器值
11     int speed = Robot.knobRead();
12
13     // 电位差计数据为0~1023,电动机预计为0~255
14     // 我们不使用负值
15
16     int motorSpeed = map(speed, 0, 1023, 0, 255);
17
18     // 电动机变量
19     int leftMotor = 0;
20     int rightMotor = 0;
21
22     if (Robot.digitalRead(TK5) == true)
23       leftMotor = motorSpeed;
24
25     if (Robot.digitalRead(TK7) == true)
26       rightMotor = motorSpeed;
27
28     // 现在控制电动机
29     Robot.motorsWrite(leftMotor, rightMotor);
30
31     // 休息1/10s
32     delay(100);
33   }
```

第 1 行导入 Arduino Robot 库。第 5 行，setup( ) 中在调用 Robot. begin( ) 之后，用户就能使用 Robot 结构体的函数。

第 8 行声明 loop( ) 函数，因为电动机转速由电位器控制，通过第 11 行的代码读取模拟值，值存储在整型参数 speed 中，电位器设置 speed 的值为 0 ~ 1023，但电动机只能接受 0 ~ 255（负值未使用）的值，因此在第 16 行调用 map( ) 函数将其映射到 0 ~ 255；结果保存在变量 motorSpeed 中。

第 19 和 20 行声明 2 个变量，默认分配值是 0，第 22 行读取 TinkerKit 连接器 TK5 的输入，如果值为 true 则用户指示左电动机动作，将 leftMotor 的值设置为 motorSpeed 的值，指示电动机正转；同理，右边电动机操作类似。最后，第 29 行调用 motorsWrite( ) 将速度写入电动机使其生效。

现在电动机已被激活或者停止，第 32 行通过 delay( ) 使程序等待 100ms 后继续执行。

　　还有很多 TinkerKit 连接器可使用，你也可以使用 TK6 按相同的方式控制扬声器。想象一下，使用命令控制 Arduino 机器人的蜂鸣器发出声音来告诉讨厌的猫和人远离会怎么样呢？

　　设置为数字输入的 TinkerKit 输入也可设置为模拟输入，它允许用户控制 Arduino 机器人的速度，将输入变为模拟量。

22.5　小结

　　在本章中，你已经看到了一个吸引人的 Arduino 项目——Arduino 机器人。你已经看到了控制板和电动机板两块电路板一起组成机器人。你已经学到了如何使用库控制两块板、简单的程序如何实现全功能的移动设备。你也看到了 Arduino 机器人如何使用外部传感器来控制。在下一章，你将学习用 Arduino Yún 开发板和 Bridge 库在 Arduino 微控制器和一个运行 Linux 系统的更强大的微处理器之间交换消息。

第23章

Bridge

本章将讨论 Bridge 库的下列函数：

- Bridge. begin( )
- Bridge. put( )
- Bridge. get( )
- Process. begin( )
- Process. addParameter( )
- Process. run( )
- Process. runAsynchronously( )
- Process. running( )
- Process. exitValue( )
- Process. read( )
- Process. write( )

- Process. flush( )
- Process. close( )
- FileSystem. begin( )
- FileSystem. open( )
- FileSystem. exists( )
- FileSystem. rmdir( )
- FileSystem. remove( )
- YunServer. begin( )
- YunClient. connected( )
- YunClient. stop( )

本章需要以下硬件支持：

- Arduino Yún 开发板
- 1 个面包板
- 1 个 LDR

- 1 个 10kΩ 电阻
- 导线

你可以在 http：//www. wiley. com/go/arduinosketches 的 Download Code 选项卡下载本章的代码，代码存放在 Chapter23 文件夹，文件名是 chapter23. ino。

23. 1 Bridge 库的简介

微控制器这个名称经常被混淆。微控制器顾名思义是控制，而微处理器用来处理数据。这对于 Arduino Yún 来说，双方界限都变得很明晰。

2002 年 12 月，Linksys 公司公布了其 WRT54G 住宅无线路由器。这是一个在蓝黑外壳后面带有两个天线的小装置。后面是四个以太网 LAN 端口和上行链路端口。这是一个简单的来增加高速无线网络连接到家庭网络的方法，并被大量采用，包括我自己。我的 WRT54G 路由器增加了家里的无线覆盖范围，速度比我的互联网调制解调器更快（该 WRT54G 提供 Wi-Fi-G 代替过时的 Wi-Fi-B）。这也注定是一个修修补补的设备。

这些设备是基于一个 125MHz MIPS 的微处理器，它具有非常好的特性。拥有 16MB 的 RAM 和 4MB 的闪存，它能够在该设备上完美运行一个完整的 Linux 发行版。由于 Linux 发行版是根据 GPL 许可证交付，因此，Linksys 公司不得不做出在其网站上提供源代码的声明。这引发了一群人阅读代码并对其进行修改，允许添加越来越多的功能。几个月的时间内，消费级路由器已经为顶级行业级路由器预留了功能。虽然大多数的路由器只是让家庭设备连接，这些新的软件允许高级变频扫描程序、流量整形、防火墙、调度和网状网络，仅举几例。所有用户所要做的就是覆盖原有固件，如果需要可以在以后撤销。整个一代路由器围绕该初始产品被设计出来，名为 OpenWRT 的新固件也随之发布。

OpenWRT 的强大之处不仅是在于增加了先进的功能，而且它还包含了一个软件包管理器，用户可以自己安装程序。文件系统也具备读/写能力，这意味着用户可以创建和更新文件。一个简单的 WRT54G 设备可以放在任何地方，充当一个传感器，并记录结果数据文件。路由器不再是一个路由器，而是一个小型计算机。

从早期开始，OpenWRT 一直在大力发展，成为一个非常复杂的分布，不再局限于 Linksys 设备。OpenWRT 已经被移植到一个设备是 Arduino Yún。该板实际上是集两个设备于一体。一侧有一个 ATMega32u4，这是 "Arduino" 侧。另一侧是基于一个 Atheros 的 AR9331。该芯片，以及相应的 RAM、以太网和 WiFi 芯片，搭载了名为 Linino 的 OpenWRT 分布。为了使 AVR 与 Atheros 进行通信，创建了一个库：Bridge。

> **注意** 你可以修改 Arduino Yún 的根文件系统；强烈建议使用外部存储，Arduino Yún 有一个板载 micro-SD 卡槽扩展文件系统空间。

23.2　Bridge

Arduino Yún 可以发送命令或者数据请求到另一端的 Linux 设备；这些指令是由 Open-WRT 上的 Python 2.7 解释器解释。开始通信前，必须先导入 Bridge 库。进入 Arduino IDE，选择菜单 Sketch ⇨ Import Library ⇨ Bridge，或者手动添加库。

```
#include <Bridge.h>
#include <YunClient.h>
#include <Process.h>
#include <Mailbox.h>
#include <HttpClient.h>
#include <Console.h>
#include <YunServer.h>
#include <FileIO.h>
```

Bridge. h 用于系统间通信，其他头文件仅在使用该库的特定部分时才需要。YunClient. h 用法与 EthernetClient. h 类似，它用于 HTTP 客户端操作。同理 YunServer. h 在 Arduino 作为 Ethernet 服务器时使用。Process. h 在 Linux 处理进程（或者命令）时需要。Mailbox. h 在使用邮箱接口系统时需要。Console. h 在 Linux 仿真串口终端时需要。FileIO. h 在向 micro-SD 卡读写文件时和从 Linux 读取文件时需要。

开始 Bridge 库，使用 begin( )：

```
Bridge.begin();
```

该函数不带任何参数，不返回任何值，是一个阻塞型函数，并且只能在 setup( ) 中调用。在该函数执行完之前不退出，初始化 Bridge 系统需要大约 3s。

交换两个设备之间的信息，需要 put/get 系统存在。put( ) 将数据插入 Linino Python 字典。它需要两个元素：键和值。键是一个名字，值可以是数字或者文本，但以文本形式存储。存储数据的方式如下：

```
username: john
age: 42
profession: programmer
highscore: 880
```

要存放 Linux 侧数据，使用 put( ) 方法：

```
Bridge.put(key, value);
```

该函数需要两个参数：key 和 value，不返回任何数据。这一信息发送到 Atheros 处理器并放置在 Python 字典。如果键不存在，则自动创建一个，并将值的内容存储。如果键已经存在，则该值的内容将存储并替换先前已存在的内容。读取字典中存储的值，使用 get( ) 方法：

```
int result = Bridge.get(key, buffer, buffer_length);
```

该函数带三个参数：key 是字典中搜索的文本键；buffer 是一个字符数组，用于存储结果；buffer_length 是缓冲区的长度。该函数返回整型值，代表放入缓冲区的字节数量，如果没有有效数据，返回 0。

Bridge 类是一个向 Linux 侧系统发送和读取数据的简单方法，并且包括纠错功能，以确保数据总是正确地传送。

23. 2. 1　Process

Process 类运行并处理运行在 Linux 平台的应用。使用 Process 类之前必须先创建一个 Process 对象：

```
Process p;
```

接下来，你必须声明要运行的命令，使用 begin( ) 方法实现：

```
Process.begin(command);
```

参数 command 代表要执行的命令或者程序的文本，例如 cat、ls、curl 等。如果需要增加一个或者更多的参数，使用 addParameter( ) 函数：

```
Process.addParameter(param);
```

该函数带一个参数，表示需增加参数的字符串。

```
Process p; // 创建一个Process类
p.begin("cat"); // 准备一个程序
p.addParameter("/proc/cpuinfo"); // 添加参数
```

最后一步是使用 run( ) 方法运行带参数的应用：

```
Process.run();
```

此函数不带任何参数并执行程序。它是一个阻塞型函数，在 Linux 程序结束前不返回，如果你运行一个不会退出的程序，你的程序将阻塞并不会往下继续执行。要运行一个不退出的程序，调用 runAsynchronously( ) 方法：

```
Process.runAsynchronously();
```

此函数不带任何参数，执行 Linux 应用程序，并立即返回。应用程序可能正在运行或停止运行。要检查程序的状态，使用 running( ) 方法：

```
result = Process.running();
```

此函数不带任何参数，并返回一个布尔值：如果应用正在运行返回 true，停止运行返回 false。

当一个应用程序终止，它会有一个返回值，从返回值能够获取返回条件的信息（例如，如果应用程序初始化失败，返回 2，如果 URL 格式不正确，返回 3，如果它无法连接到主机，返回 7）。为了得到返回码，使用 exitValue( )：

```
result = Process.exitValue();
```

该函数返回一个无符号整型值：Linux 的应用程序的返回值。但没有必要每一种应用都读取返回码，你可以仅在需要时调用。

一些应用程序需要文本输入才能正常运行，要求用户在执行操作之前输入某些参数。在向用户询问信息之前，应用程序通常显示一些文本信息。为了帮助交换数据，一些读写函数可用。

从进程中读取数据，使用 read( )：

```
data = Process.read();
```

read( ) 返回一个无符号整型值，有效数据的第一个字节来自进程的串行输出，如果没有数据，则返回 -1。向进程写串行数据使用 write( ) 函数。

```
Process.write(val);
Process.write(str);
Process.write(buf, len);
```

参数 val 向进程发送一个字节数据。如果需要以字符串形式发送数据，则使用参数 str。最后，你可以通过指定一个字符数组 buf 和 buf 的长度来发送数据，该函数返回写入进程的字节数。

要刷新缓冲区，即要删除任何等待被读取的数据，使用 flush( ) 方法：

```
Process.flush();
```

此函数不带任何参数，并且不返回任何信息。在所有新数据写入之后刷新缓冲区。

要终止进程，使用 close( ) 方法：

```
Process.close();
```

23. 2. 2　FileIO

Arduino Yún 带有一个允许用户扩展文件系统的集成 micro-SD 卡槽，此卡是由 Linux 系统处理，但 FileIO 库提供了一个便利的方式来交互文件——创建、读取、写入和删除。这些函数通过 Arduino Yún Bridge 发送指令。

 警告　以下函数只适用于 SD 卡文件。

使用文件系统指令之前，你必须先调用 begin( ) 函数：

```
// 安装文件IO
FileSystem.begin();
```

该函数必须在 setup( ) 中调用。然后，你必须创建一个 File 对象。但首先必须使用 open( ) 方法打开一个文件。如果文件存在，则将其打开，如果文件不存在，则创建一个，但文件夹必须存在。

```
File datafile = FileSystem.open(filename);
File datafile = FileSystem.open(filename, mode);
```

参数 filename 是一个字符串，表示需要打开的文件。它可以包含由斜杠分隔的目录（例如，data/log. txt），可选参数 mode 表示文件打开的方式，默认是只读方式（通过 FILE_READ 宏指定），或者读/写方式（通过 FILE_WRITE 宏指定），该函数返回一个用于读取和写入的 File 对象。如果打开文件失败，File 对象计算结果为 false，它因此可测试文件是否打开成功。

```
File datafile = FileSystem.open("/data/log.txt", FILE_WRITE);
if (!datafile)
  Serial.println("ERROR: File could not be opened!");
```

文件操作类似 SD-card 库，如存在 read( )、write( )、seek( ) 和 flush( ) 函数。该库在结构上与 SD-card 库相似；只有基础例程改变。欲了解更多信息，请参见第 12 章。

然而，并非所有的函数适用于文件。open( ) 方法需要存在一个文件夹，但如果该文件夹不存在，则无效，如果文件夹丢失也不会创建。为了解决这个问题，各种文件系统的指令存在而不需要文件来执行操作。

要检查文件是否存在，而无需打开它（或创建一个新文件），使用 exists( ) 方法：

```
result = FileSystem.exists(filename);
```

参数 filename 是一个字符串，与 open( ) 方法的格式相同。它返回一个布尔值：true 表示文件或文件夹存在，false 表示不存在。

创建一个文件夹使用 mkdir( ) 方法：

```
result = FileSystem.mkdir (filename);
```

该函数返回一个布尔值：true 表示文件夹创建成功，flase 表示创建失败。删除文件夹使用 rmdir( ) 方法：

```
result = FileSystem.rmdir(folder);
```

该函数返回一个布尔值：true 表示文件夹已被删除，false 表示不能删除文件夹。它需要目标文件夹为空，即任何存在的文件将被删除。要删除文件，使用 remove( ) 方法：

```
result = FileSystem.remove(filename);
```

该函数类似前面的函数，返回一个布尔值：true 表示删除成功，false 表示删除失败。该函数是系统命令 rm 的包装，因此可以删除文件和文件夹。

23. 2. 3　YunServer

YunServer 类在 Arduino Yún 的 Linux 发行版创建服务器时使用。这让 Arduino Yún 需要接收和应答这些请求。

要创建一个服务器，你必须首先创建一个 YunServer 对象：

```
YunServer server;
```

当已创建对象时，你必须告诉 Arduino 谁可以进行连接。与大多数 Arduino 以太网扩展板相反，你不需要外部连接，而是只需要本地连接。Arduino 将等待来自本地主机的连接，但本地主机也是 Arduino 的 Linux 侧。这意味着，当传入的连接到达，它们将经过 Linux 处理器，然后让 Arduino 的 AVR 单片机侧自由地处理最擅长的事——控制你的程序。若要执行此操作，请使用 listenOnLocalHost( ) 方法：

```
server.listenOnLocalHost();
```

最后一步，创建对象后，调用 begin( )：

```
server.begin();
```

现在已经创建了服务器，你可以等待客户端连接。Arduino Yún 和使用以太网或者 WiFi 模块之间的区别是多任务处理能力。虽然其他 Arduino 必须等待客户端连接，但 Arduino Yún 不需要等待。

23. 2. 4　YunClient

YunClient 接口用于在 ArduinoYún 上所有基于客户端的呼叫。就像服务器，你必须第一个创建 YunClient 对象：

```
YunClient client;
```

为了接受一个传入的连接，你可以与 YunServer 通信：

```
YunServer server;
YunClient client = server.accept();
if (client)
{
  // Client has connected
}
```

你可以使用 connected( ) 方法来验证客户端是否仍处于连接状态。

```
result = client.connected();
```

该函数返回一个布尔值：true 表示客户端仍然连接，false 表示客户端已断开连接。

当客户端已连接时，你可以使用标准流函数读取和写入数据：

```
String data = client.readString();
client.println("Thanks for connecting to my Yún");
```

当你结束跟一个客户端通信，可以使用的 stop( ) 方法终止连接：

```
client.stop();
```

23. 3　示例应用程序

在第 12 章中，你创建了一个能将数据记录到 SD 卡的光照传感器。在本章中，你将再次使用光照传感器，但它是一个可以记录带时间戳的温度数据文件，并且可以通过无线连接读取。

要做到这一点，你需要 Arduino Yún 开发板和用于记录数据的 micro-SD 卡。一个标准的 LDR 将通过模拟引脚 A3 连接到你的 Arduino Yún。程序将在每次测量时等待 20s。在这个循环中，程序将监听来自 Web 导航器的连接。

23. 3. 1　硬件

程序使用 Arduino Yún 连接到 LDR。LDR 的一个引脚连接到 + 5V，另一个引脚通过 10kΩ 电阻连接到地。模拟值通过固定值的电阻和 LDR 相连来读取，原理图如图 23-1 所示。

23. 3. 2　程序

程序如清单 23-1 所示。

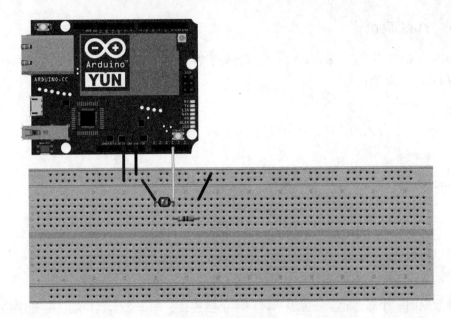

图 23-1　项目原理图

清单 23-1：程序（文件名：Chapter23. ino）

```
1    #include <Bridge.h>
2    #include <FileIO.h>
3    #include <YunServer.h>
4    #include <YunClient.h>
5
6    YunServer server;
7    String startString;
8
9    int iteration = 0;
10
11   void setup()
12   {
13     Serial.begin(9600);
14     Bridge.begin();
15     FileSystem.begin();
16
17     server.listenOnLocalhost();
18     server.begin();
19   }
20
21   void loop ()
22   {
23     String dataString;
24     YunClient client;
25
```

```
26    dataString += getTimeStamp();
27    dataString += ", ";
28
29    int sensor = analogRead(A3);
30    dataString += String(sensor);
31
32    Serial.println(dataString);
33
34    iteration++;
35    if (iteration == 20)
36    {
37      boolean result = logResults(dataString);
38      if (result == false)
39      {
40        // 哦,不能写
41        Serial.println("ERR: Couldn't write data to file");
42      }
43      iteration = 0;
44    }
45
46    for (int i = 0; i < 20; i++)
47    {
48      client = server.accept();
49      if (client)
50      {
51        client.print(dataString);
52        client.stop();
53      }
54      delay(1000);
55    }
56  }
57
58  boolean logResults(String dataString)
59  {
60    File dataFile = FileSystem.open("/mnt/sd/log.txt", FILE_APPEND);
61
62    if (dataFile)
63    {
64      dataFile.println(dataString);
65      dataFile.close();
66      return true;
67    }
68    return false;
69  }
70
71  // 此函数返回带时间戳的字符串
72  String getTimeStamp() {
73    Process time; // Process实例
74    String result; // 字符串的结果将被存储
75
76    time.begin("date"); // 运行的命令是“日期”
```

```
77    time.addParameter("+%D-%T"); // 要添加的参数
78    time.run(); // 运行命令
79
80    delay(50); // 给指令一些时间来运行
81
82    // 从命令行获取输出
83    while (time.available() > 0) {
84      char c = time.read();
85      if (c != '\n')
86        result += c;
87    }
88
89    return result;
90  }
```

程序第 1 ~ 4 行，导入必要的头文件，Bridge.h 几乎应用于 Arduino Yún 的任何方面。FileIO.h 用于将数据存入 SD 卡，YunClient.h 和 YunServer.h 用于处理客户端/服务器操作。第 6 行，创建 YunServer 实例，后面会用到。

第 11 行，声明 setup( )。首先初始化串口，然后初始化 Bridge 和 FileSystem 子系统。最后启动 server。

第 21 行，声明 loop( )，但描述其功能之前，让我们来看看它调用的其他两个函数。一个用于将数据写入到 SD 卡，另一个检索来自 Linux 的时间戳。

getTimeStamp( ) 方法在第 72 行声明。当它运行时，它会创建 Process 类的一个实例。它还创建了一个名为 result 的变量，这是保存一个 Linux 命令结果的变量，此命令在名为 time 的进程中运行。它调用名为 date 的函数，执行 date 命令时，返回如下：

```
jlangbridge@desknux:~$ date
Fri 29 Aug 15:01:00 UTC 2014
```

它包含一些冗余信息，但我们只需要简短的日期和时间。可通过给指令添加一些参数来实现：

```
jlangbridge@desknux:~$ date +%D-%T
08/29/14-15:01:00
```

调用 date 时，程序在第 76 行带参数调用 time.begin( )。为了增加参数，第 77 行调用 addParameter( )。命令在第 78 行运行，等待 1s，然后读取命令的输出，数据存放在一个字符串中，最后返回到 loop( )。

第二个函数是 logResults( )，在第 58 行声明，该函数接收一个字符串参数并将数据写入 SD 卡中。它开始以 FILE_APPEND 方式打开 SD 卡中的一个文件，第 62 行验证文件是否打开成功。如果打开成功，数据被写入并在返回 true 之前关闭该文件，如果打开失败，则返回 false。

继续回到 loop( )，声明变量 dataString 并创建 YunClient 对象。变量 dataString 保存了时间、日期和光照传感器数据结果。第 26 行，将 getTimeStamp( ) 的返回值追加到 dataString

中。然后读取 A3 引脚的值，转化为字符串并追加到 dataString 中。第 34 行，变量 iteration 自加 1。如果值等于 20，则将数据写入到 SD 卡文件中。最后，第 48 行，程序检测客户端是否连接，如果连接成功则显示 dataString，并在 iteration 返回值为 0 之前关闭连接。

23.3.3　练习

本程序是以紧凑型传感器为基础，结合温度传感器和气压计，可以被用来创建一个无线气象站。再为设备添加一些部件，并在 Web 服务器上显示其值。

23.4　小结

在本章中，你已经学习了 Arduino Yún 开发板和 Bridge 库用来在 Arduino 微控制器和一个运行 Linux 系统的更强大的微处理器之间交换消息。在下一章中，你将看到用户和企业如何自定义库为 Arduino 增加功能，以及如何导入这些库来增加你自己的项目的功能。

第4部分

用户程序库和扩展板

本章需要如下设备：

- Arduino Uno
- Adafruit Si1145 接口板

正如你在本书中看到的那样，Arduino 库为平台添加了令人印象深刻的功能。它们为使用大量的电子元件和接口板提供了方便。在某些情况下，使用扩展板只需要简单地选择相应的库，但是情况并非总是如此。Arduino 生态系统在过去的那些年里增长迅速；它已经被用在大量难以置信的项目上。然而并非所有的项目都使用"标准"的组件，有一些需要特定的硬件。

当你导入一个库时，Arduino 可以获得更多的功能。例如，SD 库允许你用 Arduino 轻易地写入大量的存储格式，而本来这些是很难做到的。现在，这些可以通过导入函数来完成，这些代码可以帮助你和硬件通信，或者执行软件计算和动作。库通过导入相关函数来实现这些功能，并让它们对于程序可用。程序添加已有的标准 Arduino 库可以做到这些，但是它们也可以导入第三方写的库来实现。

24.1　库

那么究竟什么是库呢？Arduino 程序可以用 C 语言的形式来写，而一个库是一个简单的扩展，是用 C 或者 C++ 写的。当你在 Arduino 程序中创建一个函数时，你可以在同一个程序中调用它。库是一个函数集，并且可以在多个程序中重复使用。当你导入一个库，需要使用函数功能时，你可以调用一次、多次或者全部库中的函数。你也可以不调用函数，但是这有些浪费。

使用函数有几个优点。通过隐藏所有的长函数，你的程序将会变得更加简单。例如，如果要和一个新的外部组件沟通，库可以告诉你如何从组件中读取数据。首先，拉高这个输出电平，接着发现一些二进制数据，等待几毫秒，接收二进制数据、排序数据、进行一些计算，最后返回数据。所有的这些只为了返回温度或者紫外线指数吗？你总是需要遵循同样的过程，但是它可以通过一个函数来负责。通过将所有的这些代码放在一个函数里面，你的程序将变得清晰，并且因为程序可以调用一段代码多次，你甚至可以减少内存的使用，而不是多次复制相同的代码。它也让维护变得更轻松；如果你有几个程序使用相同的函数，更新这个库将使调用它们的程序可以立即使用它们。

24.1.1　查找库

通常，使用一个外部库最困难的地方是去找到它，即使这一点都不难。一些硬件开发商专门针对他们设计的扩展板或者接口板开发了库，而且这些库可以在他们公司的网站上找到。例如，Adafruit 往往针对他们的接口板有相关的教程，展示如何连接开发板及一些含示例代码的例子。在这些网页中，你很容易就可以找到他们为组件创建的接口库的下载链接。

一些电子组件不需要接口板，但是使用它们的库仍然十分复杂。在第 10 章你看到如何创建一个无线设备来帮助盆栽保持健康。DHT-11 温度传感器是一个相当复杂的设备，并且代码有点复杂。我不期望每个 Arduino 用户都能编写出这样的代码。为了帮助初学者使用这些设备，已经有一个 DHT-11 库存在。这同样也适用于其他电子组件。为了使用这些库，你需要在网上查看是否有可用的东西。

简单地来说库是源码文件，有专门的网站用于托管开源项目和管理源代码。这些网站允许其他用户获取源代码，如果需要的话可以建议更正代码。一个单一的开源项目有数百个开发者，每个开发者都可以提出修改或者将他们的代码添加到现有的项目。这类网站其中之一就是 GitHub（https：//github. com/）。

 注意　GitHub 的名字来源是开源代码管理软件 Git。Git 允许用户使用这个应用下载源码、上传修改，并且创建并行版本。虽然这个网站针对 Git 进行了优化，但你不需要使用这个程序，项目都可以以 Zip 文件格式下载下来。

在屏幕的顶部，GitHub 允许你搜索一些可用的项目。本章将使用 Silicon Lab 的 SI1145 紫外线传感器。在搜索框输入 "Arduino si1145"，然后按下搜索。这里有几十个结果，你可以按照 stars（项目的流行程度）、forks（这个库有多少次被用来创建另外的项目）或者 recently updated（项目最近的更新时间）修改结果的排序。默认的设置是 Best Match（最佳匹配），按照前面三项来创建最佳解决方案，并将结果显示在第一个。

 注意　Adafruit 也使用 GitHub 来管理它们的库。

最好的信息来源之一，不仅对于库，而且对于 Arduino 相关的一切，即是 Arduino 论坛。

24.1.2　导入一个库

要导入第三方库，你可以使用 Arduino IDE。当你访问 Sketch ➪ Import Library 菜单时，你有导入标准 Arduino 库的选项，但是在这里需要用的是 Add Library 菜单项，如图 24-1 所示。

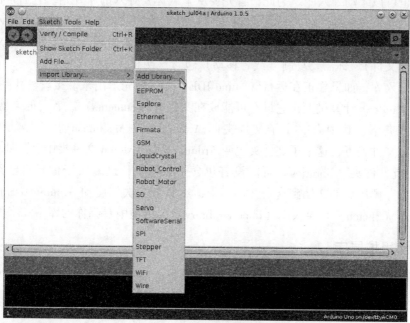

图 24-1　Add Library 菜单项

　　单击该菜单将会打开一个新的窗口，提示你选择要导入库的 Zip 文件或者文件夹。在 Linux 计算机中的窗口如图 24-2 所示。

　　Arduino IDE 可以识别两种不同的格式：Zip 压缩文件或者文件夹。你必须在压缩文件或者文件夹中选择一个来导入。

　　如果 Arduino IDE 可以导入库，当导入完成时，就会有一个消息提醒，并且这个库现在可以从 Add Library 菜单项中访问。如果 Arduino IDE 无法导入库，就会在应用程序底部的信息栏显示出错的简单说明。

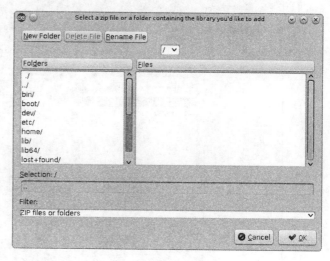

图 24-2　选择存档窗口

注意　Arduino IDE 可以导入名称格式正确的库。它可以处理 ASCII 字符，如字母和数字，并且一个库名不能用数字开头。此外，破折号（"——"）和下划线（"_"）也都是不支持的。在你尝试导入之前先检查一下库名。

　　此外，也可以手动导入库。为此，首先要从下载你要导入的库开始。它通常提供的是压缩格式，所以在下载压缩文件后你必须解压它。解压后的文件夹应该与你想导入的库名一样。在这个文件夹中，应该有一个或多个文件：. cpp 文件是源码，. h 文件是头文件（它可能还包含其他文件）。你需要复制（或者移动）包含这两种文件的文件夹。

　　要手动导入库，如果你正在运行 Arduino IDE，你必须先退出来。接着，找到 Arduino 库文件夹。在 Windows 计算机上，它最有可能放在文档（Documents）或者我的文档（My Documents）文件夹下，其中有一个子文件夹叫 Arduino。在 Macintosh 上，它会在你的文档（Documents）文件夹下，这个子文件夹也叫 Arduino。在 Arduino 文件夹中有另外一个文件夹叫 libraries。此文件夹（libraries）可能没有包含子文件夹，这取决于你是否已经导入其他库。复制并粘贴解压后的文档到这个文件夹中，然后下一次你启动 Arduino IDE 的时候，你就可以在程序（Sketch）⇨ 导入库（Import Library）菜单项中看到你的库。

24.1.3　使用扩展库

　　你已经导入你的库，现在是时候使用它了。但是你应该从哪里开始呢？你可以像导入其他 Arduino 库一样导入你的库。新的库将出现在导入库（Import Library）的底部，如图 24-3 所示。

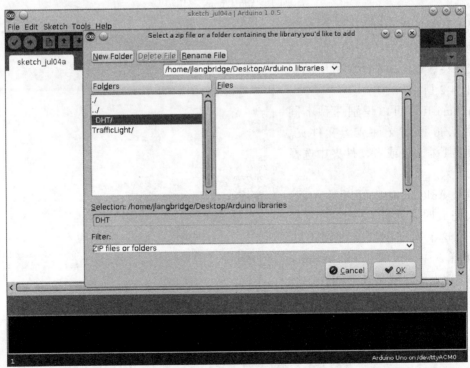

图 24-3　导入 SI1145 库

它所做的就是导入库。那么究竟如何让你的硬件工作呢？大多数的库都至少有一个示例程序，有的库有多个示例程序。下面是 Adafruit 创始人 Ladyada 写的 SI1145 示例程序。这是她的示例程序的摘录：

```
Float UVindex = uv.readUV();
// 指数乘以100
// 整数指数除以100
UV index /= 100.0;
Serial.print("US: "); Serial.println(UVindex);
```

这个例子非常简单。只有一个名为 readUV 的函数。Ladyada 也解释了为什么返回的数据要除以 100 的问题。这个函数被 uv 对象调用。这个调用在程序开始的时候创建，如下：

```
Adafruit_SI1145 uv = Adafruit_SI1145();
```

在此之后，在 setup( ) 函数里调用了另外一个函数：

```
uv.begin();
```

就是这样。你唯一需要做的事是去使用 SI1145。

如果没有可用的示例程序，那也不要紧。随着 Arduino 的开源特性，大多数库也是开源的，所以你可以阅读库的内容。这些文件虽然是用C ++ 写的，但是也很容易阅读，并且还可以用任何文本编辑器打开。打开 SI1145 库头文件（.h 文件）显示了如下的几行源代码：

```
class Adafruit_SI1145 {
public:
  Adafruit_SI1145(void);
  boolean begin();
  void reset();
  uint16_t readUV();
  uint16_t readIR();
  uint16_t readVisible();
  uint16_t readProx();
private:
  uint16_t read16(uint8_t addr);
  uint8_t read8(uint8_t addr);
  void write8(uint8_t reg, uint8_t val);
  uint8_t readParam(uint8_t p);
  uint8_t writeParam(uint8_t p, uint8_t v);
  uint8_t _addr;
};
```

类（class）名参考C ++类（class）。这成为你程序中的一个对象。这个对象包含变量和函数。它由几部分组成。私有（private）部分包含的函数和变量只对于类里面的成员可见。在程序中不能看到它们，也不能修改变量，或者调用这些函数。程序能看到的是公有（public）部分的成员。正如你所看到的，以前的函数都可以在这里找到，如 readUV( )，但是也有其他的函数，如 readIR( ) 和 readVisible( ) 以及 readProx( )。虽然 readVisible( ) 函数的功能似乎很明显，但是 readProx( ) 不清晰，而且也不能用在示例程序中。头文件很少有注释，所以你没有办法马上知道这个函数是做什么的。这是一个声明；它告诉编译器在某个 .cpp 文件里有一个函数，名为 readProx( )，所以在那里你可以找到答案。

这是在 C ++ 文件中找到的函数的前几行：

```
// 返回 "Proximinty"，假设LED指示灯连接到LED
uint16_t Adafruit_SI1145::readProx(void)
{
  return read16(0x26);
}
```

短短的几行注释，你可以告诉用户函数是做什么的。所以这个函数计算热指数，即人体感觉到的同等温度———一个可能对于气象站有趣的附加参数。

24.2　示例应用程序

在这个例子中，你将导入一个第三方库来使用硬件。

SI1145 是 Silicon Labs 生产的数字紫外线传感器。针对可穿戴市场，它紧凑、轻量而且超低压供电。这是一个专业性很强的解决方案，但是像大多数专业的解决方案一样，它需要多花点钱———不过，价格是可变的。这个设备不像 LM35 温度传感器需要一个简单的模拟读取；在你开始使用它之前，它需要很少的配置。设置时它提供一个高度可靠的读出。它不只是读取紫外线；它也读取可见光、红外光，并且和红外 LED 一起使用时，它还是一个近距离传感器。总而言之，这是一个非常先进的传感器，并且使用它会带来很多乐趣。

SI1145 很难在典型的 Arduino 项目中应用。这个元件是表面封装的，这意味着它不能直接放置到面包板上。为了让电子项目小一些，在设计元件的时候也尽可能的小，因此，很难通过家用设备将元件焊接到板上。这需要一些技能以及一些好的设备来手工焊接该元件。此外，它是 3.3V 供电，而不是通常 Arduino 的 5V 供电。为了让这个设备更容易使用，Adafruit 为 SI1145 开发了一个接口板，加入标准大小的引脚，并且添加了电压转换器，可以让它与 5V 的 Arduino 兼容。为了使它更容易使用，Adafruit 还创建了一个设计良好并容易使用的库。

首先，你需要做的第一件事是找到 Adafruit SI1145 库。你可以在 SI1145 接口板的信息页找到它：https://learn. adafruit. com/adafruit-si1145-breakout-board-uv-ir-visible-sensor/overview

从该页面，你可以访问 "Wiring and Test" 链接，你可以在那里找到链接到 Adafruit 的 GitHub 存储库：https://github. com/adafruit/Adafruit_SI1145_Library

在该页面，有几件事情要注意。图 24-4 显示了这个网页。

存储库可以处于一个恒定的改变状态；开发者可以添加、更改或删除部分代码，而且有的项目可能是每天更新，其他的可能是每小时更新。你可以看到存储库的内容，文件名、文件夹以及它们最后更新的时间。在底部，会显示 README. txt 的内容，会给出项目的一些重要信息。在右边，有一些统计信息，bug 报告的数量，以及连接到服务器来下载源码的不同方法。其中有一些涉及使用 Git 软件包，但是最简单的方法是单击右下角的 Download Zip 按钮。它对当前项目快照，将其压缩到一个 Zip 文件，并且下载压缩文件到你的计算机。

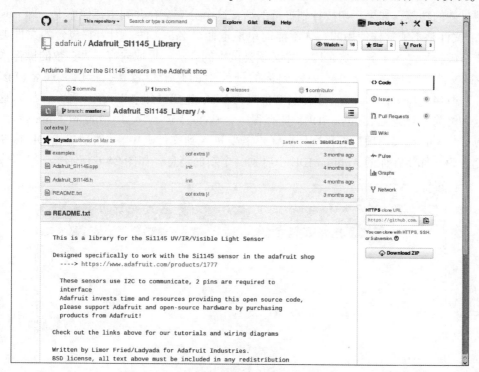

图 24-4　Adafruit SI1145 的 GitHub 页面

现在 Zip 文件已经下载了，它必须导入进去。尝试导入当前的库，文件名是 Adafruit＿SI1145＿Library-master. zip。打开 Arduino IDE，选择程序（Sketch）⇨ 导入库（Import Library）⇨ 添加库（Add Library），如图 24-5 所示。

此时，将会打开一个新的窗口。选择你要下载的 Zip 文件。没有成功？你应该在屏幕的底部看到一个错误信息。

这是一个在导入库的时候会出现的问题：命名约定。Arduino IDE 无法读取文件名中的破折号（"——"），为什么在这里会是这样的？Adafruit 并不这样命名它的库；如果你去浏览一下 Adafruit

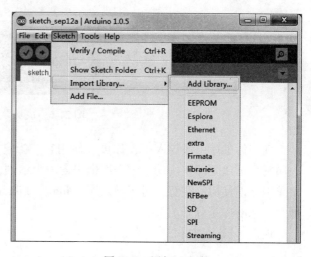

图 24-5　添加一个库

和 GitHub 上的网页，存储库的名字是 Adafruit_SI1145_Library，没有破折号。破折号是通过 Git 约定添加的，在压缩文件名的末尾添加了 - master。Git 存储库中可以有多个"分支

（branches）"，拥有不同的代码块——可以独立于其他代码进行修改。这被用来在一个时间段里测试新的功能，如果一切按计划进行的话，这个分支会合并到主存储库上，即 master。

　　Zip 文件是不能这样使用的。你不能简单地重命名 Zip 文件，因为它包含的文件夹的文件名带有破折号。为了导入这个库，你必须尝试别的方法：提取内容。大多数的操作系统都支持 Zip 文件。解压 Zip 文件的内容到你的硬件上的某个位置。执行后文件名应该是叫 Adafruit_SI1145_Library-master。重命名文件夹为**Adafruit_SI1145_Library**。现在，导入这个文件夹。和之前一样，到 Arduino IDE，选择程序（Sketch）⇨ 导入库（Import Library）⇨ 添加库（Add Library）菜单项。选择文件夹（不需要进入到文件夹中），然后单击 OK 按钮。如果一切正确，你将在你的 Arduino IDE 中看到一个新的消息，如图 24-6 所示。

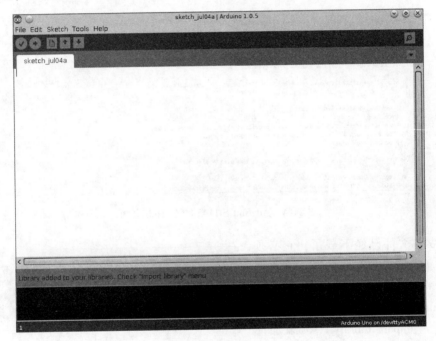

图 24-6　成功导入库

　　现在你的库已经导入了，你可以使用它。当它显示在导入库（Import Library）菜单时，表明它是可以立即使用的。这个库也包含一个示例，可以从文件（File）⇨ 示例（Examples）菜单中立即使用。注意，对于导入库（Import Library）和示例（Example）两个菜单项，扩展库与标准库是分开的。

　　现在，载入 SI1145 示例程序如下：

```
1    /***************************************************
2     This is a library for the Si1145 UV/IR/Visible Light Sensor
3
4     Designed specifically to work with the Si1145 sensor in the
5     adafruit shop
```

```
6      ----> https://www.adafruit.com/products/1777
7
8      These sensors use I2C to communicate, 2 pins are required to
9      interface
10     Adafruit invests time and resources providing this open source
         code,
11     please support Adafruit and open-source hardware by purchasing
12     products from Adafruit!
13
14     Written by Limor Fried/Ladyada for Adafruit Industries.
15     BSD license, all text above must be included in any redistribution
16     *********************************************************/
17
18  #include <Wire.h>
19  #include "Adafruit_SI1145.h"
20
21  Adafruit_SI1145 uv = Adafruit_SI1145();
22
23  void setup() {
24    Serial.begin(9600);
25
26    Serial.println("Adafruit SI1145 test");
27
28    if (! uv.begin()) {
29      Serial.println("Didn't find Si1145");
30      while (1);
31    }
32
33    Serial.println("OK!");
34  }
35
36  void loop() {
37    Serial.println("====================");
38    Serial.print("Vis: "); Serial.println(uv.readVisible());
39    Serial.print("IR: "); Serial.println(uv.readIR());
40
41    // 如果你将红外LED连接到LED引脚,请取消注释
42    Serial.print("Prox: "); Serial.println(uv.readProx());
43
44    float UVindex = uv.readUV();
45    // 指数乘以100
46    // 整数指数除以100
47    UVindex /= 100.0;
48    Serial.print("UV: ");  Serial.println(UVindex);
49
50    delay(1000);
51  }
```

现在,是时候仔细看看这个程序了。在第 1 ~ 16 行,作者写了一个注释。这是示例的常用解释,包括组件是干什么的,还包括一些软件的许可信息。BSD 许可证允许你直接将代码应用到你的项目中。只要你信任原作者,并且在代码没有按预期工作的情况下不对作者采取

法律行动，你就可以使用这个库。

第 18 行，导入了 Wire 库。这是用来进行 I²C 协议通信的库，而且它也是 SI1145 通信的协议。第 19 行，导入了 Adafruit SI1145 库。

第 21 行，创建了一个名为 uv 的 Adafruit_SI1145 对象。这个对象将用来访问传感器信息。

第 23 行，声明了 setup()。像大多数的测试 Arduino 程序一样，它打开了串行口来允许简单的调试。第 28 行，uv 对象调用了 begin()。通常情况下，begin() 函数用于初始化端口、设置电平所需的状态或者发送配置给芯片。SI1145 是一个 I²C 设备，所以在这里不需要设置 I²C 总线；它是通过导入 Wire 库完成的。它有一个固定的地址，所以在这里不需要额外的配置。它不需要额外的引脚，所以不需要这样做。它需要大量的参数来发送给设备，才能让它正常工作。这就是 begin() 做的事。对于这个库，它也检测设备是否存在，这是一个非常好的额外动作。我们很容易地就错误连接设备。如果该函数返回 true，表示传感器是存在的，它可以在程序的其余部分运行之前，确保你已正确设置一切。

第 36 行，声明了 loop() 函数，这是有意思的地方。在这里调用了多个函数，第 38 行调用了 readVisible()，第 39 行调用了 readIR()，第 44 行调用了 readUV()。readVisible() 函数返回当前环境光线水平，readIR() 返回当前的红外线水平。Adafruit SI1145 接口板没有附带红外 LED，但是如果你想用的话，它有一个连接器。对于那些想做这个的人，可以使用另外一个函数（但是在这个例子被注释掉了）：第 42 行的 readProx()。

这是一个精心设计的库的例子：一是很容易在 begin() 函数中导入接口板检测，另外便是可以与梦幻般的硬件一起工作。SI1145 是一个很好的传感器，Adafruit 一直在努力创建好的接口板和好的库来配合它。

24.3　练习

你已经看了这个库，你只需要几行代码就可以使用新的硬件。SI1145 是一个强大的设备，可以替换大多数应用中的光敏电阻（LDR），还拥有接近传感器的优点。当然，有一个可以给出精确的紫外线水平的设备，对于用来保护皮肤的可穿戴设备来说是一个巨大的优势，对于成人和孩子都是如此。你可以监测什么时候你会有足够的阳光，或者什么时候孩子在户外玩耍是不安全的。在你阅读本书的时候，你可以试着将这个设备添加到你的项目中。一个紫外线传感器对于气象站总是一个非常好的附加组件，并且也是不错的户外传感器。

24.4　小结

在本章中，你已经知道了第三方库是什么，你可以从哪里找到它，以及如何运行示例程序，所有这些旨在帮助你启动和运行。你已经知道如何从库中获取不同函数的信息——它们在做什么、它们返回什么值。你已经知道如何把它们导入到 Arduino IDE，还知道如何将它们用到你的项目中。库通常被用来给扩展板添加功能，在下一章中你将会看到如何为你的项目设计、创造扩展板。

第25章

创建你自己的扩展板

读到这里，相信你已经知道了 Arduino 的强大之处。不仅有大量的输入输出引脚，还可以实现一些高级功能，但是它真正的强大并不在此，而是扩展板。一款 Arduino 可以通过增加电子元件或连接器来扩展其功能。现在市面上已经有很多很好的扩展板，比如有带 WiFi 连接的，带以太网的，带 LCD 和 TFT 屏幕的，具备更多输入输出的，用于机器人控制的以及简单的原型。

即使市面上已经有很多种类的扩展板，但是有时你还是需要制作你自己的。不用担忧，这不是魔术。一些业余爱好者一听见自己画 PCB 就害怕了，其实现在有很多工具让这一切变得很简单了。无需购买昂贵的机器和乱七八糟的化学用品，甚至画 PCB 的软件都是免费的。如果你已经会在面包板上搭电路，那么制作扩展板对你来说已经完成一半了。

25.1 创建一个扩展板

有很多可靠的 Arduino 扩展板，它们要么是 Arduino 制作的，要么是兼容 Arduino 的供应商制作的，还有一些是发烧友自己制作的。既然有这么多扩展板可以用，为什么我们还得自己制作呢？简单来说，就是你可以拥有你自己唯一需要的硬件。有时候你只需要一个具备数字记录功能的扩展板，并不需要那么多其他组件，或者你无需那么多输入输出引脚等，都可以是你制作自己的扩展板的原因。还有就是，当你用自己的扩展板做应用时，那种心情，难以言状。

25.1.1 想法

想法，是一切开始的源头。这个想法通常来自于你办公桌上的面包板和几个元器件。大型项目可能需要 100 根以上的导线来连接元器件。尽管这个项目开发起来很巨大，但是并不能长久。试想一下，你给家里做了一个数据记录仪，并打算把它隐秘安装在天花板上或安装在墙上。或许你已经想过这些事情了，你需要布线，你要安装 Arduino 和包含整个项目的面包板（包括温度传感器、湿度传感器、EEPROM 数据记录器、气压传感器），你还要连接所有的组件。如果这个项目再大一点，那么导线就更多了，面包板就更加凌乱，乱糟糟的，你很难分清哪根线接哪个元器件，即使能找出来，也是劳民伤财。更糟的是，这只能记录一个房间的信息，你还需给卧室、浴室和阁楼各安装一个，你自己想象一下，这需要花费多久时间？

因为面包板都是一样的，所以制成扩展板就再合适不过了，并且也十分容易。因为你在面包板上设计过电路，所以制作电路原理图就显得很简单了，这将在第 25.2 节讲解。所有的元器件在扩展板上设计比在面包板上设计更加稳定和便捷。没有那么多的导线飞来飞去，元器件也不会那么容易脱落。一个比面包板干净、简洁、稳定的扩展板就诞生了。如果你以前用此方法改装过你家，现在你还可以增加一些传感器到新房间，十分方便。

25.1.2 必备硬件

只要你的计算机上有 Arduino IDE，你所需的硬件就已经准备好了。在过去，你必须要有透明胶卷、紫外线灯、三氯化铁以及熟练的技术。当时还不能在计算机上制作，必须手动刻线。先在透明胶卷上印制或绘制电路，然后放在光刻胶覆铜板上。再然后把这些放在紫外线灯下照射，去除没有被保护的光刻胶部分，露出敷铜部分。然后把这个板子浸入三氯化铁中，这种试剂可以给任何东西上色，一般是明亮的橙色。当做完这些事后，就需要清洗板子，最后就是在你需要放置元器件的地方打孔即可。

现在，这些事都由专门的工厂代劳了，他们做出来的比我们自己在家制作的好很多，十分专业。比如 Fritzing 公司就是。

25.1.3 必备软件

本书所有的电路实物图都是由 Fritzing 制作的。它是开源的，你可以免费使用，从制作电路板连线图到电子原理图，只要是硬件设计，它应有尽有。Fritzing 有 Windows 版、Mac OS 版以及 Linux 版，你可到 Fritzing 官网 http：//fritzing. org 下载。

Fritzing 中有很多组件，包括标准电阻、LED、面包板、大多数 Arduino 板以及很多很高级的组件，如 PCF8574，这将在 25.2 节介绍。当然，组件太多，不胜枚举，所以一些公司和制造商创建了用户组件库。如 Adafruit 公司提供的组件库，你可以通过 Fritzing 来使用这些库，完成你的设计。

一个 Fritzing 工程包含几部分：面包板设计、电子原理图和 PCB。然后你可以把这些文件发送给 Fritzing 公司进行生产，你可以通过该软件直接订购你的扩展板。

Fritzing 操作界面十分简单。当你打开该软件，就进入主界面。在屏幕顶端，你可看见四个具备特殊功能的按钮。默认情况下，你刚进入该软件时，是在欢迎界面。然后，你可以用虚拟组件在面包板视图下创建一个虚拟面包板。接着，在原理图视图下创建电子原理图。最后，在 PCB 视图下创建 PCB。

界面的右边有两个视图：部件和检查。部件就是你能够找到电子组件（如电阻、导线以及面包板和 Arduino 等）的地方。检查面板是用于更改组件的某些特征值的，如更改电阻的阻值。

25.2　你的第一个扩展板

在本书中，你已经使用了一些库和别人制作的扩展板。现在你将更进一步学习制作你自己的扩展板！本节介绍设计扩展板的主要步骤以及教你如何设计自己的扩展板。要使用扩展板，你需要创建一个软件库，这将在下一章介绍。

所以，可以制作什么样的扩展板呢？或者说，什么样的扩展板不能被设计呢？现在市面上有太多不同的扩展板，因此无法一一列举。本章我们要设计一款什么样的扩展板呢？在本章中，你将设计一款更多引脚的 Arduino 扩展板，你会问为什么要增加引脚呢？难道 Arduino 的引脚还不够用？我见过很多工程都觉得引脚不够用，就连 Arduino Mega2560 都没有足够的输入输出引脚，引脚越多越受欢迎。如果你的扩展板还支持 I^{2}C 协议，就更好了，因为它只占用很少的引脚。

市面上有很多兼容 I^{2}C 的组件，你可在本工程中用 PCF8574AP 组件。它是一款 8 位 I/O 的扩展器，可给一个 I^{2}C 总线增加 8 个输入和输出引脚。这款 Arduino 已经内置了一个 I^{2}C 总线，所以无需其他组件。

在使用一款新组件时，你需要下载它的数据手册看看，这个组件由 NXP 公司生产，其官网有该数据手册的链接 http：//www. nxp. com/documents/data_sheet/PCF8574_PCF8574A. pdf。这里从数据手册中摘录了一段。

该设备由一个 8 位准双向端口组成，100kHz 的 I^{2}C 总线接口，三个硬件地址输入以及在 2.5 ~ 6V 之间中断输出。准双向端口可以被单独配置为一个监视器的中断状态输入口或键盘输入口，再或者是作为激活指示器装置（如 LED）的输出。系统主机可以从输入端口读取数据，或通过一个寄存器写数据到输出端口。

这一段文字告诉你很多关于该组件的信息。第一个是 I^{2}C 的速率，即 100kHz。I^{2}C 有三个地址输入，这就意味着可以设置地址的三位，支持同时使用几个组件，或者在重负荷的 I^{2}C 总线上简单配置地址即可。

另一个重要的信息是输入输出可以工作在 2.5 ~ 6V 之间。Arduino 采用两种电压：3.3V 和 5V。该扩展板无需电压转换器就可以兼容这两种电压类型的 Arduino。

接下来，摘录提到准双向端口，那么什么是准双向端口呢？输入端口是可以读取引脚的电压，而输出端口是可以设置引脚的电压。理论上，双向端口是一种可以同时设置输出电压和读取输入电压的端口。当输出被设置成逻辑 1，即 5V 时，输入被设置成逻辑 0，即接地。在这种配置下，一般容易引起该引脚因设置为高电平而不能直接接地，不然会短路，损坏组件和扩展板。但准双向端口不仅解决了这个问题，还允许组件在这种方式下很好地工作。准双向端口的引脚可以吸收大电流（几十毫安，远大于 LED 的驱动电流），但是它提供的电流很小（有时只有几十微安）。在短路时，准双向端口就相当于一个大电阻，用于限流。当然，优点显而易见，使用方便，无需把引脚设置成专门的输入输出，但缺点就是该引脚

（准双向端口引脚）不能用于所有组件的电源，因为它根本无法传递足够的电量，甚至连 LED 都无法点亮。那么数据手册为什么提到输出设备如 LED 呢？对于此，准双向端口仍旧可以使用，只不过不是接组件的电源，而是接地。比如点亮 LED，以前是输出高电平，现在是当输出低电平时才能点亮 LED 或使用一个晶体管来驱动 LED。这部分内容留给读者自己扩展，你现在的任务是设计一个包含组件和连接器的扩展板。

25.2.1　第 1 步：面包板

面包板的伟大之处在于可以用来测试电路和验证想法。在面包板上搭建、增加、改变、复制电路十分简便，大多数工程都是从面包板上开始的，甚至相当专业的 Arduino 应用也是如此。

如果只是设计一个简单电路，用一个面包板就可以很快完成。但是，面包板设计和软件设计有所不同。在前面的设计中，组件是原样输出，要使用该输出，你需要连接面包板的某一连接器。在设计扩展板时，你应该尽量保证连接器一致。我将在 25.2.3 节介绍其原因。

本次设计需要 2 个 PCF8574AP 芯片、1 个 16 针的接口或 2 个 8 针的接口，你还可以随意增加几个接口来指明 I^2C 的地址。请注意，PCF8574AP 需要设置引脚的电平，以此确定其地址。这可以通过扩展板上引脚的实际连线实现，这是"硬连接"；也可以通过跳线的方式实现，这是"软连接"。本次设计中，采用"硬连接"方式，你也可以通过增加接口和跳线的方式来实现，就当作一次练习。引脚如图 25-1 所示。

打开 Fritzing 软件并进入面包板视图模式。默认情况下，在视图的中心位置已经有一个面包板了，也就是一个新的工程。转到部件面板，在放大镜图标处输入"PCF8574AP"文字，查找 PCF8574AP 芯片，结果将在下面显示。你可以直接拖动元件到面包板中。在面包板上放 2 个 PCF8574AP 芯片和

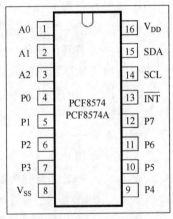

图 25-1　PCF8574AP 引脚布局

接口。沿着面包板的轨迹连接 Arduino 的 +5V 引脚和地引脚，然后连接芯片的电源和地。16 脚是电源 V_{DD}，8 脚是地 V_{SS}。这是芯片的公共部分。接下来，连接 I^2C 总线。记住，A4 引脚是 SDA，A5 引脚是 SCL。把这两个引脚接到面包板上，如图 25-2 所示。然后，通过 1、2、3 脚设置芯片的地址。本例中，设备 0（左边）地址码为 000（全低），设备 1（右边）地址码为 001，也就是 A0、A1 为低，A2 为高。无需在面包板视图下也可实现，比如使用顶部和底部电源线，也可实现，只是比较麻烦，如图 25-3 所示。

面包板视图是可视化的，并不复杂。最后一件事就是连接这两个接口，每一个需要 8 根线。这看起来很凌乱，但是你不必担心，当你连线完成后，你可以使用一种更好的方式浏览你的电路。

连接两个设备的所有 8 个输入/输出引脚：P0 ~ P7 到每个接头，如图 25-4 所示。你可能已经注意到我的布线了，左边有些凌乱。I^2C 的布线要做到很简洁还是比较困难的。这是

一个慢工出细活的事，你需要花时间去调整。但是记住，面包板原理图只需要把这些组件连接起来，并不需要知道电子元器件背后的设计。

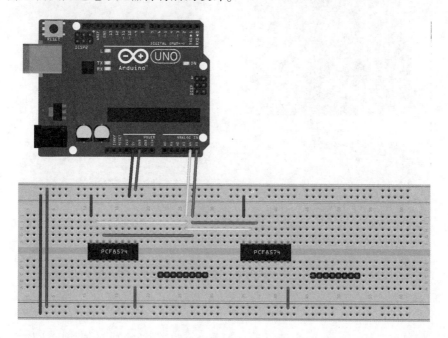

图 25-2　电源和 I^2C 连线（Fritzing 制作）

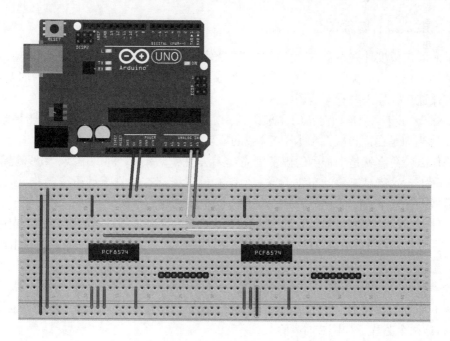

图 25-3　I^2C 地址设置（Fritzing 制作）

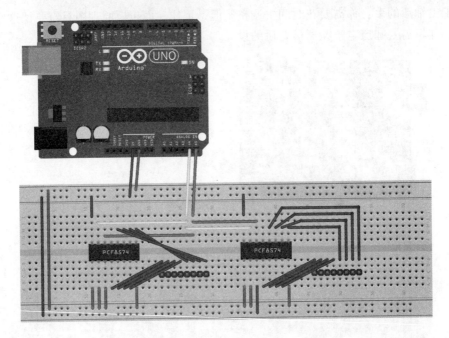

图 25-4　面包板最终布局（Fritzing 制作）

现在，你已经完成了一个面包板设计，但是如何把它转换成扩展板呢？你可以直接转换，但是在此之前，需要先看看原理图。

25.2.2　第 2 步：原理图

要看懂面包板设计并不容易。集成电路左下角的引脚被拉低，但是这个引脚是地吗？还是它只是一个地址引脚呢？要是没有丰富的集成电路经验，这是很难辨别的。所以要知道电路具体怎样连接，你需要看原理图。

Fritzing 软件有一个自动更新的原理图视图。要进入原理图视图模式，单击原理图选项卡即可（你当前是在面包板选项卡下），我的原理图如图 25-5 所示。

这是什么？简直就是工程师的噩梦，完全无法理解。引脚之间的虚线，纷繁复杂，纵横交错。实际上，这就是有效的布线，每一个该有的连线都有，只不过还需要花点时间整理。在原理图视图模式下，你的任务就是以某种方式重新创建组件间的连接，使其便于阅读。鼠标移到组件上，组件变成灰色背景即表示选中。鼠标右键单击组件，将打开一个支持某些操作的菜单，其中用得最多的是旋转和反向操作。如果你要拖动组件，鼠标左键单击组件拖动即可。无论怎么调整组件的位置和连线，这些连线都会有一些交叉，所以尽可能让组件间的交叉线少一些即可。即使有一些交叉线，在制作 PCB 时这些交叉线会被分类，所以无需担心。在我的原理图视图中，我尽量移动这些组件，使其看起来更加清楚，并且我也开始连接 Arduino 和这两个芯片，如图 25-6 所示。

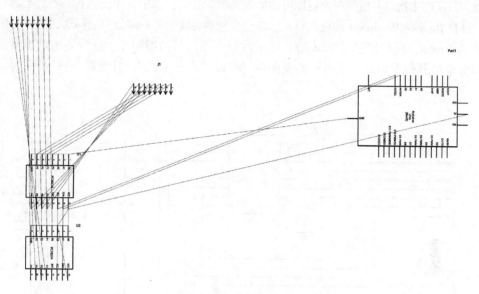

图 25-5　默认原理图视图（Fritzing 制作）

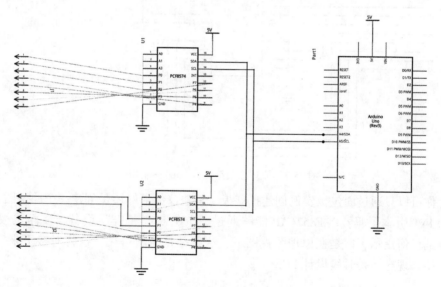

图 25-6　开始设计原理图（Fritzing 制作）

　　根据面包板上的连线，我已经在不同引脚之间做了一些连接，现在，你的任务是在不同引脚间画一条实线。Fritzing 会帮助你完成这项工作。把你的光标放在上面的任何一个引脚上，它将变成蓝色，单击并按住鼠标，这样你就可以绘制一条连线。Fritzing 会把你需要连接的那个引脚变成红色，便于你连接。

　　在两个引脚之间画一条直线，可能会穿过其他线或组件。不必担心，你可以单击连线创建一个拐点（bendpoint），尽可能让连线保持水平或垂直，这样有利于原理图的阅读。如果你需要移动拐点，只需选中拐点并拖到新位置即可，如果要删除拐点，选中并单击鼠标右键，会弹出一个菜单，选择 Remove Bendpoint 即可。移动部件会自动地将线的第一部分向上移动到第一个拐点。

大约 10min，我就创建了如图 25-7 所示的原理图，与初版相比，这次更加清晰易读，并且可以分享给其他发烧友，或者有需要的话，可以征求一下别人的建议，进一步完善。

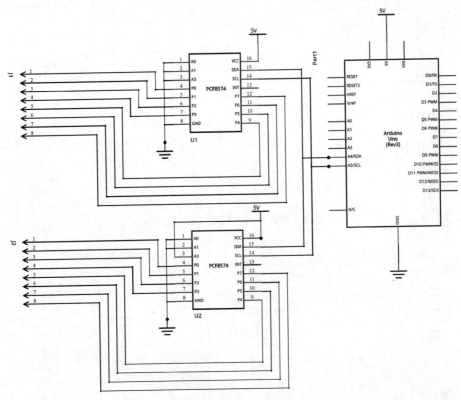

图 25-7　原理图最终版（Fritzing 制作）

尽管你可以只通过面包板实例创建扩展板，但建议你最好还是创建一个原理图。你注意到芯片的 INT 引脚了吗？PCF8574AP 能够通过一个中断"警告"设备。在面包板视图下，不可能得到任何提示，但是在原理图视图下，这些都是清晰可见。这将对接下来的 PCB 设计十分有用。现在，是时候设计 PCB 了。

25.2.3　第 3 步：PCB

设计扩展板最核心的部分就是设计 PCB。这也是设计过程中最为复杂的部分，幸运的是有 Fritzing 的帮助，所以并不是太困难。

设计一款 PCB，几乎涵盖所有电路知识。在原理图视图下，连接器放左边一些还是右边一些并无大碍，这只是偏好问题，比如我一般把连接器放在靠左边一些，主要是因为 Fritzing 启动后连接器就在左边了。但是对于 PCB 而言，就不一样了。比如，Arduino 接口必须放在指定位置，不能移动。幸运的是，Fritzing 将帮你完成设计。

当你打开 PCB 视图时，你会看见放置了独立组件的黑色屏幕。同样，你会看见不同引脚间或组件间是用虚线连接起来的。在屏幕中间，Fritzing 已经放置了一个扩展板框，默认情况是 Arduino Uno 的布线框，但是这可以更改。Fritzing 能够创建几乎所有的 Arduino 类型。选中并单击屏幕上的板子，在检查器的右下角选择板子的类型。本例中，你可以创建一个没有 ISCP 接口的 Arduino Uno 的扩展板。

这个特定的扩展板已经放置了正确的接口，所以你无需再放置。但是，你必须放置这两个芯片和这两个接口。这就是你必须在面包板视图下使用接口的原因，这样组件才是可见的。如果你已经用线连接了其他设备，那么接口就不必再添加了。

把接口放在左边沿线附近，但是不要靠得太近。接着，把芯片放在板子上，尽量使交叉线少一些。多使用旋转功能，这样可以把组件放在更好的位置上。

PCB 表面或内部有一处或几处敷铜的地方。普通的 PCB 有一面敷铜，也就是所谓的单层板。更高级的 PCB 两面都敷铜，即为双层板。由于你的计算机主板可能有更多层，所以计算机主板相当高级。连接组件的不是面包板上的线，而是 PCB 上的铜线。Fritzing 可以制作双层 PCB，也就是它能够连接两面的元器件。

与原理图视图相反，PCB 中在同一边的连线不能交叉。如果不能绕线，你可以在其上方或下方走线。这会有些麻烦，但是 Fritzing 有自动布线功能，所以你不必担心。自动布线将自动连接组件，并且通常可以布得很好，但是还是需要做一些小的调整。

你可访问 http：//www. wiley. com/go/arduinosketches，对照一下我的设计。

制作扩展板的最后一步就是把它寄给生产商进行刻板。你只需单击右下角的 Fabricate 按钮，然后选择所用的 PCB，这个 PCB 设计就发送到 Fritzing 的工厂了。

Fritzing 将检查你的设计，但只是针对大问题，如短路、设计问题或忘记连线等。几天后，你将收到专业定制的扩展板。接下来，就开始准备下一场"探险"吧。你已经制作了一款扩展板，现在，你必须为这个扩展板创建软件。这将在下一章介绍。

制作 Arduino 扩展板不仅可以很好地学习电子知识，还可以挣钱。一些公司不仅出售 Arduino 扩展板，而且在电子网站上也做一些私人订制。一般 Arduino 扩展板只能工作在 Arduino 平台上，但是，也有例外，有些扩展板可以在 Arduino 兼容的平台上工作，尽管它们不是 Arduino，也不能通过 Arduino IDE 编程，比如 Atmel 公司的 SAMA5D3 测试版。Atmel 公司为 Arduino 扩展板提供大量的微控制器，并且也针对专门应用设计一些高级的处理器。只需 Arduino 扩展板，SAMA5D3 就可以运行 Linux 或安卓系统。

25.3　小结

在本章，你已经知道如何使用 Fritzing 软件来制作你自己的扩展板了，开源资料可以帮助你创建原理图和制作专业品质的扩展板。你已经制作完成了增加输入输出的扩展板，但是，若要使用你的扩展板，你需要编写软件来控制这些组件，这将在下一章介绍。在下一章，你将学会如何用 Arduino IDE 创建你自己的库，并学习如何封装它们，以便于分享给其他人。

第26章

创建你自己的库

本章讨论如何去创建你自己的库。你可以在 http：//www. wiley. com/go/arduinosketches 的 Download Code 选项卡中下载本章的代码，代码存放在 Chapter26 文件夹，文件名是 chapter26. ino。

Arduino 从成立起取得了巨大的成功，有几个原因。成本，当然是任何项目的一个重要标准。持续的研发也很有帮助，但是今天我们所说的主要原因之一是简单：项目的开放性。Arduino 社区非常活跃。只需要看看 Arduino 论坛、Google + 群组，或者是世界各地的 Arduino 活动。这个社区不断地推动平台的发展，无论是让工具工作在新的电子元器件、接口板上，还是发现和创造它们自己没有的东西。在第 25 章，你创建了自己的扩展板，现在你将创建自己的库。

26. 1 库

你可以在多个应用上使用库，但是存在两个主要的用途。一个是特定的程序，如温度转换、数据处理或者硬件 I/O。另一个用途是支持特别的硬件，简化程序，以及让硬件易于使用。本章将介绍这两种类型的函数库。

26. 1. 1 库基础

当你导入一个库时，你导入了一个 . h 文件，即头文件。这是一个描述C ++ 文件（扩展名为 . cpp）是什么的文本文件。头文件被用于大部分 C 和C ++ 项目。对于 Arduino 程序来说不是必需的，但是对于库来说是必需的。这是一种告诉编译器在C ++ 文件中有什么内容以及如何使用它。对于开发者来说，这也是一个很好的方法来展示库里面包含的内容；每一个都只有短短的几行。

26. 1. 2 初级库

函数库是学习创建库的入门，它们包含简单的函数——类似于你在主程序中写的函数。

别担心，在 26. 1. 3 节你将学到创建高级函数。现在，这个只包含一个简单的函数，并且它们的头文件很简单。

　　你可以演示如何使用一个带有函数调用的潜在库。你可以使用 Arduino 来计算生命、宇宙以及任何事情的最终答案。幸运的是，道格拉斯·亚当斯已经在《银河系漫游指南》中回答了这个问题：一个超级计算机在计算了 750 万年最后得到了答案：42。幸运的是，Arduino 快速地给出了这个答案，并且函数看起来是如此简单：

```
int theAnswer()
{
  return 42;
}
```

　　看起来很简单，是不是？唯一困难的是让这个函数变成一个库。它需要一些东西来让它可用。首先，你必须考虑库的名称，以及包含文件的文件夹名。取名是一件很重要的事，因为这个名字也将显示在导入库（Import Library）菜单中。试着为你要创建的库想一个意图明确的名字，无论是组件名称、函数，还是程序。你的库的用户将依赖于这些。对于这个例子来说，使用的是**theAnswerToEverything**。

　　在你的桌面或者你容易访问到的地方创建一个包含这个名字的文件夹。接下来，你需要创建两个文件：源文件和头文件。Arduino IDE 不能直接打开或者直接保存 C ++ 文件和 . h 文件。这个可以由标准的文本编辑器或者 IDE 来创建。Code:: Blocks 是一个可以工作在多个平台的免费的 IDE，包含 Windows、Linux 和 Mac OS 操作系统。它可以从 http: // www. codeblocks. org/downloads 下载。

　　头文件是一个包含你将要编写的函数描述的文件。它的名字与其所在的库和文件夹的名称一样重要。例如，你导入 EEPROM 库，你需要这样的一行代码：

```
#include <EEPROM.h>
```

　　这是头文件。通常情况下，它和文件夹名保持一致，但并非总是如此。例如，当导入 WiFi 库时，你将会看到这些：

```
#include <WiFi.h>
#include <WiFiServer.h>
#include <WiFiClient.h>
#include <WiFiUdp.h>
```

　　几个不同的头文件都在这个文件夹里面，并且如果你使用 IDE 中的导入库（Import Library）功能，所有的头文件将会被自动导入。如果命名得好，它们很清楚地说明它们做什么，因此如果需要的话，使用该库的人可以知道这个头文件是做什么的。试着想象一下另外一个名字：

```
#include <stuff.h>
```

　　这是不清晰的，并且用户不知道该库是做什么的。记住，要保持你的库名准确、清晰。

　　首先，创建一个名为**theAnswerToEverything. cpp** 的源文件。源文件是用 C ++ 写的，并且

有一个扩展名 .cpp。添加以下内容到该文件，并保存：

```
int theAnswer()
{
  return 42;
}
```

这里只有这样一个函数：它不带参数，并且返回一个整型值。Arduino IDE 仍然不知道这个函数；它必须被声明。创建一个名为 theAnswerToEverything.h 的新文件，并添加下面的内容：

```
int theAnswer();
```

你看到区别了吗？它具有相同的结构，只是用分号立即结束该行，替换了括号内的源代码。这是声明。它告诉编译器这个函数存在，它返回一个整型值，并且不带有任何参数。如果调用时，编译会在 .cpp 文件中找到源代码。

这里也需要另外一行代码，并且将它添加到文件最开始的位置：

```
#include "Arduino.h"
```

这将导入 Arduino 头文件，让你访问 Arduino 常量和类型。在你的程序中你会自动地添加，但是对于库来说，你必须手动添加此语句。

唯一剩下要做的事情就是导入你的新库。在 Arduino IDE 中，选择程序（Sketch）⇨ 导入库（Import Library）⇨ 添加库（Add Library），如图 26-1 所示。

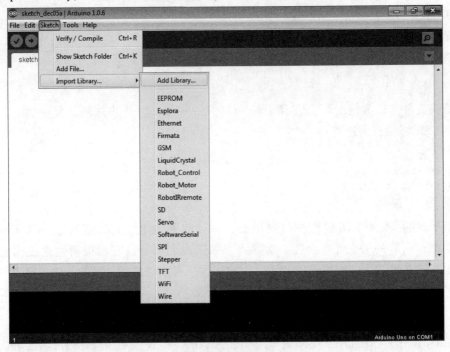

图 26-1　导入一个库

选择包含你的库的文件夹，并将其导入。如果一切顺利，Arduino IDE 将会通知你导入完成。你可以通过程序（Sketch）⇨ 导入库（Import Library），看到一个新的库，如图 26-2 所示。

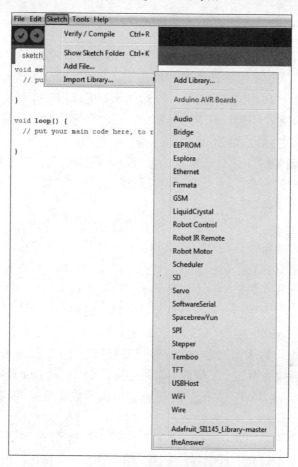

图 26-2　已经添加一个新的库

现在，这个库已经导入，是时候对其进行测试了。创建一个新程序，并从程序（Sketch）⇨ 添加库（Add Library）⇨ theAnswerToEverything 添加你的库。这应该会添加下面的一行：

```
#include <theAnswerToEverything.h>
```

在这里添加后，现在是时候使用之前创建的函数。在 setup() 中添加下面的代码，调用库中的函数：

```
void setup() {
  // 把你的设置代码放在这里,运行一次
  Serial.begin(9600);
  Serial.print("The answer is ");
  Serial.println(theAnswer());
}
```

编译它来确保一切工作正常。然后上传到你的 Arduino，并查看串口输出。恭喜！你已经创建了你的第一个库。

26.1.3　高级库

前面的例子只用了一个简单的函数，但是 Arduino 库可以有更多的函数。你已经看到了如何初始化 Arduino 扩展板，通常是通过一些特定的硬件引脚。例如，当使用 Servo 库时，用户必须指定哪个引脚连接到伺服电动机。随后，函数可以用于控制伺服电动机，但是用户不必告诉驱动程序使用哪个引脚。其理由很简单：驱动程序将数据存储在存储器中，因此用户不需要每次都去指定它。怎么做？通过 C++类。

C++编程是面向对象的。什么是对象？它可以是很多东西，但主要的，它是变量和函数的集合，所有的都放到一个 C++类中。类提供模板；它没有定义任何数据，但定义了数据类型。然后通过使用类模板创建一个对象。

想象一下红绿灯。它有三个指示灯：红色、黄色和绿色。物理上，三个灯被连接到微控制器，并且微控制器发出指令到每个输出引脚；打开红灯，关闭黄灯。交通灯是物理对象。如果你创建第二个交通灯，它是第一个的副本；它们完全一样，具有相同的硬件，并且有与第一个交通灯一样的程序，但是它独立于第一个交通灯。这类似于一个软件对象的概念。在软件中，对象是一个在内存中包含数据和功能的结构，它们都包含在一个包中。在这种情况下，想象一个交通灯（trafficLight）对象。这将有几个函数来使之工作，并且有几个变量来帮助它保持跟踪其状态。如果你创建一个交通灯并且将它连接到 Arduino，你就可以创建一个 trafficLight 对象。连接到第二个，你就可以创建第二个 trafficLight 对象，依此类推。

一个对象是通过 C++类来定义的。类是一个包含函数、变量和构造函数的代码结构。下面是一个示例。

交通灯要工作需要三个引脚：一个控制红灯、一个控制黄灯、一个控制绿灯。通常情况下，同一时间只会有一个灯亮。这很容易实现，但是这要求你做两件事：关闭之前的灯，打开新的灯。只有一个交通灯时很容易，但是有多个交通灯时，管理所有的引脚会变得越来越困难，并且难以跟踪它们的状态。为了方便起见，你可以创建一个对象。

为了创建一个对象，你需要几件东西。首先，你需要通过一种方式来配置对象——告诉它应该使用哪个引脚。它至少需要三个函数用于控制灯。可以根据它们控制的颜色来命名，这样比较直观：red( )、amber( ) 和 green( )。在创建这个库的时候，先从头文件开始，并且在构建不同的部分之前"描述"对象。头文件 TrafficLight. h 中的对象看起来可能像如下这样：

```
1  class TrafficLight
2  {
3    private:
4      int _redpin, _yellowpin, _greenpin;
5
6    public:
```

```
7        TrafficLight(int redpin, int  yellowpin, int  greenpin);
8        void begin();
9        void red();
10       void yellow();
11    void green();
12   };
```

首先，定义了类名 TrafficLight。这个对象将在你的 Arduino 程序中创建。接着，它由两部分组成：一个叫 public，一个叫 private。public 部分将放置那些可以在你的程序中可见的函数和变量。它包含了你（或者其他使用你的库的人）在主程序中用于控制灯状态的函数。private 部分包含了只对于对象可见，但是对于 Arduino 程序不可见的函数和变量。你可以在接下来的几段程序中看到它们是如何工作的。

第 7 行，有一个有趣的功能。它命名为 TrafficLight，和类的名字一样。它有三个参数，不返回任何数据，并且甚至不声明为 void。这就是所谓的构造函数，这是一个在创建对象时会自动调用的函数，而且它甚至是在 setup( ) 函数之前调用的。构造函数非常重要，因为它会在 Arduino 程序有机会执行任何函数之前初始化需要设置的变量。通常来说，构造函数带参数，在当前情况下使用的参数是引脚。

头文件中还有一个重要的条件。当一个头文件导入时，文件将被解析，而且编译器知道哪个函数是可以用的。如果相同文件被再次导入，它可能会导致结果混乱，并且编译器会报错。为了确保这种情况不会发生，通常在头文件中会有下面的结构将它包装起来：

```
#ifndef TrafficLight_h
#define TrafficLight_h

// 包括语句和代码到这里

#endif
```

这个结构可以防止加载两次库而引起的问题。在 Arduino 程序中，TrafficLight 对象将像这样创建：

```
const int redNorthPin = 2;
const int yellowNorthPin = 3;
const int greenNorthPin = 4;
TrafficLight northLight = TrafficLight(redNorthPin, yellowNorthPin,
    greenNorthPin);
```

当创建这个对象时，将调用带有三个参数的构造函数。现在是时候编写构造函数了。这个函数将包括在 TrafficLight. cpp 中：

```
TrafficLight::TrafficLight(int redpin, int yellowpin, int greenpin)
{
  _redpin = redpin;
  _yellowpin = yellowpin;
  _greenpin = greenpin;
}
```

　　该函数非常简单，但是它和在本书前面写的函数有所不同。首先，函数名为 TrafficLight：：TrafficLight。第一部分，TrafficLight：：，是函数归属的类名。第二部分是函数名。因为这是一个构造函数，它必须有与类名一样的名称。它需要有三个整型变量。在函数的里面，赋予的参数存储在_redpin、_yellowpin 和_greenpin 三个变量中。它们从哪里来呢？它们被定义在头文件的第 4 行。因为它们是在 private 段中，它们不能从 Arduino 程序中调用，但是它们用于此特定的类对象中。让用户访问所需的函数，并且持续让剩余的部分隐藏起来。试想一下，你有两个交通灯，一个朝北的灯和一个朝南的灯。它们可以这样创建：

```
TrafficLight northLight = TrafficLight(1, 2, 3);
TrafficLight southLight = TrafficLight(9, 8, 7);
```

　　两者通过不同的变量来创建。当创建这些对象时，它们都独立地调用了构造函数。它们的私有变量也有所不同：northLight 的_redpin 变量值为 1，但是 southLight 的_redpin 变量值为 9。你可以创建多个具有同样功能的对象。这可以打开朝北的红灯，停止所有车辆，同时打开朝南的绿灯，允许车辆直行，或者在一个特别复杂的交界处转弯，而没有任何其他车辆。

　　在头文件的第 8 行，还有另外一个函数 begin（）。你已经在本书中看到同样的名称，当设备准备使用的时候将会使用这个函数。构造函数只设置变量；它没有设置任何输出，甚至没有声明任何引脚作为输出。通常来说，这会在 begin（）函数中完成。在使用交通灯前，Arduino 程序可能需要将这些引脚用于其他的事务，所以最好的做法往往就是等到 begin（）函数被调用。begin（）函数看起来可能像这样子的：

```
Boolean TrafficLight::begin(void)
{
  // 将引脚设置为输出
  pinMode(_redpin, OUTPUT);
  pinMode(_yellowpin, OUTPUT);
  pinMode(_greenpin, OUTPUT);

  // 设置黄灯和绿灯熄灭
  digitalWrite(_yellowpin, LOW);
  digitalWrite(_greenpin, LOW);

  // 设置红灯亮
  digitalWrite(_redpin, HIGH);

  return true;
}
```

　　在 begin（）函数中设置交通灯引脚为输出，并设置黄灯和绿灯为熄灭。为了安全，这些交通灯从红灯亮开始，停止交通，在决定哪个方向的绿灯亮之前，加入这样一个安全层。接下来，你需要创建函数来开启单个灯。当打开绿灯时，红灯和黄灯都将会被关闭。greenLight（）函数看起来可能像这样：

```
void TrafficLight::greenLight(void)
{
```

```
  // 设置红灯和黄灯熄灭
  digitalWrite(_redpin, LOW);
  digitalWrite(_yellowpin, LOW);

  // 设置绿灯亮
  digitalWrite(_greenpin, HIGH);
}
```

26.1.4　添加注释

注释是代码的重要组成部分，不幸的是它往往被省略了。它们一举多得，并在库中特别有用。

大部分的注释用于代码内部，用于解释一部分代码的功能。当然你知道代码是做什么的；你已经花了一个小时来写它，甚至花了更多的时间来调试它，它已经变得更完美：优雅和实用。但是你的同事能理解你做了什么吗？他们可能想出了另外一种方法，而且无论你的代码是多么的优雅，如果没有一点儿说明，你的同事会对代码很疑惑。此外，一年后你能读懂你的代码吗？你可能已经做了几十个不同的项目，而且在这个项目之后你的编码风格可能已经发生了变化。如果你认为这可能是有帮助的，那么就不要犹豫，立即写上注释。

讽刺的是，注释的问题之一是，有太多的注释，或者无用的注释。如果一个名为 input-Pin 的变量声明为整型，就没有必要注释这是一个输入引脚，它被声明为整型。

注释不仅仅是关于功能的，而且还是关于项目的。有人阅读交通灯的头文件可能理解这个库是做什么的，但是那里有几种类型的交通灯。大多数时候，两个交通灯是完全相同的；如果朝北的绿灯亮，那么朝南的绿灯也是亮的，允许车辆在两个方向行驶。这不是这个库的情况；优点是你可以独立地控制两个交通灯，但是缺点是这样会产生更多的额外工作。要告诉用户这些！

```
/***************************************************
This library is used to control a single traffic light,
it does not allow you to create pairs, instead, you have
full control over the way you want the traffic light to
behave.
It requires three pins per traffic light

Written by an Arduino Sketches reader
BSD license, all text above must be included in any redistribution
***************************************************/
class TrafficLight
{
  private:
    uint8_t _redpin, _amberpin, _greenpin;

  public:
    TrafficLight(uint8_t redpin, uint8_t amberpin, uint8_t greenpin);
    void begin();
```

```
    void red();
    void amber();
  void green();
};
```

现在很清楚这个库是用来干什么的。此外，你可以添加你的名字到项目中，让人们知道是谁做了这个神奇的库，它允许你设置一个许可证。在本书中的所有源码都有一个 BSD 许可证——任何我自己写的代码或者其他人写的部分。BSD 许可证使代码免费使用，但是不作任何保证。它可以免费再次发布，但是必须保留原有的许可证。BSD 许可证允许代码被用于一个项目中，不论是全部或者部分代码，不论免费或者商业用途。请记住，Arduino 项目是开源的，尽可能回馈社区。

26.1.5　添加示例

现在，你已经阅读了这个示例，并且为打开不同的灯添加了函数，现在是时候继续前进了。在你发布你的库前，你的用户需要知道这个库如何工作。你可以花点时间去写文档，但是最简单的方法是创建一个示例程序来向用户展示这个库是如何工作的。在那里，用户可以向 Arduino 上传示例程序，修改代码来查看它是怎样工作的，然后复制/粘贴部分示例的代码到他们的项目中。

一个示例程序是使用你的库的简单 Arduino 程序。再提醒一下，一定要为你的代码添加注释，让你的代码变得可读，并解释它正在做什么。不使用尚未解释的变量。

为了添加一个示例，首先，你需要编写一个使用该库的 Arduino 程序。接下来，跳转到你要创建的库的文件夹中。在这个文件夹中，创建一个文件夹"examples"，在这个文件夹中将会放置示例。一些库可能会有多个例子（还记得在第 9 章 Ethernet 库中有多个服务器和客户端的示例）。现在，粘贴你的 Arduino 程序到这个文件夹中，让它的名字和文件夹名保持一致，但是扩展名是 .ino（Arduino 程序）。或者，你也可以使用 Arduino IDE 创建这些文件，并将它们直接保存到硬盘上。当导入这个文件夹时，Arduino IDE 会自动将发现到的任何例子（examples）导入到示例（Examples）菜单中。例如，图 26-3 显示了我的 TrafficLight 库文件夹有两个示例程序。

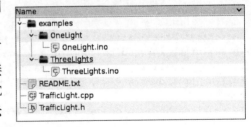

图 26-3　交通灯库的文件夹

26.1.6　须知

大多数项目都包含一个 README 文件——它是一个包含了文件夹中文件信息的文本文件。从作用上看，它们被用来描述一个文件夹中的内容，并且有时称为 README.1ST，用来提醒用户应该首先读这个文件。README 文件应该包含项目相关的信息，如这个库添加的功能、用户需要做哪些才能工作、包含的示例。这可以让用户不需要看你的代码，就可以知道这个库能做什么。

26.1.7　编码风格

为了更容易地使用和发布库，应该遵守一些编码风格。这些通用规则让一切更简单，并且可以确保每个人在写 Arduino 程序时都很愉快。你可以在官方的 API 风格指南上找到这些：https：//www.arduino.cc/en/Reference/APIStyleGuide。

1. 使用驼峰命名法

迟早你都需要编写一个两三个单词长的函数。为了把几个单词拼成一个复合词，有几种可能会用到的技术。编程语言中有很多示例；使用下划线如 this_function( )，在一些语言中甚至尽可能把第一个单词大写并把第二个单词小写，但是 THESEfunctions( ) 并不易读。

Arduino 的风格是使用驼峰命名法（CamelCase）：除了第一个单词外，每个单词都以大写开头。用这种方式函数更容易阅读；如 readFile( ) 或者 openImage( ) 这样的函数都是很清晰的，并且易于阅读。驼峰命名法甚至用于多种日常对象。第一次使用驼峰命名法是在 20 世纪 50 年代的一个名为 CinemaScope 的技术里。有些读者可能正在用 eReader 读本书，这也是另外一个使用驼峰命名法的例子。

驼峰命名法确实有一个缺点；在函数有多个大写字母时会变得难以阅读，如 ReadID( )。当然，该函数可以读取一个 ID，但是有些函数如 GetTCPIPSocketID( ) 就会变得复杂。你应该写成 GetTCPIPSocketID( ) 或者是 GetTcpIpSocketId( )？通常来说，你应该避免使用缩写，但是当它们不可避免的时候，更好的做法往往是把它们写成大写。

2. 使用英语单词

不要在你的函数名中使用缩写。如果你不能用三个单词解释它，就另想办法。始终使用完整的词：deleteFile( ) 总比 delFile( ) 来得清晰，而且 oFile( ) 没有任何含义，而 openFile( ) 则是有意义的。再次说一遍，最好不要使用缩写，因为对于大多数人来说都是易懂的缩写只有很小一部分。你可能听过 HTML，并且写"Hyper Text Markup Language"可能会导致一个可笑的、长的函数名。你可以在 Arduino 库中找到一个很好的示例，它们不讨论 PWM，它们调用函数 analogWrite( )。

3. 不要使用外部库

如果你正在写一个库，确保它使用的是 Arduino 的标准库，除非非常有必要，需要用特定开发板的库。如果你对某个功能有好的想法，但是这只能运行在 Arduino Esplora 开发板上，那么你可以使用 Esplora 库。但是，如果它可以运行在任何的 Arduino 上，而将其限制在某一个特定的设备上，就是一种不完美。同样的，不要依赖于第三方外部库。你在创建一个扩展库，如果你的库依赖于另一个库，那么用户可能不想使用你的库。导入几个库可能会让代码变得更大。

4. 使用标准名称

大多数硬件相关的驱动程序在它们的代码里使用 begin( ) 函数。不要试图去找同义词；和其他的函数一样，用相同的名字。例如，如果获取数据，总是用 read，如 readInput( ) 和

readStatus( )。当输出时，使用 write，如 writeData( )。

26.1.8　发布你的库

当编码完成而且测试工作完成时，现在是时候来发布你的库了。你可以为你的库创建一个 Zip 文件，并将其发布到你的主页（或者你用于卖硬件的页面）。对于购买者（或者访问你网站的访客）这都是可行的，但是这并不会提高可见度。

为了让你的库尽可能可见，考虑将它放到针对源代码托管的网站上，如 Sourceforge、GitHub 或者 Google Code[⊖]。有几十个网站免费提供这样的服务，只要你的项目是开源的。这也会自动将你的库提交给搜索引擎，并且允许用户帮助添加新的功能、提醒更新、提出意见和要求等。

26.1.9　闭源库

闭源库是你发布二进制代码的地方之一，并且不允许用户查看源代码。用户看不到你做的工作，因此也不能修改库。这也增加了请求使用你的库的成本的可能性，但是它违背了 Arduino 项目试图去做的一切，并且在技术上也很难实现。

编译器和链接器接收源代码，并将其转换成机器代码，机器代码可以在微处理器或者处理器上执行。这一般是闭源代码用于发布的格式。问题是这个二进制文件是为特定的处理器生成的，并且不能用于其他的处理器。一个为 AVR 编译的程序不能运行在基于 ARM 的设备上，如 Arduino Due 或者一个基于 Intel 的设备，如 Galileo。它必须被重新编译。更糟糕的是，并不是所有的 AVR 都一样。型号之间的差别会导致无法导入代码。总之，发布一个二进制库，使其只能在单一型号的 Arduino 上使用。

26.2　示例库

在第 25 章中，你创建了一个基于 PCF8574AP 的 Arduino 扩展板。现在是时候为这个设备写一个库了。如果你尚未创建你的扩展板，或者如果你还没有收到它，不要担心；你仍然可以在本章中使用面包板，也可以用同样的方法工作。

26.2.1　库

一个 I²C 扩展板包含两个 PCF8574AP 芯片，这两者都有可配置的地址。因此，你必须选择两个地址用于你的设备。你可以选择首先使用哪个设备——芯片 0 或者芯片 1，具体取决于应用。这将会在构造函数中处理。这两个地址必须为程序的其他部分存储在类中来工作。要做到这一点，它们被保存为两个称为_chip0Address 和_chip1Address 的变量。剩下的工作是扩展扩展板来提供额外的输出：两排 8 针。为了方便用户使用，库应该被设计成允许

　⊖　Google Code 现已关闭。——译者注

三种不同的写操作：1 位（1bit）、8 位（8bit）、16 位（16bit）。Arduino 的命名约定指出这些操作应该称为 write，并且函数应该称为 writeBit( )、writeByte( ) 和 writeWord( )。为了写入一位，需要两个参数：写入的位和它的位置。位应该是布尔型，而且位置应该是一个 8 位的值。要写入一字节，也需要两个值：写入的字节和使用哪个设备。字节会被自然而然地编码为一个字节，并且这个设备将会是一个布尔型，即设备 0 是 0，设备 1 是 1。为了写入一个 16 位的字，只有一个参数是必需的，即字本身。所有这三个函数都应该返回一个布尔值：如果操作成功则返回真，否则为假。

　　扩展工作的另外一部分是读取数据。三个函数需要被创建来读取数据。根据 Arduino 的命名规则规定，它们被称为 readBit( )、readByte( ) 和 readWord( )。readBit( ) 函数需要一个参数，即读取的位，并且输出一个布尔值。readByte( ) 函数需要一个参数，即芯片 ID，它是一个布尔值，并且返回一个字节。readWord( ) 函数不需要任何参数，并返回一个字。

　　由于这些设备是 I^2C 设备，因此它们也需要 wire 库。

　　有一件事需要加以考虑。用户可能想要写一位数据到一个芯片中，但是你要怎么做，才能不影响芯片的其他部分？就芯片而言，你不能这样做。你可以一次只写 8 位数据，即芯片的整个输出。为了实现这一点，需要两个变量。_chip0Output 和 _chip1Output 将都包括 8 位数据，数据将发送给芯片。用户不需要关心 1 位的数据如何发送，甚至不需要知道库无法发送单个位，这就是为什么库如此强大的原因。库关注这些细节，而用户可以集中精力在程序上。

　　最后，将写一个 begin( ) 函数。函数将初始化芯片的上电状态，并且在用户就绪的时候调用它。

　　通常简单地考虑用户需要扩展板做什么，你就可以很好地了解头文件应该包含什么内容。它看起来会像这个样子（文件名：PCF8574AP. h）：

```
#include "Arduino.h"

class PCF8574AP
{
  private:
    int _chip0Address;
    int _chip1Address;

    int_chip0Output;
    int _chip1Output;

  public:
    PCF8574AP(int chip1, int chip2);
    void begin();

    bool writeBit(bool bit, int pos);
    bool writeByte(int data, bool chipSelect);
    bool writeWord(int data);

    bool readBit(int pos);
```

```
    int readByte(bool chipSelect);
    int readWord();
};
```

　　既然已经创建了结构，现在时候工作在 C ++ 文件上了，调用 PCF8754AP. cpp。首先，添加它依赖的库的引用——Arduino. h 和 Wire. h——以及库头文件，随后的构造函数如下：

```
#include "Arduino.h"
#include "Wire.h"
#include "PCF8574AP.h"

PCF8574AP::PCF8574AP(uint8_t chip0, uint8_t chip1)
{
    _chip0Address = chip0;
    _chip1Address = chip1;
}
```

　　就是这样。所有需要做的就是复制要发送的参数到一个私有变量中。通过 begin( ) 来配置芯片，而且看起来像是这样的：

```
void PCF8574AP::begin()
{
    Wire.begin();

    // 将芯片0的所有引脚设置为高电平
    _chip0Output = 0xFF;
    Wire.beginTransmission(_chip0Address);
    Wire.write(_chip0Output);
    Wire.endTransmission();

    // 为芯片1做同样的事
    _chip1Output = 0xFF;
    Wire.beginTransmission(_chip1Address);
    Wire.write(_chip1Output);
    Wire.endTransmission();
}
```

　　该函数首先调用了 Wire. begin( ) 函数。为什么会这样呢？虽然设备需要 Wire 库来进行通信，但是用户不需要知道扩展板的具体连接。这是用于为这个函数初始化 I^2C 库，并开始与芯片通信。接下来，函数将两个输出变量设置为 0xFF（或者二进制 1111 1111）。然后陆续向两个芯片写入该值。当芯片第一次上电时，这是它们的默认状态。那么，为什么这个函数这样做，这是我们预期的吗？不能保证该设备已上电，它可能只是被重置，或者设备是在一个不稳定的状态。在我们继续往下做之前，这可以确保设备处在我们已知的配置。

　　现在去读取数据。最简单的函数是 readByte( )。它直接从芯片读取 8 位并返回这个数据。

```
uint8_t PCF8574AP::readByte(bool chipSelect)
{
    byte _data = 0;
```

```
if(chipSelect == 1)
    Wire.requestFrom(_chip1Address, 1);
else
    Wire.requestFrom(_chip0Address, 1);

if(Wire.available())
{
    _data = Wire.read();
}

return(_data);
}
```

这个函数将从任一芯片中请求一个字节的数据，这取决于 chipSelect 的值。如果数据存在于 I²C 缓冲区中，这个数据将被复制到本地变量_data，并且返回它。如果没有数据可用，函数将返回 0。

读取字（word）就像读取字节一样，只是读取两个字节。该函数从两个芯片中各获取一个字节的数据，并将它们合并为一个字（word），然后返回该数据。可以通过下面的代码来实现：

```
uint16_t PCF8574AP::readWord(void)
{
    byte _data0 = 0;
    byte _data1 = 0;

    Wire.requestFrom(_chip0Address, 1);
    if(Wire.available())
    {
        _data0 = Wire.read();
    }

    Wire.requestFrom(_chip1Address, 1);
    if(Wire.available())
    {
        _data1 = Wire.read();
    }

    return(word(_data1, _data0));
}
```

当读取特定位的时候，情况变得稍微复杂一些，这需要按位操作。

```
bool PCF8574AP::readBit(uint8_t pos)
{
    byte _data = 0;

    // 请求的位是否超出范围
    if (pos > 15)
        return 0;
```

```
    if (pos < 8)
        Wire.requestFrom(_chip0Address, 1);
    else
    {
        Wire.requestFrom(_chip1Address, 1);
        pos -= 8;
    }
    if(Wire.available())
    {
        _data = Wire.read();
    }

    return(bitRead(_data, pos));
}
```

函数从一个芯片中用 Wire. requestFrom( ) 方法读取数据，这取决于位的位置。如果请求的位是 0~7，请求将被发送到芯片 0；其他的将被发送到芯片 1。然后，将调用 Arduino 函数 bitRead( )，提取请求的位，并返回一个布尔值。

所有 read 函数都完成了，但还没有结束。需要编写 write 函数。写入一个字节比较简单：

```
bool PCF8574AP::writeByte(uint8_t data, bool chipSelect)
{
    if (chipSelect == 0)
    {
        Wire.beginTransmission(_chip0Address);
        _chip0Output = data;
        Wire.write(_chip0Output);
    }
    else if (chipSelect == 1)
    {
        Wire.beginTransmission(_chip1Address);
        _chip1Output = data;
        Wire.write(_chip1Output);
    }
    else
    {
        return false;
    }
    Wire.endTransmission();

    return true;
}
```

readByte( ) 与 writeByte( ) 函数只选择一个芯片。如果 chipSelect 的值是 0，I^2C 传输就从芯片 0 开始。data 会被复制到_chip0Output，并且它的内容会被发送到设备。如果选择了芯片 1，会出现相同的操作，但是传输是从芯片 1 开始。最后，数据会被发送，并且该函数返回 true。

写一个字（word）是相似的：

```
bool PCF8574AP::writeWord(uint16_t data)
{
    Wire.beginTransmission(_chip0Address);
    _chip0Output = ((uint8_t) ((data) & 0xff));
    Wire.write(_chip0Output);
    Wire.endTransmission();

    delay(5);

    Wire.beginTransmission(_chip1Address);
    _chip1Output = ((uint8_t) ((data) >> 8));
    Wire.write(_chip1Output);
    Wire.endTransmission();

    return true;
}
```

现在，你应该习惯使用这两个芯片了。这背后的逻辑是两个变量被更新，并且这两个芯片都将被这些变量更新。诀窍是将字（word）分离为 2 个字节；这可以通过掩码和移位来完成。首先的转换是将一个字（word）转换成字节，通过使用一个掩码来省略第一个 8 位。第二个转换也是类似的，不同的是将第一个 8 位向右移位了，基本上是将第一个 8 位移到了第二个 8 位的位置，然后掩码。

最后一个你需要的函数是写入单个位。

```
bool PCF8574AP::writeBit(bool bit, uint8_t pos)
{
    // 请求的位是否超出范围
    if (pos > 15)
        return false;

    if (pos < 8)
    {
        //芯片0
        if (bit == true)
        {
            bitSet(_chip0Output, pos);
        }
        else
        {
            bitClear(_chip0Output, pos);
        }
        Wire.beginTransmission(_chip0Address);
        Wire.write(_chip0Output);
        Wire.endTransmission();
    }
    else
    {
        //芯片1
        if (bit == true)
```

```
    {
        bitSet(_chip1Output, pos - 8);
    }
        else
    {
        bitClear(_chip1Output, pos - 8);
    }
    Wire.beginTransmission(_chip1Address);
    Wire.write(_chip1Output);
    Wire.endTransmission();
    }

    return true;
}
```

因为 PCF8574AP 实际上无法读取它输出的是什么，当用户想要修改单个位时，函数需要知道在总线上的数据是什么，然后才去修改它。这就是为什么有必要将输出保存为变量。这是使用一个库的优点——隐藏细节，这样最终的用户就不需要知道细节。用户只需要看到他们可以通过一条指令来修改一个位。

26.2.2　示例

函数名看上去有多清晰从来都不重要；库总是会比示例做得更好。示例程序也用于另外一个目的——测试硬件。其中最好的方法是用设置正确的硬件去打开一个示例，并让它运行。即使它驱动的扩展板是基本的，用户也能使用示例程序作为它们的基础代码。简单地说，示例程序需要清楚地说明库的功能。

这个库有两个示例：一个是用于写输出，另外一个是用于读取。当然，扩展板可以同时做这两件事，因此注释需要清楚地告诉用户这一点。此外，极为重要的是，PCF8574AP 在输出设为高电平时，可以正常地读取输入。这个需要在注释中解释清楚。

首先，为示例写输出，你必须考虑用户需要什么。当然，他需要了解库。他也需要设置一个示例。LCD 屏幕示例很容易设置；如果你使用的是 LCD 库，你可能已经有了 LCD 屏幕。这种情形是不同的。在这个特别的扩展板中没有什么是对于用户可见的；这里没有 LED，没有 LCD 屏幕，没有什么可以告诉用户到底是怎么回事。为了看一个扩展板能做什么，用户将不得不添加这个到他的组件里。你应该使用什么样的？没有什么特别的。一个不错的例子是使用 8×8 LED 矩阵，但不是每个人都会有。不要在示例中使用特定的硬件，要使用现成的工具。对于制作者而言，最便宜的、最容易买到的和最通用的组件便是 LED；几乎每个人在他们的办公桌上都有几个 LED 和电阻。他们可能没有 16 个 LED，所以这个例子中就只有一个 8 个 LED 的输出。

```
#include <Wire.h>
#include <PCF8574AP.h>

// 定义扩展板上的两个芯片的地址
```

```
#define EXPANDER_CHIP0 B0111000
#define EXPANDER_CHIP1 B0111001

// 你必须提供两个I²C地址，一个用于扩展板上的每个芯片
PCF8574AP expanderShield = PCF8574AP(EXPANDER_CHIP0, EXPANDER_CHIP1);

byte output;

void setup()
{
  Serial.begin(9600);
  expanderShield.begin(); // 启动扩展板,将所有输出设置为1

}

void loop()
{
  // 写一个16位字到扩展板,所有的
  expanderShield.writeWord(0xFFFF);
  delay(1000);

  // 灯光秀的时间到了
  // 通过写入字使光线朝向中心
  expanderShield.writeByte(B01111110, 0);
  delay(1000);
  expanderShield.writeByte(B00111100, 0);
  delay(1000);
  expanderShield.writeByte(B00011000, 0);
  delay(1000);
  expanderShield.writeByte(B00000000, 0);
  delay(1000);

  // 现在通过写独立的位使光线朝向边缘
  // 可以通过将1或0写入特定位置来设置
       位: 位0~位15
  expanderShield.writeBit(1, 0); // 将一个逻辑1写入扩展板的位0

  expanderShield.writeBit(1, 7); // 将一个逻辑1写入扩展板的位7

  delay(1000);
  expanderShield.writeBit(1, 1);
  expanderShield.writeBit(1, 6);
  delay(1000);
  expanderShield.writeBit(1, 2);
  expanderShield.writeBit(1, 5);
  delay(1000);
  expanderShield.writeBit(1, 3);
  expanderShield.writeBit(1, 4);
  delay(1000);

  // 关掉所有灯
```

```
expanderShield.writeByte(0, 0);
delay(1000);

// 通过将1位从一边移到另一边来创建光显示,增加速度
for(int i = 0; i < 20; i++)
{
  output = 1;
  for(int j = 0; j < 8; j++)
  {
    // 向设备0写入一个字节(第一个I²C扩展板)
    expanderShield.writeByte(output, 0);
    delay(600 - (i * 30));
    output = output << 1;
  }
}
}
```

这个例子向用户展示了如何使用 PCF8574AP I/O 扩展板，它做的第一件事就是加载库。为了能够使用这个库，用户必须提供两个信息：每个芯片的地址。为了让这更加清楚，在第 5 行和第 6 行中该地址作为定义声明被添加。

在第 9 行中，创建了 PCF8574AP 对象，命名为 expanderShield。通过使用定义的地址，代码变得易读，并且用户知道需要什么才能开始。第 13 行，声明 setup( ) 函数，与所有的 Arduino 程序一样。在函数里面，设置串行连接，并且 expanderShield 以 begin( ) 函数初始化。

在第 20 行声明 loop( ) 函数，而这里正是示例代码放置的位置。为了展示该库可以写入字（或者 16 位数字），该示例使用 writeWord( ) 函数。这将设置所有的输出为 HIGH，熄灭 LED。

接着，用户给出一个如何使用 writeByte( ) 的示例。运行一组（4 条）命令，每次设置越来越多的输出为 0。这样做的效果是从边缘向中心点亮 LED。

接下来的一系列指令演示如何使用 writeBit( ) 函数写入单个位。再一次，将创建一个视觉效果，这一次是从中心向边缘熄灭 LED。

最后，为了使示例更加悦目，将进入最后的阶段。通过使用两个 for 循环和用于输出的一个值，以及另外一个用于两个操作之间延时的值，结果是 LED 的光从一侧向另外一侧跑过去，并且会越来越快。

文件中放置的多个注释向用户解释程序做了些什么。只要 LED 连接到开发板上（阴极连接至引脚），用户将看到一个漂亮的灯光秀。

26.2.3   须知

每个项目都应该有一个 README 文件，这是一个描述该项目的文件。当你在 GitHub 查看一个项目的时候，你在项目主页看到的文本是直接来自于这个项目的 README 文件。这里是我的 README：

```
/************************************************
ArduinoSketches Expander Shield Driver

This library is used to control the two PCF8754APs
```

```
present on the expander shield. They can perform both
reads and writes, but to perform a read, the output
on that pin must be high.

This library accesses those devices through bit-wise,
byte-wise or word-wise reads and writes.

Written by James A. Langbridge, enhanced by a reader of
Arduino Sketches.

Released under BSD license

To run the examples in this library, you will require
at least 8 LED lights, and corresponding resistors
(for red LEDs, use 150 ohm resistors). The anode should
be connected to the resistor and power supply, and the
cathode should be connected to the input/output of the
shield.
*************************************************/
```

第 1 行告诉用户这个库是什么：Arduino Sketches 扩展板。它包含了该项目的更详细的细节：它做什么，它是如何做到的，最初是谁编写它的，这个项目是在哪个许可证下发布的。我写了最初的库，但是你可以继续改进这个项目。这个库是在 BSD 许可证下发布的库；可以在你觉得合适的地方使用这个库。

其次，如果需要的话，这个文件也包含运行示例所需的元件清单。在这个示例中，用户需要 8 个 LED 和相应的电阻。

26.2.4　收尾

和往常一样，这里的源代码是功能性的代码，但是可以稍微做一点点调整。记住这些 write 函数，它们会告知信息是否正确写入。它们全部暂时返回 true，但是你可以通过查看写入 I^{2}C 总线的字节数来增强它们。使用这些数据来获取更准确的响应。

有一件事是这个库没有考虑的：要执行读操作，用户必须首先将输出设为高电平。如果没有这样做会发生什么呢？读操作将不准确。你可以把这个添加到 read 函数中，因为输出是通过一个全局变量获知，确保在读取之前输出是高电平。

你有你的扩展板，而且你有你自己的库，希望它们都包含你的名字。制作你的这个项目，并且让你想出的这个程序更有创意。不要忘记告诉我关于你的项目的所有事情！

26.3　小结

在本章中，你已经知道如何去创建你自己的库，以及如何使它可以让其他用户很容易使用，这需要通过创建示例和其他文件。你已经知道编写清晰的注释的重要性，用户将如何阅读你的库，以及命名函数的重要性。现在你有一个可以工作的库，拿去和你自己的开发板一起使用。完成这些后，剩下的便是想一些新的应用了！

北京市版权局著作权合同登记 图字：01-2015-1283 号。

图书在版编目（CIP）数据

Arduino 编程：实现梦想的工具和技术/（法）詹姆斯·A. 兰布里奇（James A. Langbridge）著；黄峰达、王小兵、陈福译.—北京：机械工业出版社，2017.8

（创客+）

书名原文：Arduino Sketches：Tools and Techniques for Programming Wizardry

ISBN 978-7-111-57482-8

I.①A… Ⅱ.①詹…②黄…③王…④陈… Ⅲ.①单片微型计算机—程序设计 Ⅳ.①TP368.1

中国版本图书馆 CIP 数据核字（2017）第 175063 号

机械工业出版社（北京市百万庄大街 22 号 邮政编码 100037）

策划编辑：林 桢 责任编辑：间洪庆

责任校对：张晓蓉 封面设计：鞠 杨

责任印制：常天培

北京京丰印刷厂印刷

2017 年 9 月第 1 版第 1 次印刷

184mm×240mm·20.5 印张·469 千字

标准书号：ISBN 978-7-111-57482-8

定价：89.00 元

凡购本书，如有缺页、倒页、脱页，由本社发行部调换

电话服务 网络服务

服务咨询热线：010-88361066 机 工 官 网：www.cmpbook.com

读者购书热线：010-68326294 机 工 官 博：weibo.com/cmp1952

010-88379203 金 书 网：www.golden-book.com

封面无防伪标均为盗版 教育服务网：www.cmpedu.com